高等职业院校精品教材系列

建筑材料

主　编　武　强
副主编　安亚强
主　审　杨　谦

電子工業出版社
Publishing House of Electronics Industry
北京 · BEIJING

内 容 简 介

本书按照建筑行业岗位技能需求及新的标准规范，结合作者多年的教学与实践经验进行编写。主要内容包括建筑材料的基本性质以及气硬性胶凝材料，水硬性胶凝材料，石材、砖和砌块，混凝土，建筑钢材，防水材料，建筑砂浆，建筑装饰与保温材料的性能特点与使用方法等。书中结合实例与试验步骤进行叙述，有利于学生掌握技能和顺利上岗就业。

本书为高等职业本专科院校相应课程的教材，也可作为开放大学、成人教育、自学考试、中职学校和培训班的教材，以及科研院所和施工单位技术人员的参考书。

本教材配有免费的电子教学课件、习题和参考答案等，详见前言。

图书在版编目（CIP）数据

建筑材料 / 武强主编. —北京：电子工业出版社，2018.8（2023.09 重印）
全国高等院校规划教材·精品与示范系列

ISBN 978-7-121-34215-8

Ⅰ. ①建… Ⅱ. ①武… Ⅲ. ①建筑材料－高等学校－教材 Ⅳ. ①TU5

中国版本图书馆 CIP 数据核字（2018）第 099219 号

责任编辑：陈健德（E-mail：chenjd@phei.com.cn））
印　　刷：涿州市般润文化传播有限公司
装　　订：涿州市般润文化传播有限公司
出版发行：电子工业出版社
　　　　　北京市海淀区万寿路 173 信箱　邮编 100036
开　　本：787×1 092　1/16　印张：12.75　字数：326.4 千字
版　　次：2018 年 8 月第 1 版
印　　次：2023 年 9 月第 10 次印刷
定　　价：46.00 元

凡所购买电子工业出版社图书有缺损问题，请向购买书店调换。若书店售缺，请与本社发行部联系，联系及邮购电话：（010）88254888，（010）88258888。

质量投诉请发邮件至 zlts@phei.com.cn，盗版侵权举报请发邮件至 dbqq@phei.com.cn。

本书咨询联系方式：（010）88254585。

前　言

随着我国建筑行业的快速发展，建筑工程技术不断取得突破与创新，建筑行业的许多标准及规范也不断进行修订，为使高职院校的课程教学与建筑行业的实际应用相衔接，实现学生毕业后能够在建筑工程中快速上岗就业，作者结合教育部职业教育教学改革要求和作者多年的教学与实践经验编写了本书。

为突出本书的系统性，根据建筑材料课程教学内容将此书分为 9 章，内容主要以混凝土材料为主线，也包括水泥混凝土和水泥砂浆，分章讲授混凝土各种组成材料；其次以功能和围护材料为主线，分章讲授它们的功能特性。

本书结合行业岗位技能要求，在编写中注意引用现行国标、部标和最新规范，并把技术性能、质量检验和合理选材作为编写重点。除注重教材的系统性、严密性、逻辑性和全面性外，还特别注意启发学生的创新思维，调动学生的学习积极性以及扩展他们的视野范围。

本书由陕西工业职业技术学院武强任主编、安亚强任副主编并统稿，具体编写分工为：张超编写绪论、第 1 章，张喆编写第 2～3 章，王恩波编写第 5 章，肖青战编写第 6 章，安亚强编写第 4 章、第 7 章、第 9 章，武强编写第 8 章；全书由杨谦老师担任主审。

本书为高等职业本专科院校相应课程的教材，也可作为开放大学、成人教育、自学考试、中职学校和培训班的教材，以及科研院所和施工单位技术人员的参考书。

由于时间仓促及编者水平所限，难免存在疏漏与不妥之处，敬请广大读者批评指正。

为了方便教师教学，本书还配有免费的电子教学课件、习题和参考答案等，请有此需要的教师登录华信教育资源网（http://www.hxedu.com.cn），注册后免费进行下载。有问题时请在网站留言或与电子工业出版社联系（E-mail:hxedu@phei.com.cn）。

编　者

目　录

绪论 …… 1

第 1 章　建筑材料的基本性质 …… 5

1.1　材料的组成和结构 …… 6

1.1.1　材料的组成 …… 6

1.1.2　材料的结构 …… 6

1.2　材料的物理性质 …… 8

1.2.1　材料与质量有关的性质 …… 8

1.2.2　材料与水有关的性质 …… 11

1.2.3　材料与热有关的性质 …… 14

1.3　材料的力学性质 …… 15

1.3.1　材料的强度 …… 15

1.3.2　材料的弹性与塑性 …… 16

1.3.3　材料的脆性与韧性 …… 16

1.3.4　材料的硬度与耐磨性 …… 17

1.4　材料的耐久性 …… 17

复习思考题 1 …… 18

第 2 章　气硬性胶凝材料 …… 20

2.1　石灰 …… 21

2.1.1　生石灰的生产 …… 21

2.1.2　熟石灰的生产 …… 22

2.1.3　熟石灰的硬化 …… 22

2.1.4　石灰产品的质量检验 …… 22

2.1.5　石灰的技术性质及其应用 …… 23

2.1.6　石灰的运输和储存注意事项 …… 24

2.2　石膏 …… 24

2.2.1　石膏的生产和品种 …… 24

2.2.2　石膏的凝结硬化 …… 24

2.2.3　石膏的技术性质及其应用 …… 25

2.3　水玻璃 …… 25

2.3.1　水玻璃的生产 …… 25

2.3.2　水玻璃的凝结硬化 …… 26

2.3.3　水玻璃的性质与应用 …… 26

复习思考题 2 …… 26

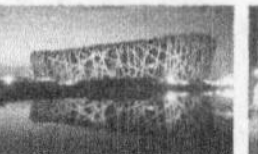

第 3 章 水硬性胶凝材料 ······ 27

3.1 硅酸盐水泥 ······ 28

3.1.1 硅酸盐水泥的生产 ······ 28

3.1.2 硅酸盐水泥的水化 ······ 29

3.1.3 硅酸盐水泥的凝结硬化 ······ 30

3.1.4 硅酸盐水泥的技术性质 ······ 31

试验 1 硅酸盐水泥细度测量 ······ 33

试验 2 水泥标准稠度用水量测定（标准法） ······ 34

试验 3 水泥标准稠度用水量测定（代用法） ······ 35

试验 4 水泥安定性测定 ······ 36

试验 5 水泥净浆凝结时间测定 ······ 38

试验 6 水泥胶砂强度测定 ······ 38

3.1.5 水泥石的腐蚀及防治措施 ······ 41

3.2 掺混合材料的通用硅酸盐水泥 ······ 43

3.2.1 混合材料 ······ 44

3.2.2 普通硅酸盐水泥 ······ 45

3.2.3 掺有较多混合材料的硅酸盐水泥 ······ 46

3.2.4 通用硅酸盐水泥的验收及选用 ······ 47

3.3 特种水泥 ······ 49

3.4 专用水泥 ······ 50

复习思考题 3 ······ 51

第 4 章 石材、砖和砌块 ······ 53

4.1 建筑中常见的石材 ······ 54

4.1.1 火成岩（岩浆岩） ······ 54

4.1.2 变质岩 ······ 55

4.1.3 沉积岩 ······ 56

4.1.4 天然石材的技术性质和类型 ······ 57

4.2 砌墙砖 ······ 59

4.2.1 实心砖 ······ 59

4.2.2 多孔砖 ······ 63

4.2.3 空心砖 ······ 65

4.3 砌块 ······ 67

4.3.1 蒸压加气混凝土砌块 ······ 68

4.3.2 普通混凝土小型空心砌块 ······ 69

复习思考题 4 ······ 70

第 5 章 混凝土 ······ 71

5.1 混凝土的组成 ······ 72

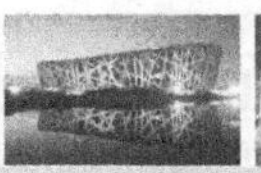

5.1.1 胶凝材料及水 ······ 72
5.1.2 细骨料 ······ 73
试验 7 砂的颗粒级配和粗细程度检测 ······ 74
试验 8 砂的表观密度测定 ······ 79
试验 9 砂的堆积密度测定 ······ 80
5.1.3 粗骨料 ······ 81
5.1.4 外加剂 ······ 84
5.2 混凝土的主要技术性质 ······ 87
5.2.1 混凝土拌合物的和易性 ······ 87
试验 10 坍落度法测混凝土和易性 ······ 88
试验 11 扩展度法测混凝土和易性 ······ 89
试验 12 维勃稠度法测混凝土和易性 ······ 89
5.2.2 混凝土的强度及检测 ······ 93
试验 13 普通混凝土立方体抗压强度测定 ······ 97
5.2.3 混凝土的耐久性 ······ 99
5.3 混凝土的配合比设计 ······ 101
5.3.1 混凝土配合比的表示方法和设计要求 ······ 101
5.3.2 混凝土配合比设计步骤 ······ 102
5.4 其他混凝土的特点 ······ 111
5.4.1 商品混凝土 ······ 111
5.4.2 轻骨料混凝土 ······ 111
5.4.3 纤维混凝土 ······ 112
复习思考题 5 ······ 112

第 6 章 建筑钢材 ······ 114
6.1 钢材的生产与分类 ······ 115
6.1.1 钢材的冶炼 ······ 115
6.1.2 化学成分对钢材性能的影响 ······ 116
6.1.3 钢材的分类 ······ 117
6.2 建筑钢材的主要技术性能 ······ 118
6.2.1 钢材的力学性能 ······ 119
试验 14 钢筋拉伸性能检测 ······ 119
6.2.2 钢材的工艺性能 ······ 124
6.3 建筑钢材的技术标准及选用 ······ 125
6.3.1 钢结构用钢 ······ 125
6.3.2 钢筋混凝土结构钢材 ······ 130
6.4 钢材的锈蚀、防护与保管 ······ 133
6.4.1 钢材的锈蚀 ······ 133
6.4.2 钢材的锈蚀防护措施 ······ 134

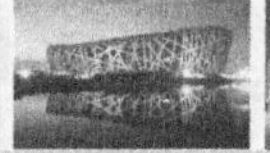

6.4.3 钢材的保管 ………… 134
复习思考题 6 ………… 135

第 7 章 防水材料 ………… 136
7.1 沥青 ………… 137
7.1.1 石油沥青 ………… 137
试验 15 沥青针入度测定法 ………… 139
试验 16 沥青延伸度测定法 ………… 140
试验 17 沥青软化点测定法（环球法） ………… 141
7.1.2 煤沥青 ………… 144
7.1.3 改性沥青 ………… 145
7.2 防水卷材 ………… 145
7.2.1 沥青防水卷材 ………… 146
7.2.2 改性沥青防水卷材 ………… 146
7.2.3 合成高分子防水卷材 ………… 148
7.3 防水涂料和密封材料 ………… 149
7.3.1 沥青类防水涂料 ………… 149
7.3.2 高聚物改性沥青防水涂料 ………… 149
7.3.3 合成高分子防水涂料 ………… 149
7.3.4 密封材料 ………… 150
复习思考题 7 ………… 150

第 8 章 建筑砂浆 ………… 151
8.1 砌筑砂浆 ………… 152
8.1.1 砌筑砂浆的组成材料 ………… 152
8.1.2 砌筑砂浆的主要性质 ………… 153
8.1.3 砌筑砂浆的配合比设计 ………… 154
8.1.4 砌筑砂浆的应用 ………… 157
8.2 抹灰砂浆 ………… 157
8.2.1 抹灰砂浆的组成材料 ………… 157
8.2.2 抹灰砂浆的主要性质 ………… 158
8.2.3 抹灰砂浆的工程应用 ………… 160
8.3 装饰砂浆 ………… 160
8.3.1 装饰砂浆的材料组成 ………… 161
8.3.2 装饰砂浆的做法 ………… 161
8.3.3 装饰砂浆的工程应用 ………… 161
复习思考题 8 ………… 162

第 9 章 建筑装饰和保温材料 ………… 163
9.1 木材 ………… 164

9.1.1 木材的分类与构造 …… 164
9.1.2 木材的主要性质 …… 165
9.1.3 木材的应用 …… 166
9.1.4 木材的处理 …… 168
9.2 建筑塑料 …… 169
9.2.1 塑料的组成与分类 …… 169
9.2.2 常见建筑装饰塑料 …… 172
9.3 建筑玻璃 …… 174
9.3.1 玻璃的组成与分类 …… 174
9.3.2 玻璃的应用 …… 175
9.4 建筑陶瓷 …… 179
9.4.1 陶瓷的分类 …… 179
9.4.2 陶瓷的原料及生产工艺 …… 179
9.4.3 常用建筑陶瓷制品 …… 180
9.4.4 瓷的选购与质量鉴别 …… 183
9.4.5 瓷砖污染的清洁方法 …… 184
9.5 建筑铝合金 …… 184
9.5.1 铝合金的特性和应用 …… 184
9.5.2 建筑装饰铝合金制品 …… 185
9.6 建筑保温材料 …… 186
9.6.1 影响材料绝热性能的因素 …… 187
9.6.2 常用绝热保温材料及其性能 …… 187
9.7 建筑吸声材料 …… 189
复习思考题 9 …… 191

参考文献 …… 193

绪论

教学导航

知识目标	专业能力目标	社会和方法能力目标
1. 掌握建筑材料的定义； 2. 掌握建筑材料的分类； 3. 了解建筑材料的发展概况； 4. 了解建筑材料的技术标准； 5. 了解建筑材料课程的性质和任务	激发学生对建筑材料课程的学习兴趣，增强学生对本课程的认知	明确建筑材料课程的重要性，理清本课程的学习思路
重难点：建筑材料的发展、建筑材料的技术标准及建筑材料的分类		

1. 建筑材料的定义及分类

建筑材料是指应用于建筑工程中的无机材料、有机材料和复合材料的总称，是构成建筑物或构筑物实体的物质基础，包括各种原材料、半成品、构配件等，还包括在建筑工程施工中的一些辅助性材料，如脚手架、模板等。

建筑材料的分类方法很多，一般按以下四种方法分类。

1）建筑材料按使用功能分类

按照建筑材料的使用功能不同，可将建筑材料分为结构材料、围护材料和功能材料等。

（1）结构材料。结构材料是指构成建筑物受力构件和结构所用的材料，如基础、梁、板、柱等所使用的材料。

（2）围护材料。围护材料指用于建筑物围护结构的材料，如墙体、门窗、屋面等结构所使用的材料。

（3）功能材料。功能材料是指担负建筑物使用过程中所必须的建筑功能的材料，如防水材料、密封材料、吸声隔音材料、绝热材料等。

2）建筑材料按化学成分分类

建筑材料按化学成分分类，如表 0-1 所示。

表 0-1 建筑材料分类（按化学成分）

分类			举例
无机材料	金属材料	黑色金属	钢、铁及其合金、不锈钢等
		有色金属	铜、铝及其合金等
	非金属材料	天然石材	砂、石及石材制品
		烧土制品	砖、瓦、陶、瓷制品等
		胶凝材料和制品	石灰、石膏及制品、水泥及混凝土制品、硅酸盐制品等
		玻璃	普通平板玻璃、安全玻璃等
		无机纤维材料	玻璃纤维、岩棉、矿物棉等
有机材料	植物材料		竹材、木材、植物纤维及其制品等
	沥青材料		石油沥青、煤沥青及其制品等
	合成高分子材料		塑料、涂料、胶黏剂、合成橡胶等
复合材料	有机与无机非金属复合材料		聚合物水泥混凝土、玻璃纤维增强塑料等
	金属与无机非金属复合材料		钢筋混凝土、钢纤维混凝土等
	金属与有机复合材料		PVC 钢板、有机涂层铝合金板等

3）建筑材料按材料的来源分类

按材料来源可把材料分为天然材料和人造材料，天然材料如石材、木材等；人造材料如水泥、钢材等。

4）建筑材料按管理等级分类

根据采购的建筑材料对工程项目施工与工程质量的影响程度，建筑材料可分为 A、B、C 三类。

A 类建筑材料：属于重要、大批量、新型材料及对工程质量有重要影响和有环保要求的建筑材料，一般所占金额较大，而品种较少，是重点管理的材料。

B 类建筑材料：对建筑工程施工过程有一定影响的建筑材料。

C 类建筑材料：其他五金、零星建筑材料。

2. 建筑材料的发展变化

建筑材料是随着社会的发展和经济水平的提高而逐步发展的，它和人类文明有着十分密切的关系，人类历史发展的各个阶段，建筑材料都是显示其文化的主要标志之一。

早在旧石器时代，中国原始人是穴居巢处，利用天然的洞穴作为栖身之所，洞穴变成了天然的建筑物。进入新石器时代以后，经过漫长的发展变化，人类逐渐学会利用土、石、草、木、竹等天然建筑材料，建造半地穴式房屋，逐步发展为利用木架和草泥建造简单的穴居。六七千年前的原始部落（如西安半坡遗址）甚至出现了利用天然的建筑材料建造居住区、墓葬区、制陶区等，分区明确，成为建筑材料发展史的开端。经过商、西周和春秋时期的发展，瓦的出现解决了屋顶的问题，木架结构成为了建筑的主要结构形式。战国时期，出现砖和彩画，高台建筑开始出现。秦汉时期，出现多层建筑，人们越来越多地使用石材作为建筑主要材料，中外闻名的万里长城就是在这一时期建造的。魏晋南北朝时期，砖和瓦的质量有所提高，金属用作装饰材料，石材的雕琢工艺达到了很高的水平，出现了大量的佛教建筑，如寺、塔、雕塑、壁画等。隋唐时期以后，建筑材料就到达成熟时期。

18 世纪以后出现的钢筋、水泥为现代建筑工程奠定了基础。进入 20 世纪以后，材料科学与工程学的形成与发展，不仅使无机材料的性能不断改善，同时也使有机材料有了快速发展，铝合金、不锈钢等新型材料成为现代建筑常用的门窗及设备材料，人们的居住条件得到改善。与此同时，各种复合材料开始出现，大大改善了材料的性能。建筑领域里常见的复合材料主要有合成树脂、橡胶、玻璃纤维、碳纤维、石棉纤维等，其中合成树脂对减轻建筑物自重，提高使用性能，降低工程造价，加速施工进度十分有利；橡胶具有其他建筑材料所没有的伸缩性、气密性、阻尼性和缓冲性，目前应用的橡胶类建筑材料主要有橡胶防水材料、橡胶密封材料、橡胶隔震材料、橡胶铺装材料；玻璃纤维在新型建筑材料中应用非常广泛，有玻璃钢、玻璃纤维增强水泥、内外墙保温材料、建筑防水材料等；碳纤维复合材料具有高强度、耐疲劳、耐高温、耐腐蚀、传热性能良好等特点，但由于造价高，目前市场上应用不够广泛；石棉纤维常以石棉水泥的形式出现，具有密度小、施工方便、隔声效果好，因此常用于建筑内部的隔声板。

随着建筑业的快速发展，建筑材料的使用量十分巨大，对环境造成了极大的污染和破坏，各种自然资源或能源面临枯竭，面对未来建筑材料需求量越来越大的现实问题，新型建筑材料的发展必须遵循可持续发展的战略方针，发展绿色、无毒、无污染、对身体无伤害的建筑材料，我们可以从以下几点入手：开发研制高性能材料，充分利用工业生产废弃资源，采用无污染的生产技术，开发低能耗材料，使用对人体无害、对环境无污染的添加剂，开发可再生可重复利用的建筑材料等。

3. 建筑材料的技术标准

1）标准等级

建筑材料的技术标准是产品质量的技术依据。我国绝大多数的建筑材料都制定有产品的

技术标准，这些标准一般包括：产品规格、分类、技术要求、检验方法、验收规则、标志、运输和贮存等方面的内容。我国的建筑材料技术标准分为四个等级，分别为：国家标准、行业标准、地方标准和企业标准。

（1）国家标准：国家标准是由国家标准化主管部门主管机构批准、发布，是全国范围内统一的标准。国家标准是国家指令性技术文件，各级生产、设计、施工等部门必须严格遵照执行，分为强制性标准（代号 GB）和推荐性标准（代号 GB/T）。

（2）行业标准：行业标准是由行业标准化主管部门或行业标准化组织批准、发布，在某行业内执行的统一标准。如建材行业标准（代号 JC）、建设部建筑工程行业标准（代号 JGJ）、交通部行业标准（代号 JTJ）、冶金工业部行业标准（代号 YB）等。

（3）地方标准：地方标准是由省、自治区、直辖市标准化主管部门发布，在当地范围内统一执行的标准。地方标准代号为 DB。

（4）企业标准：企业标准是由企业批准发布的标准，主要用作组织生产的依据，企业标准仅适用于本企业。凡没有制定国家标准、行业标准的产品，应制定相应的企业标准。企业标准的技术要求应高于类似产品的国家标准。企业标准代号为 QB。

国际上常用标准有：国际标准（代号 ISO）、美国材料试验标准（代号 ASTM）、德国工业标准（代号 DIN）、英国国家标准（代号 BS）、日本工业标准（代号 JIS）。

2）标准的表示方法

标准的一般表示方法，由标准名称、部门代号、编号和批准年份等组成。例如《水泥标准稠度用水量、凝结时间、安定性检验方法》（GB/T 1346—2011），标准名称为水泥标准稠度用水量、凝结时间、安定性检验方法，GB 为国家标准代号，T 为推荐标准，1346 为编号，2011 为标准颁布年份。

4. 本课程的性质与任务

建筑材料是建筑工程类专业的一门专业基础课程。它主要介绍了建筑材料的品种、规格、技术性能、质量标准、试验检测方法、储运保管和应用等方面的知识。为后续学习钢筋混凝土结构、钢结构、建筑施工技术等专业课程打下基础。

通过本课程的学习，使学生了解和掌握建筑材料的技术要求、技术性质和在工程中的应用，培养学生经济合理地选用建筑材料和正确使用建筑材料的能力，同时培养学生具备对常用建筑材料的主要技术指标进行检测的能力，使学生能够符合材料员、实验员和质检员等职业岗位的要求。

第1章 建筑材料的基本性质

教学导航

知 识 目 标	专业能力目标	社会和方法能力目标
1．了解材料的组成； 2．了解材料的结构； 3．掌握材料与质量有关的性质； 4．掌握材料与水有关的性质； 5．掌握材料与热有关的性质； 6．掌握材料的力学性质； 7．掌握材料耐久性的概念	1．能计算材料的密度、表观密度、堆积密度； 2．能计算材料的孔隙率和空隙率； 3．能计算质量吸水率、体积吸水率、含水率、软化系数、渗透系数； 4．会选择保温隔热材料； 5．能计算材料的抗拉、抗压、抗剪和抗弯强度	培养学生规范操作习惯、分析问题和解决问题的能力、语言表达能力、实际操作能力
重难点：材料与质量有关的性质、材料与水有关的性质、材料与热有关的性质和材料的力学性质		

建筑材料是建筑工程中所应用的各种材料的总称。建筑材料在正常使用状态下，总要承受一定的外力和自重，同时还会受到周围环境介质的作用及各种物理作用（如干湿变化、温度变化、冻融变化等）。为保证建筑物的正常使用和耐久性，要求在工程设计和施工中正确合理地使用材料，因此必须了解材料的组成和结构，掌握材料的基本性质，包括物理性质（与质量、水、热有关的性质）和力学性质及其他一些特殊的性质。

1.1 材料的组成和结构

环境是影响材料性质的外部因素，材料的组成和结构是影响材料性质的内部因素。建筑材料的性能受环境因素的影响固然很重要，但这些外因要通过内因才起作用，所以要掌握材料的基本性质，必须了解材料的组成和结构及其与材料性质之间的关系。

1.1.1 材料的组成

材料的组成是决定材料性质的根本因素。

1. 化学组成

化学组成是指构成材料的化学元素及化合物的种类和数量。金属材料以化学元素的含量来表示，如碳素钢以碳元素含量来划分。无机非金属材料则以各种氧化物的含量来表示，如石灰、石膏的主要化学组成成分是 CaO、$CaSO_4$。聚合物是以有机元素链节重复形式来表示，如聚乙烯的链节是 C_2H_4 等。根据化学组成可大致判断出材料的一些性质，如耐火性、耐腐蚀性、化学稳定性等。

2. 矿物组成

无机非金属材料中具有特定的晶体结构、特定的物理力学性能的组织结构称为矿物。矿物组成是指构成材料的矿物种类和数量。如水泥熟料的矿物组成有硅酸三钙、硅酸二钙、铝酸三钙、铁铝酸四钙等。若其中的硅酸三钙含量高，则水泥硬化速度较快，强度较高；花岗石的主要矿物组成为长石、石英，酸性岩石多，决定了花岗石耐酸性好，属酸性硬石材。大理石的主要矿物组成为方解石、白云石，酸雨会使大理石中的方解石腐蚀成石膏，致使石材表面失去光泽，因此大理石不耐酸腐蚀，属碱性中硬石材。

3. 相组成

材料中具有相同的物理、化学性质的均匀部分称为相。自然界中的物质可分为气相、液相和固相。即使是同种物质，在温度、压力等条件发生变化时常常会转变其存在状态，例如液相变为气相或固相。凡由两相或两相以上物质组成的材料称为复合材料。建筑材料大多数是多相固体。

1.1.2 材料的结构

材料的性质除与材料组成有关外，还与材料的结构和构造有关。结构与构造是指材料各组成部分之间的结合方式及其在空间排列分布规律。一般将材料分为宏观结构、亚微观结构和

微观结构三个层次。

1. 宏观结构

宏观结构是指用肉眼或在 10～100 倍放大镜或显微镜下就可以分辨的粗大级组织，尺寸范围在 1mm 以上。宏观结构直接影响材料的密度、渗透性、强度等性质。相同组成的材料，如果质地均匀、结构紧密，则强度高，反之则强度低。

1）按内部孔隙尺度分类

（1）致密结构。致密结构是用裸眼难以直接观察出构成材料质点的材料组织结构，其密度和表观密度极其接近，一般可认为是无孔隙或少孔隙的材料，如钢材、玻璃、塑料等。

（2）多孔结构。多孔结构是断面可观察到较多分布孔隙的材料组织结构，其内部孔隙的多少、孔尺寸大小及分布均匀程度等结构状态，对其性质具有重要影响，如混凝土、泡沫塑料等。

（3）微孔结构。微孔结构是含微细孔隙的材料组织结构，如石膏制品、烧制黏土。

2）按构成形态分类

（1）纤维结构。纤维结构由纤维状物质构成的材料结构，纤维之间存在很多孔隙，平行纤维方向的抗拉强度较高，能用作保温隔热和吸声材料，如木材、玻璃棉等。

（2）层状结构。层状结构是天然形成或人工用黏结等方法将材料叠合成层状的结构，如胶合板、纸面石膏板等。

（3）散粒结构。散粒结构是材料呈松散颗粒状的结构，如砂子、卵石、碎石等。

（4）复合聚集结构。复合聚集结构指由集料和胶凝材料结合而成的结构，这种材料的性质除与其中各颗粒本身的性质有关外，还与颗粒间的接触程度、黏结性质有关，如水泥混凝土、砂浆、沥青混凝土等。

2. 亚微观结构

亚微观结构（细观结构）指用光学显微镜所能观察到的结构，其尺寸范围介于宏观结构和微观结构之间，为 10^{-6}～10^{-3} m，在此结构范围内可以充分显示出天然岩石的矿物组织、金属材料的晶粒大小等。

材料的亚微观结构对材料的性质影响很大。一般来讲，材料内部的晶粒越细小、分布越均匀，其受力越均匀、强度越高、耐久性越好、脆性越小。晶粒或不同材料组成之间的界面黏结越好，则其耐久性和强度越好。

3. 微观结构

微观结构又称显微结构，是指用高倍显微镜、电子显微镜或 X 射线衍射仪等手段来研究的原子或分子层次的结构，其尺寸范围为 10^{-10}～10^{-6} m。材料在微观结构层次上可分为晶体、玻璃体、胶体。

1）晶体

物质中的分子、原子、离子等质点在空间呈周期性规则排列的结构称为晶体。晶体具有特定的几何形状、固定的熔点和化学稳定性。若质点在各方向上排列的规律和数量不同，晶体

具有各向异性的性质，但实际应用的晶体材料，通常是由细小的晶粒杂乱排列而成，其性质常表现为各向同性。

根据晶体的质点及化学键的不同，分为原子晶体、离子晶体、分子晶体、金属晶体。各种晶体的性质见表1-1。

表1-1 晶体的性质

晶体类型	质点间作用力	密度	硬度	熔点、沸点	延展度	常见材料
原子晶体	共价键	较小	大	高	差	金刚石、石英
离子晶体	离子键	中等	较大	较高	差	石膏、石灰石
分子晶体	范德华力	小	小	低	差	蜡、有机化合物
金属晶体	金属键	大	较大	较高	良	铜、铁、铝及其合金

2）玻璃体

当熔融的物质进行迅速冷却，使其内部质点来不及做有规则的排列就凝固了，这时形成的物质结构称为玻璃体，也称无定型体。它与晶体的区别在于质点呈不规则排列，没有特定的几何外形，没有固定的熔点，但具有较大的硬度。玻璃体是快速极冷环境下形成的，故内应力较大，具有明显的脆性，如普通玻璃。另外，玻璃体是化学不稳定的结构，容易与其他物质起化学作用，如火山灰、炉渣等属于玻璃体，能与石灰在有水的条件下发生化学反应，形成具有一定强度的建筑材料。

3）胶体

粒径为10^{-9}～10^{-7} m大小的固体颗粒（胶粒）分散在连续介质中（水或油）组成的分散体系称为胶体。其中，胶粒一般带有电荷（正电荷或负电荷），而介质带有相反的电荷，从而使胶体保持稳定。由于胶体小的质点很微小，体系中内表面积很大，表现为很强的吸附力，所以胶体具有较强的黏结力。

胶体结构中胶粒数量较少，介质性质对胶体结构强度及变形性质影响较大，这种胶体结构称为溶胶结构。当胶体数量较多，胶粒在表面能作用下发生凝聚作用，或者由于物理化学作用而使胶粒彼此相连，而形成的空间网络结构称为凝胶结构。凝胶具有触变性，即对凝胶搅拌或振动，又能变成溶胶。水泥浆、新拌混凝土等表现有触变性。当凝胶完全脱水时则成干凝胶体，具有固体性质，即产生强度。硅酸盐水泥主要水化产物的最后形式就是干凝胶体。

1.2 材料的物理性质

1.2.1 材料与质量有关的性质

1. 密度

材料的密度是指材料在特定的体积状态下，单位体积的质量。按照材料体积状态的不同，材料的密度可分为实际密度、表观密度和堆积密度等。

1）实际密度

实际密度是指材料在绝对密实状态下，单位体积所具有的质量，一般简称为密度，其计算式为：

$$\rho = \frac{m}{V} \tag{1-1}$$

式中　ρ——材料的实际密度，单位为 g/cm^3 或 kg/m^3；

m——材料的质量，单位为 g 或 kg；

V——材料在绝对密实状态下的体积，单位为 cm^3 或 m^3。

绝对密实状态下的体积是指不包括孔隙在内的体积。建筑材料中除个别材料（如玻璃、金属材料、花岗岩）外，大多数材料均含有一定的孔隙。

在测定固体材料的密度时，须将材料磨成细粉（粒径小于 0.2 mm），干燥后，采用排开液体法测得其绝对密实体积。材料磨得越细，孔隙消除得越完全，测得的密度值越精确。工程所使用的材料绝大部分是固体材料，但需要测定其密度的并不多。

2）表观密度

表观密度是指材料在自然状态下（包含孔隙）单位体积的质量，其计算式为：

$$\rho_0 = \frac{m}{V_0} \tag{1-2}$$

式中　ρ_0——材料的表观密度，单位为 g/cm^3 或 kg/m^3；

m——材料的质量，单位为 g 或 kg；

V_0——材料在自然状态下的体积，单位为 cm^3 或 m^3。

材料在自然状态下的体积是指材料的固体物质部分体积与材料内部所含全部孔隙体积之和。对于外形规则的材料，只需测定其外形尺寸，从而测出表观密度；对于外形不规则的材料，要采用排液法测定，但在测定前，材料表面应用薄蜡密封，以防液体进入材料内部孔隙而影响测定值。一定质量的材料，孔隙越多，则表观密度值越小；材料表观密度大小还与材料含水状态有关。当材料孔隙内含有水分时，其质量和体积都会发生变化，因而表观密度亦不相同，故测定材料表观密度时，应注明含水情况，未特别标明时，是指干燥状态下的表观密度。

3）堆积密度

散粒状（粉状、粒状、纤维状）材料在自然堆积状态下，单位体积的质量称为堆积密度，其计算式为：

$$\rho_0' = \frac{m}{V_0'} \tag{1-3}$$

式中　ρ_0'——材料的堆积密度，单位为 g/cm^3 或 kg/m^3；

m——材料的质量，单位为 g 或 kg；

V_0'——材料在堆积状态下的体积，单位为 cm^3 或 m^3。

材料堆积状态下的体积是指材料的固体物质部分体积、孔隙部分和空隙等部分体积的和。

在土建工程中，密度、表观密度和堆积密度常用来计算材料的配料及用量、构件的自重、堆放空间和材料的运输量。常用建筑材料的密度、表观密度和堆积密度见表 1-2。

表 1-2　常用建筑材料的密度、表观密度和堆积密度

材料名称	密度（g/cm^3）	表观密度（kg/m^3）	堆积密度（kg/m^3）
石灰岩	2.6～2.8	1800～2600	—
花岗岩	2.7～3.0	2000～2850	—
砂	2.5～2.6	—	1450～1650
碎石	2.6～2.9	—	1400～1700
烧结普通砖	2.5～2.7	1500～1800	—
黏土	2.5～2.7	—	1600～1800
水泥	2.8～3.1	—	1100～1300
普通混凝土	—	2100～2500	—
红松	1.55～1.60	400～600	—
钢材	7.8～7.9	7850	—

2. 材料的密实度和孔隙率

1）密实度

密实度是指材料体积内被固体物质所充实的程度。密实度反映了材料的致密程度，用 D 表示，其计算式为：

$$D=\frac{V}{V_0}\times100\%=\frac{\rho_0}{\rho}\times100\% \tag{1-4}$$

含有孔隙的固体材料的密实度均小于 1。材料的很多性能如强度、耐久性、吸水性、导热性等均与其密实度有关。

2）孔隙率

孔隙率是指材料内部孔隙体积占自然状态下总体积的百分率。它也是评价材料密实性能的指标，用 P 表示，其计算式为：

$$P=\frac{V_0-V}{V_0}\times100\%=\left(1-\frac{\rho_0}{\rho}\right)\times100\% \tag{1-5}$$

孔隙率与密实度的关系为：

$$P+D=1 \tag{1-6}$$

材料的孔隙率与密实度是相互关联的性质，材料孔隙率的大小可直接反映材料的密实程度，孔隙率越大，则密实度越小。

孔隙按构造可分为开口孔隙和封闭孔隙两种；按尺寸的大小又可分为微孔、细孔和大孔三种。材料孔隙率大小、孔隙特征对材料的许多性质会产生一定影响，如材料的孔隙率较大，且连通孔较少，则材料的吸水性较小，强度较高，抗冻性和抗渗性较好，导热性较差，保温隔热性较好。

3. 材料的填充率和空隙率

1）填充率

填充率是指散粒状材料在特定的堆积状态下，被其颗粒填充的程度，以 D' 表示，其计算

式为：

$$D' = \frac{V_0}{V_0'} \times 100\% = \frac{\rho_0'}{\rho_0} \times 100\% \tag{1-7}$$

2）空隙率

空隙率是指散粒材料自然堆积体积中颗粒之间的空隙所占的比例，以 P' 表示，其计算式为：

$$P' = \frac{V_0' - V_0}{V_0'} \times 100\% = (1 - \frac{\rho_0'}{\rho_0}) \times 100\% \tag{1-8}$$

空隙率与填充率的关系为：

$$P' + D' = 1 \tag{1-9}$$

空隙率与填充率也是相互关联的两个性质，空隙率的大小可直接反映散粒材料的颗粒之间相互填充的程度。散粒状材料，空隙率越大，则填充率越小。在配制混凝土时，砂、石的空隙率是作为控制混凝土集料级配与计算砂率的重要依据。

1.2.2 材料与水有关的性质

建筑物中的材料在使用过程中经常会直接或间接与水接触，如水坝、桥墩、屋顶等，为防止建筑物受到水的侵蚀而影响使用性能，有必要研究材料与水接触后的有关性质。

1. 亲水性与憎水性

材料与水接触时，根据其是否能被水润湿，可将材料分为亲水性材料与憎水性材料两大类。材料容易被水润湿的性质称为亲水性。具有这种性质的材料称为亲水性材料。大多数建筑材料，如砖、混凝土、木材等都属于亲水性材料，表面均能被水湿润，且能通过毛细管作用将水吸入材料的毛细管内部。材料不容易被水润湿的性质称为憎水性，具有这种性质的材料称为憎水性材料。沥青、油漆、塑料等属于憎水性材料，该类材料一般能阻止水分的渗入。憎水性材料不仅可用于防水材料，而且可用于亲水性材料的面处理，以降低其吸水性。

材料的亲水性与憎水性可用润湿角 θ 来说明，见图 1-1，当材料与水接触时，在材料、水、空气三相的交点处，沿水滴表面作切线，该切线与固体、液体接触面的夹角称为润湿角 θ。润湿角 θ 越小，表明材料越易被润湿。实验表明，当润湿角 $\theta \leqslant 90°$ 时，这种材料称为亲水性材料；当润湿角 $\theta > 90°$ 时，称为憎水性材料。

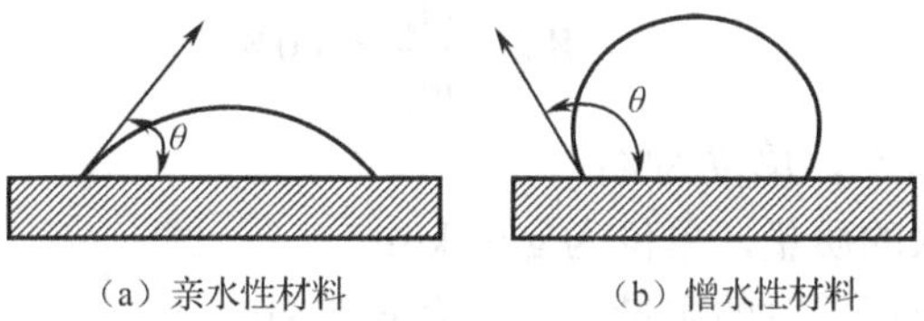

（a）亲水性材料　　（b）憎水性材料

图 1-1　材料的润湿角示意

2. 吸水性

材料在浸水状态下，吸收水分的性能称为吸水性。吸水率又有质量吸水率和体积吸水率之分。

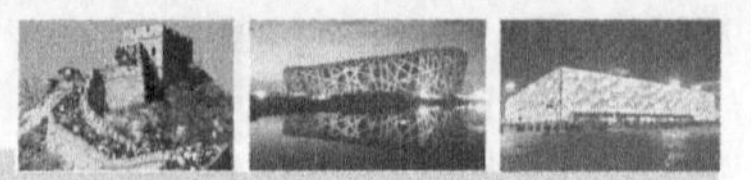

1）质量吸水率

质量吸水率是指材料吸水饱和时，所吸收水分质量占材料干燥质量的百分率，其计算式为：

$$W_{质}=\frac{m_{饱}-m_{干}}{m_{干}}\times 100\% \tag{1-10}$$

式中 $W_{质}$—— 材料的质量吸水率，单位为%；

$m_{饱}$—— 材料吸水饱和后的质量，单位为 g 或 kg；

$m_{干}$—— 材料烘干至恒重时的质量，单位为 g 或 kg。

2）体积吸水率

体积吸水率是指吸水饱和时，所吸收水分的体积占干燥材料自然体积的百分率，其计算式为：

$$W_{体}=\frac{V_{水}}{V_0}\times 100\%=\frac{m_{饱}-m_{干}}{V_0\cdot\rho_{水}}\times 100\% \tag{1-11}$$

式中 $W_{体}$—— 材料的体积吸水率，单位为%；

V_0—— 干燥材料在自然状态下的体积，单位为 cm^3 或 m^3；

$\rho_{水}$—— 水的密度，单位为 g/cm^3 或 kg/m^3，常温下选取 1 g/cm^3 或 1000 kg/m^3。

体积吸水率和质量吸水率的关系为：

$$W_{体}=W_{质}\cdot\rho_0\cdot\frac{1}{\rho_{水}} \tag{1-12}$$

常用的建筑材料，其吸水率一般采用质量吸水率表示。对于某些轻质材料，如加气混凝土、木材等，由于其质量吸水率往往超过 100%，一般采用体积吸水率表示。

材料吸水率的大小，不仅与材料的亲水性或憎水性有关，而且与材料的孔隙率和孔隙特征有关。材料所吸收的水分是通过开口孔隙吸入的。一般而言，孔隙率越大，开口孔隙越多，则材料的吸水率越大；但如果开口孔隙粗大，则不易存留水分，即使孔隙率较大，材料的吸水率也较小；另外，封闭孔隙水分不能进入，吸水率也较小。

3. 吸湿性

材料在空气中吸收空气中水分的性质，称为吸湿性。材料的吸湿性用含水率表示。

含水率系指材料内部所含水的质量占材料干燥质量的百分率，其计算式为：

$$W_{含}=\frac{m_{水}}{m_{干}}\times 100\% \tag{1-13}$$

式中 $W_{含}$—— 材料的含水率，单位为%；

$m_{水}$—— 材料含有水的质量，单位为 g 或 kg；

$m_{干}$—— 材料干燥至恒重时的质量，单位为 g 或 kg。

材料的含水率随空气的温度、湿度变化而改变。材料既能在空气中吸收水分，又能向外界释放水分，当材料中的水分与空气的湿度达到平衡，此时的含水率就称为平衡含水率。一般情况下，材料的含水率多指平衡含水率。当材料内部孔隙吸水达到饱和时，此时材料的含水率等于吸水率。材料吸水后，会导致自重增加，保温隔热性能降低，强度和耐久性产生不同程度的下降。材料含水率的变化会引起体积的变化，影响使用。

4. 耐水性

材料长期在饱和水作用下保持其原有功能，抵抗破坏的能力称为耐久性。材料耐水性用软化系数表示，其计算式为：

$$K_{软} = \frac{f_{饱}}{f_{干}} \tag{1-14}$$

式中　$K_{软}$—— 材料的软化系数；

$f_{饱}$—— 材料在饱和水状态下的抗压强度，单位为 MPa；

$f_{干}$—— 材料在干燥状态下的抗压强度，单位为 MPa。

软化系数的大小反映材料在浸水饱和后强度降低的程度。软化系数在 0～1 之间。软化系数越小，说明材料吸水饱和后的强度降低越多，其耐水性越差。工程中将 $K_{软}$＞0.85 的材料称为耐水性材料。对于经常位于水中或潮湿环境中的重要结构的材料，必须选用 $K_{软}$＞0.85 的耐水性材料；对于用于受潮较轻或次要结构的材料，其软化系数不宜小于 0.75。

5. 抗渗性

材料抵抗压力水或其他液体渗透的性质，称为抗渗性。材料的抗渗性通常用渗透系数表示。

渗透系数的物理意义是：一定厚度的材料，在一定水压力下，在单位时间内透过单位面积的水量，其计算式为：

$$K_S = \frac{Q \cdot d}{A \cdot t \cdot H} \tag{1-15}$$

式中　K_S—— 材料的渗透系数，单位为 cm/h；

Q—— 渗透时间 t 内的渗水总量，单位为 cm^3；

d—— 材料试件的厚度，单位为 cm；

A—— 材料垂直于渗水方向的渗水面积，单位为 cm^2；

t—— 渗水时间，单位为 h；

H—— 材料两侧的水头高度，单位为 cm。

地下建筑物及水工建筑物，因常受到压力水的作用，所以要求材料具有一定的抗渗性。对于防水材料，则要求具有更高的抗渗性。K_S 值越大，表示材料渗透的水量越多，即抗渗性越差。混凝土的抗渗性用抗渗等级表示。抗渗等级是以规定的试件、在标准试验方法下所能承受的最大静水压力来确定，以符号“Pn”表示，其中“n”为该材料所能承受的最大水压力的十倍数，如 P4、P6、P8、P10、P12 等，分别表示材料能承受 0.4 MPa、0.6 MPa、0.8 MPa、1.0 MPa、1.2 MPa 的水压而不渗水。材料的抗渗性与其孔隙率和孔隙特征有关。

材料的抗渗性与材料内部的空隙率特别是开口孔隙率有关，开口空隙率越大，大孔含量越多，则抗渗性越差。材料的抗渗性还与材料的憎水性和亲水性有关，憎水性材料的抗渗性优于亲水性材料。

6. 抗冻性

材料在吸水饱和状态下，能经受多次冻结和融化（冻融循环）而不破坏，同时也不严重

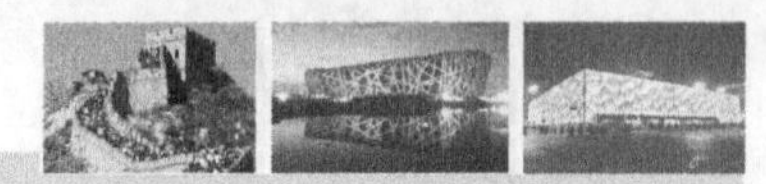

降低强度的性质，称为抗冻性。

材料吸水后，在负温情况下，水在材料毛细孔内冻结成冰，体积膨胀所产生的冻胀压力造成材料的内应力，会使材料遭到局部破坏。随着冻融循环的反复，材料的破坏作用逐步加剧，这种破坏称为冻融破坏。

材料的抗冻性用抗冻等级表示。抗冻等级是以规定的试件，采用标准试验方法，测得其强度降低不超过规定值，并无明显损害和剥落时所能经受的最大冻融循环次数来确定，以“Fn”表示，其中“n”为最大冻融循环次数。抵抗冻融循环次数越多，抗冻等级越高，材料的抗冻性越好。材料的抗冻等级可分为F15、F25、F50、F100、F200等，分别表示此材料可承受15次、25次、50次、100次、200次的冻融循环。

1.2.3 材料与热有关的性质

为了保证建筑物具有良好的室内环境，降低建筑物的使用能耗，必须要求建筑材料具有一定的热工性质。建筑材料常用的热工性质有导热性、热容量等。

1. 导热性

当材料两面存在温度差时，热量从材料的一侧传递至另一侧的性质，称为材料的导热性。材料导热性可用导热系数表示。

导热系数的物理意义是：单位厚度（1 m）的材料，两侧温度差为1 K（热力学温度单位开尔文，简称开）时，在单位时间（1 s）内通过单位面积（1 m^2）的热量，其计算式为：

$$\lambda=\frac{Q\cdot d}{(t_1-t_2)A\cdot T} \tag{1-16}$$

式中 λ——材料的导热系数，单位为W/（m·K）；

Q——传导热量，单位为J；

d——材料厚度，单位为m；

t_1-t_2——材料两侧温度差，单位为K；

A——材料的传热面积，单位为m^2；

T——传热时间，单位为s。

导热系数是评价材料绝热性能的重要指标。材料的导热系数越小，则材料的绝热性能或保温性能越好。工程中通常把$\lambda<0.23$ W/（m·K）的材料称为绝热材料。

2. 热容量

材料在受热时吸收热量、冷却时放出热量的性质称为材料的热容量。材料的热容量用热容量系数或比热表示。

比热的物理意义是：1 g材料温度升高或降低1 K时所吸收或放出的热量。比热与材料质量的乘积称为材料的热容量，其计算式为：

$$Q=c\cdot m(t_2-t_1) \tag{1-17}$$

式中 Q——材料吸收或放出的热量，单位为J；

c——材料的比热，单位为J/（g·K）；

m——材料的质量，单位为 g；

$t_2 - t_1$——材料受热或冷却前后的温度差，单位为 K。

比热的大小直接反映出材料吸热或放热能力的大小。比热大的材料，能在热流变动或采暖设备供热不均匀时，缓和室内的温度波动。不同的材料其比热不同，即使是同种材料，由于物态不同，其比热也不同。

1.3 材料的力学性质

任何材料受到外力（荷载）作用都要产生变形，当外力超过一定限度后材料将被破坏。材料的力学性质就是指材料在外力作用下产生变形和抵抗破坏能力方面的有关性质。

1.3.1 材料的强度

材料在荷载（外力）作用下抵抗破坏的能力称为材料的强度。材料按外力作用的方式不同，可以将强度分为抗拉强度、抗压强度、抗弯（折）强度和抗剪强度等。材料承受多种外力的情况见图 1-2。材料的抗拉、抗压和抗剪强度可按下式计算：

$$f = \frac{F}{A} \tag{1-18}$$

式中 f——材料的抗拉、抗压和抗剪强度，单位为 MPa；

F——材料抗拉、抗压和抗剪破坏时的荷载，单位为 N；

A——材料的受力面积，单位为 mm^2。

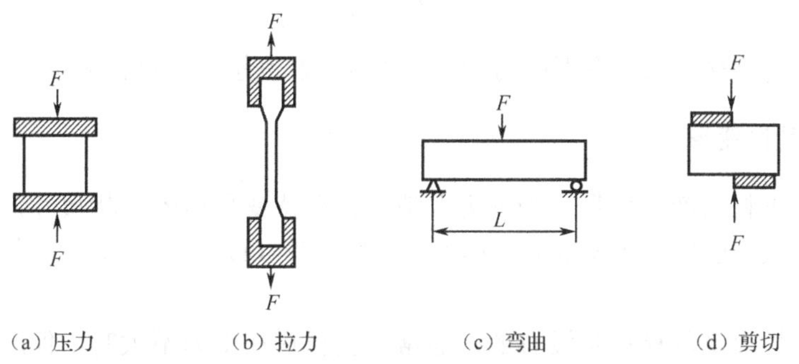

图 1-2 材料承受多种外力示意图

材料的抗弯强度（也称抗折强度）与材料的受力情况和截面形状有关。当矩形截面的试件跨中作用于一个集中荷载时，材料的抗弯强度可按下式计算：

$$f = \frac{3F \cdot L}{2b \cdot h^2} \tag{1-19}$$

式中 f——材料的抗弯强度，单位为 MPa；

F——材料抗弯至破坏时的荷载，单位为 N；

b、h——分别为材料的截面宽度、高度，单位为 mm；

L——两支点的间距，单位为 mm。

结构材料的主要作用就是承受结构荷载，对大部分建筑物来说，相当大的承载能力用于承受材料的自重。欲提高结构材料承受外荷载的能力，一方面应提高材料的强度，另一方面应

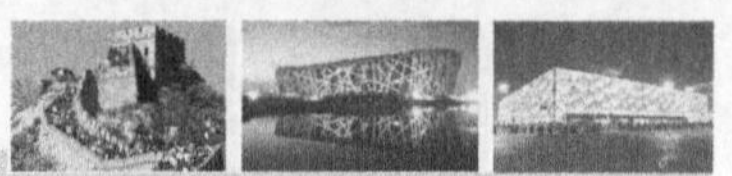

减轻材料的自重，这就要求材料应具备轻质高强的特点。比强度是衡量材料轻质高强的一个主要指标。比强度是指材料的强度与其表观密度之比。优质的结构材料，必须具有较高的比强度。几种主要材料的比强度见表 1-3。

表 1-3 几种主要材料的比强度

材 料	表观密度（kg/m^3）	强度（MPa）	比强度
低碳钢	7850	420	0.054
普通混凝土（抗压）	2400	40	0.017
松木（顺纹抗压）	500	100	0.200
玻璃钢	2000	450	0.225

1.3.2 材料的弹性与塑性

1. 弹性与弹性变形

材料在外力作用下产生变形，当外力取消后，材料变形即可消失并能完全恢复原来形状的性质称为弹性。

这种外力取消后瞬间内即可完全消失的变形，称为弹性变形。弹性变形属于可逆变形，其数值大小与外力成正比，其比例系数 E 称为材料的弹性模量。材料在弹性变形范围内，弹性模量 E 为常数，其数值等于应力σ与应变ε的比值，即：

$$E=\frac{\sigma}{\varepsilon} \tag{1-20}$$

弹性模量是衡量材料抵抗变形能力的一个指标。E 值越大，材料越不容易变形。

2. 塑性与塑性变形

在外力作用下材料产生变形，当外力取消，仍保持变形后的形状尺寸，并且不产生裂缝的性质，称为塑性。这种不能恢复的变形称为塑性变形（或永久变形）。塑性变形为不可逆变形。

实际上纯弹性变形的材料是没有的，通常一些材料在受力不大时，仅产生弹性变形；受力超过一定极限后，即可产生塑性变形。

1.3.3 材料的脆性与韧性

1. 脆性和脆性材料

材料在外力作用下，当外力达到一定限度后，材料发生突然破坏，且破坏时无明显的塑性变形，这种性质称为脆性。具有这种性质的材料称脆性材料。脆性材料抗压强度远大于抗拉强度，可高达数倍甚至数十倍，所以脆性材料不能承受振动和冲击荷载，也不宜用作受拉构件，只适于用作承压构件。建筑材料中大部分无机非金属材料均为脆性材料，如普通混凝土、天然岩石、陶瓷、玻璃等。

2．韧性

材料在冲击荷载或振动荷载作用下，能吸收较大的能量，同时产生较大的变形而不破坏的性质称为韧性。材料的韧性用冲击韧性指标 a_k 表示。

冲击韧性指标系指用带缺口的试件做冲击破坏试验时，断口处单位面积所吸收的功，其计算式为：

$$a_k = \frac{A_k}{A} \tag{1-21}$$

式中　a_k —— 材料的冲击韧性指标，单位为 J/mm^2；

A_k —— 试件破坏时所消耗的功，单位为 J；

A —— 试件受力净截面积，单位为 mm^2。

在建筑工程中，对于要求承受冲击荷载和有抗震要求的结构，如吊车梁、桥梁、路面等所用的材料，均应具有较高的韧性。

1.3.4　材料的硬度与耐磨性

1．硬度

硬度是材料表面的坚硬程度，是抵抗其他硬物刻划、压入其表面的能力。通常，测定材料硬度的方法有刻划法、压入法和回弹法，不同材料其硬度测定方法不同。

刻划法常用于测定天然矿物的硬度。矿物硬度分为 10 级，按其递增的顺序进行排列，依次为滑石、石膏、方解石、萤石、磷灰石、正长石、石英、黄玉、刚玉、金刚石。钢材、混凝土及木材等的硬度常用钢球压入法测定。回弹法常用于测定混凝土构件表面的硬度，并以此估算混凝土的抗压强度。

2．耐磨性

耐磨性是材料表面抵抗磨损的能力。材料的耐磨性用磨损率表示，其计算式为：

$$G = \frac{m_1 - m_2}{A} \tag{1-22}$$

式中　G —— 材料的磨损率，单位为 g/cm^2；

$m_1 - m_2$ —— 材料磨损前后的质量损失，单位为 g；

A —— 试件受磨面积，单位为 cm^2。

材料的硬度越高、越致密，耐磨性越好。路面、地面等易受损部位，要求使用耐磨性好的材料。

1.4　材料的耐久性

材料的耐久性是泛指材料在使用条件下，受各种内在或外来自然因素及有害介质的作用，能长久地保持其使用性能的性质。耐久性是一项综合性质，一般包括抗渗性、抗冻性、抗腐蚀性、抗碳化性、抗侵蚀性、抗碱骨料反应等。材料的强度、密实性能、耐磨性等与材料的耐久性有着密切的关系。材料在使用过程中，除受各种外力作用外，还长期受到周围环境和各种自

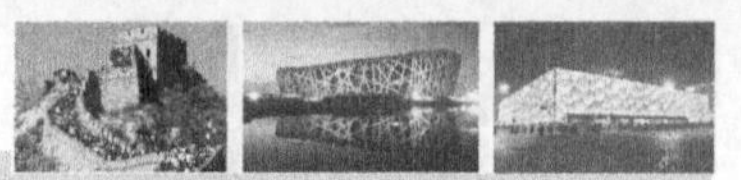

然因素的破坏作用，这些作用一般可分为物理作用、化学作用、生物作用及机械作用。

1）物理作用

物理作用包括环境温度、湿度的交替变化，即冷热、干湿、冻融等循环作用。材料经受这些作用后，将发生膨胀、收缩或产生应力，长期的反复作用，将使材料逐渐被破坏。

2）化学作用

化学作用包括大气和环境水中的酸、碱、盐等溶液或其他有害物质对材料的侵蚀作用，以及日光、紫外线等对材料的作用。

3）生物作用

生物作用包括菌类、昆虫等的侵害作用，导致材料发生腐朽、虫蛀等而破坏。

4）机械作用

机械作用包括荷载的持续作用，交变荷载对材料引起的疲劳、冲击、磨损等。

砖、石料、混凝土等矿物材料，多是由于物理作用而破坏，也可能同时会受到化学作用的破坏。金属材料主要是由于化学作用引起的腐蚀。木材等有机质材料常因生物作用而破坏。沥青材料、高分子材料在阳光、空气和热的作用下会逐渐老化而使材料变脆或开裂。耐久性是一项长期性质，因此在进行材料耐久性检测时，一般针对不同材料在不同环境中对其耐久性影响最大的一个或几个方面来进行快速模拟试验。提高材料的耐久性，对延长建筑物使用寿命、节约建筑材料、减少维修费用等，均具有十分重要的意义。

复习思考题 1

1．什么是材料的密度、表观密度和堆积密度？如何利用这三个参数计算块状材料的孔隙率和散粒状材料的孔隙率？

2．材料的孔隙率和孔隙特征对材料的表观密度、吸水性、吸湿性、抗渗、抗冻、强度及保温性能有何影响？

3．常用的材料强度有哪几种？分别写出其计算公式。

4．怎么区分材料的亲水性与憎水性？

5．材料的吸湿性、吸水性、耐水性、抗渗性、抗冻性的衡量指标分别用什么表示？

6．什么是材料的耐久性？为什么对材料要有耐久性要求？

7．某岩石在气干、绝干和水饱和情况下测得的抗压强度分别为 172 MPa、178 MPa、168 MPa，求该岩石的软化系数并指出该岩石可否用于水下工程。

8．某工地所用卵石材料的密度为 2.65 g/cm^3，表观密度为 2.61 g/cm^3，堆积密度为 1680 kg/m^3，计算此石子的孔隙率与空隙率。

9．称河砂 500 g，烘干至恒重时质量为 494 g，求此河砂的含水率。

10．一块烧结普通砖的外形尺寸为 240 mm×115 mm×53 mm，吸水饱和后重量为 2950 g，烘干至恒重为 2500 g；将该砖磨细并烘干后取 50 g，用李氏瓶测得其体积为 18.58 cm^3。试求该砖的密度、表观密度、孔隙率、质量吸水率。

11．红砖干燥时表观密度为 1900 kg/m^3，密度为 2.5 g/cm^3，质量吸水率为 10%，试求该砖的孔隙率和体积吸水率。

12．已知甲材料在绝对密实状态下的体积为 40 cm^3，在自然状态下体积为 160 cm^3；乙材料的密实度为 80%，求甲、乙两材料的孔隙率，并判断哪种材料较宜做保温材料。

13．一边长为 200 mm 的立方体试块，进行抗压强度试验时，破坏荷载为 1600 kN，试求该试块抗压强度为多少。

14．一水泥胶砂抗弯试件，尺寸为 40 mm×40 mm×160 mm，F=3.84 kN，L=100 mm，求抗弯（抗折）强度。

第2章 气硬性胶凝材料

教学导航

知 识 目 标	专业能力目标	社会和方法能力目标
1．气硬性胶凝材料的概念； 2．石灰的生产、种类、熟化硬化过程、性能特点及应用； 3．石膏的生产、种类、熟化硬化过程、性能特点及应用； 4．水玻璃的性能及应用	会根据石灰的熟化机理，对石灰进行陈伏处理；会拌制三合土；能正确选择和合理使用石灰、石膏、水玻璃	培养学生自学能力、分析问题和解决问题的能力、创新能力，科学严谨的态度和团结协作意识
重难点： 石灰和石膏的技术性质和应用		

胶凝材料：能够将散粒材料或块体材料黏结成为一个整体，并且能够通过物理、化学作用由浆体转变为坚硬的固体，这种材料称为胶凝材料。胶凝材料按照化学组成来分类有：有机胶凝材料（如沥青、树脂等）和无机胶凝材料（如石膏、水泥等）。

无机胶凝材料按照硬化条件可分为气硬性胶凝材料和水硬性胶凝材料。

气硬性胶凝材料只能在地面以上较干燥的空气中凝结硬化并发展其强度，如石灰、石膏和水玻璃等；水硬性胶凝材料则不仅能在空气中，而且也可以在水中凝结硬化，保持并发展其强度，如水泥等。总结如下：

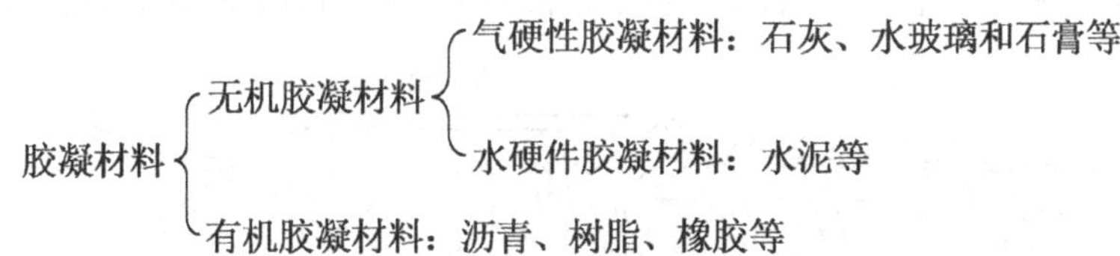

因为石灰和石膏是气硬性胶凝材料。工程上石膏板和石灰砂浆（由石灰、砂和水组成）一般适用于较干燥的工作环境，如地面以上墙体的施工。水泥是一种水硬性胶凝材料，可以用于各种工作环境，如地面以上的墙体砌筑、水泥混凝土梁板柱的施工；地面以下潮湿环境中基础的施工；水中桥梁、水工坝体的施工等。

2.1　石灰

因为石灰的生产工艺简单，原料来源广，生产成本低廉，使得石灰成为建筑工程中最先使用的胶凝材料之一。由于石灰的某些性能表现优异，至今仍在建筑工程上广泛应用。例如，石灰有良好的保水性和可塑性，常用于配置混合砂浆，作为地面以上墙体的砌筑材料；也常用于配制灰土（石灰和黏土）和三合土（石灰、黏土和砂石等材料），作为基坑的回填土料或地面下的垫层材料。

2.1.1　生石灰的生产

生产石灰的原材料主要是石灰石，石灰石的化学成分是碳酸钙（$CaCO_3$）、碳酸镁（$MgCO_3$）和其他矿物成分，如黏土等，生产石灰的有效成分是碳酸钙（$CaCO_3$）。

石灰的产品有生石灰和熟石灰两大类。建筑上应用的主要是熟石灰，因为生石灰水化反应放热量大容易发生灼伤事故。生石灰的有效成分是氧化钙（CaO）和氧化镁（MgO），熟石灰的有效成分是氢氧化钙[$Ca(OH)_2$]和氢氧化镁[$Mg(OH)_2$]。

石灰的生产原理：将石灰石煅烧分解为生石灰与二氧化碳，化学反应如下：

$$CaCO_3 \xrightarrow{900℃} CaO + CO_2\uparrow$$

$$MgCO_3 \xrightarrow{700℃} MgO + CO_2\uparrow \text{（少量）}$$

温度过低、煅烧时间过短会产生欠火石灰，欠火石灰的产浆量低，质量较差，降低了石灰的利用率。温度过高、煅烧时间过长又会产生过火石灰，过火石灰在石灰硬化过程中产生体积膨胀，引起石灰制品崩裂或隆起现象，直接影响工程质量。

2.1.2 熟石灰的生产

生石灰的熟化（又称生石灰的消解）：指生石灰和水发生反应生成熟石灰（氢氧化钙）的过程，化学反应如下：

$$CaO + H_2O \longrightarrow Ca(OH)_2 + 64.8\ kJ$$

同时有少量的氢氧化镁生成。

为了消除熟石灰中过火石灰的危害，煅烧后的生石灰块体材料应在化灰池中静置两周以上再使用，这个过程叫做"陈伏"，如图 2-1 所示。熟石灰的产品有石灰浆、石灰乳和石灰膏等。

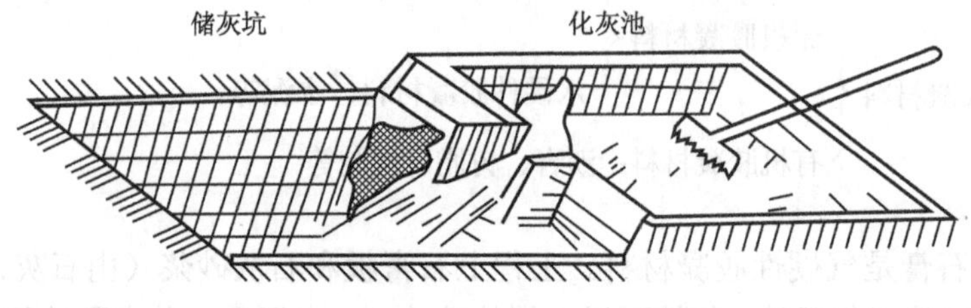

图 2-1 陈伏

2.1.3 熟石灰的硬化

熟石灰的硬化包括两个过程：干燥结晶硬化和碳化硬化。熟石灰的硬化是以干燥结晶硬化为主。

（1）干燥结晶硬化：指水分蒸发，氢氧化钙从饱和溶液中结晶析出。

（2）碳化硬化：指氢氧化钙与空气中的二氧化碳在有水的条件下生成碳酸钙的过程，化学反应如下：

$$Ca(OH)_2 + CO_2 + nH_2O \rightarrow CaCO_3 + (n-1)H_2O$$

以上反应过程较为缓慢，因为一般情况下空气中二氧化碳的含量较少。

2.1.4 石灰产品的质量检验

石灰产品的质量检验（如表 2-1、2-2、2-3 所示）。生石灰、生石灰粉：根据氧化镁的含量分为钙质石灰（MgO≤5%）和镁质石灰（MgO>5%），镁质生石灰熟化较慢，但硬化后强度稍高。

表 2-1 建筑生石灰的技术标准（JC/T 479—2013）

类别	名称	代号	CaO+MgO 含量/% ≮	MgO 含量/%	CO_2 含量/%	SO_3 含量/%	产浆量/$dm^3 \cdot kg^{-1}$
钙质石灰	钙质石灰 90	CL90-Q	90	≤5	≤4	≤2	≥26
	钙质石灰 85	CL85-Q	85	≤5	≤7	≤2	≥26
	钙质石灰 75	CL75-Q	75	≤5	≤12	≤2	≥26
镁质石灰	镁质石灰 85	ML85-Q	85	>5	≤7	≤2	—
	镁质石灰 80	ML80-Q	80	>5	≤7	≤2	—

表 2-2　建筑生石灰粉的技术标准（JC/T 479—2013）

类别	名称	代号	CaO+MgO 含量/% ≮	MgO 含量/%	CO_2 含量/%	SO_3 含量/%	细度/%	
							0.2 mm 筛余量	90 μm 筛余量
钙质石灰	钙质石灰 90	CL90-QP	90	≤5	≤4	≤2	≤2	≤7
	钙质石灰 85	CL85-QP	85	≤5	≤7	≤2	≤2	≤7
	钙质石灰 75	CL75-QP	75	≤5	≤12	≤2	≤2	≤7
镁质石灰	镁质石灰 85	ML85-QP	85	>5	≤7	≤2	≤2	≤7
	镁质石灰 80	ML80-QP	80	>5	≤7	≤2	≤7	≤2

表 2-3　建筑消石灰粉的技术标准（JC/T 481—1992）

项　目		钙质消石灰粉			镁质消石灰粉			白云石消石灰粉		
		优等品	一等品	合格品	优等品	一等品	合格品	优等品	一等品	合格品
游离水/%		0.4～2								
CaO+MgO 含量/% ≮		70	65	60	65	60	55	65	60	55
体积安定性		合格	合格	—	合格	合格	—	合格	合格	—
细度	0.90 mm 筛筛余/% ≯	0	0	0.5	0	0	0.5	0	0	0.5
	0.125 mm 筛筛余/% ≯	3	10	15	3	10	15	3	10	15

注意：上表中 CaO+MgO 含量是指有效氧化钙和有效氧化镁的含量；未消化残渣含量指欠火石灰、过火石灰和杂质的含量；产浆量是指 1kg 生石灰生产石灰膏的体积数；CO_2 含量代表欠火石灰的含量；体积安定性是指石灰硬化过程中体积变化是否均匀的性质，体积安定性不良就会产生起鼓、翘曲或开裂的问题；细度是指石灰颗粒的粗细程度。石灰产品是以上述技术指标划分优等品、一等品和合格品三个等级。

消石灰粉：根据氧化镁的含量分为钙质消石灰粉（MgO<4%）、镁质消石灰粉（4%≤MgO<24%）和白云质消石灰粉（24%≤MgO<30%）。

2.1.5　石灰的技术性质及其应用

（1）良好的保水性、可塑性。石灰砂浆具有良好的保水性和可塑性。在水泥砂浆中掺入适量的石灰膏，可显著改善水泥砂浆的保水性和可塑性。

（2）凝结硬化慢、强度低。石灰砂浆表面碳化硬化后形成紧密外壳，不利于碳化作用的深入，阻碍内部水分的蒸发，使结晶硬化缓慢，强度发展缓慢。石灰砂浆 28 d 强度约 0.4 MPa，因此石灰砂浆或石灰水泥混合砂浆一般只用于砌筑承载能力要求不高的墙体，而且注意不宜用于潮湿环境，不宜用于重要建筑物的基础。

（3）耐水性差，吸湿性强。块状生石灰放置太久，会吸收空气中的水分而熟化成消石灰粉（因此常用作干燥剂），碳化硬化生成 $CaCO_3$ 后失去胶结能力；而且受潮熟化时放出大量的热，体积膨胀，储存和运输时，要注意防火防爆。

（4）体积收缩大。石灰的硬化过程主要是结晶硬化，结晶硬化过程中蒸发大量水分，体积显著收缩，变形较大容易开裂，因此石灰不宜单独使用，常掺加纱、麻、纸筋等以减少收缩防止开裂。

2.1.6 石灰的运输和储存注意事项

生石灰块体和生石灰粉在运输时要采取防水防潮措施，不能与易燃、易爆及液体物品同时装运，注意防火防爆。运输到施工现场的石灰产品，不宜长期储存，一般不超过一个月。熟化好的石灰膏，也不宜长期暴露在空气中，表面应加以覆盖，以防碳化硬化。

2.2 石膏

石膏是一种良好的防火节能材料，又因其质地软易于加工被广泛用于建筑装饰工程中。例如，墙体和顶棚装修经常用到的石膏板、石膏线、石膏砂浆和石膏涂料等，还可以制作石膏模型、石膏雕塑等。另外，石膏是生产水泥的重要原材料之一。

2.2.1 石膏的生产和品种

石膏是以硫酸钙为主要成分的气硬性胶凝材料。生产石膏的主要原材料是天然二水石膏（$CaSO_4 \cdot 2H_2O$），又称生石膏。石膏产品主要有：

1. 建筑石膏

天然二水石膏（或工业副产品石膏）煅烧温度至 107～170℃，得到β型半水石膏，再经磨细得到的白色粉沫，称为建筑石膏（$CaSO_4 \cdot 0.5H_2O$），又称熟石膏。

$$CaSO_4 \cdot 2H_2O \xrightarrow{107\sim170℃} \beta-CaSO_4 \cdot 0.5H_2O(\text{建筑石膏})+1.5H_2O$$

建筑石膏为白色粉沫状，多配制石膏砂浆和石膏浆，用于室内抹灰、粉刷材料，以及制作各种石膏制品，如纸面石膏板、纤维石膏板、装饰石膏板等。

2. 高强石膏

天然二水石膏在 0.13 MPa（124℃）的蒸压釜内蒸炼，生成比β型半水石膏晶粒较粗、较致密的α型半水石膏，磨细得到高强石膏。高强石膏制品密度大、强度高，调制浆体需水量少，生产成本较高，主要用于要求较高的抹灰工程、装饰制品和石膏板。

$$CaSO_4 \cdot 2H_2O \xrightarrow[0.13MPa\text{蒸压}]{124℃} \alpha-CaSO_4 \cdot 0.5H_2O(\text{高强石膏})+1.5H_2O$$

石膏产品种类很多，但是大多数石膏制品都是用建筑石膏生产的。

2.2.2 石膏的凝结硬化

建筑石膏加适量的水拌合形成可塑性浆体，但是几分钟就开始失去可塑性并产生强度，2 h 后即发展成为固体状态，这个过程称为石膏的凝结硬化。

建筑石膏（熟石膏）加水后，半水石膏溶解于水，并与水发生水化反应，生成二水石膏（生石膏），化学反应如下：

$$CaSO_4 \cdot 0.5H_2O + 1.5H_2O \rightarrow CaSO_4 \cdot 2H_2O$$

随着水化反应的进行，水分不断蒸发，水化反应生成的二水石膏大量结晶析出，可塑性浆体很快硬化成固体状态。

2.2.3　石膏的技术性质及其应用

（1）凝结硬化快。建筑石膏加水 3 min 后开始凝结，30 min 之内就完全失去可塑性，室温自然干燥情况下，约 7 d 可完全硬化。为了便于施工，常加适量的缓凝剂，如纸浆废液和硼砂等。

（2）石膏凝结硬化时体积微膨胀，水分不断蒸发，硬化后的石膏孔隙率较大。因此，石膏具有轻质、保温、隔热和吸声等性能，而且吸湿性大，可调节室内温度和湿度，是一种很好的节能材料。但是，石膏的耐水性、抗渗性和抗冻性较差。

（3）防火性好。遇火时，二水石膏分解出结晶水时吸收大量热量，并且在石膏制品表面形成蒸汽帷幕，起到降温、阻碍火势蔓延作用。可用于防火要求较高的建筑装修。

（4）石膏制品加工性、装饰性好。石膏制品易于切割，方便施工；表面光滑细腻，轮廓清晰，装饰效果好。石膏板常用于节能建筑内墙和顶棚的装修施工。

建筑石膏的密度为 2.5～2.8 g/cm^3，堆积密度为 800～1100 kg/m^3。建筑石膏按 2 h 抗折强度分为 3.0、2.0、1.6 三个等级，技术指标要求如表 2-4 所示。

表 2-4　建筑石膏的技术标准（GB/T 9776—2008）

等　级		3.0	2.0	1.6
2 h 强度（MPa）	抗压强度≥	6.0	4.0	3.0
	抗折强度≥	3.0	2.0	1.6
细度	0.2 mm 方孔筛筛余（%）≤	10.0		
凝结时间（min）	初凝时间≥	3		
	终凝时间≤	30		

2.3　水玻璃

水玻璃俗称泡花碱，是碱金属硅酸盐（$R_2O \cdot nSiO_2$），如硅酸钠（$Na_2O \cdot nSiO_2$）或硅酸钾（$K_2O \cdot nSiO_2$）。它是由碱金属氧化物（如 Na_2O 或 K_2O）和二氧化硅（SiO_2）化合而成的一种气硬性胶凝材料。其中 n 为 SiO_2 与 R_2O 的摩尔比值，称为水玻璃模数。模数越大，黏度越大，耐水性越好，耐酸、耐热性越高，建筑工程上，n 值常选取 2.6～2.8。水玻璃是无色透明的黏稠液体。

2.3.1　水玻璃的生产

将石英（SiO_2）和碳酸钠（Na_2CO_3）磨细拌匀，在玻璃熔炉内加热至 1300～1400℃，二者熔融反应而生成固态水玻璃，固态水玻璃在高压釜内（压强为 0.3～0.8 MPa）加热，溶解为液态水玻璃，装于储存池中，购买时用水泵抽。液态水玻璃常因含杂质而呈淡黄或青灰色，无色、透明、黏稠的液态水玻璃质量最好。生产水玻璃的化学反应式如下：

$$Na_2CO_3+nSiO_2 \xrightarrow{1300\sim1400℃} Na_2O \cdot nSiO_2+CO_2\uparrow$$

2.3.2 水玻璃的凝结硬化

液态水玻璃与空气中二氧化碳反应，生成硅酸凝胶，并逐渐干燥硬化。

$$Na_2O \cdot nSiO_2 + CO_2 + mH_2O \longrightarrow Na_2CO_3 + nSiO_2 \cdot mH_2O$$

由于空气中的 CO_2 浓度较低，凝结硬化速度较慢，为加速硬化，常加入促硬剂氟硅酸钠（Na_2SiF_6），加速硅酸凝胶的析出。

2.3.3 水玻璃的性质与应用

（1）黏结力强、强度较高。水玻璃硬化后具有较高的黏结强度、抗拉强度和抗压强度，析出的硅酸凝胶还可以堵塞毛细孔隙而防止水的渗透作用。常配制水玻璃胶泥、水玻璃砂浆和水玻璃混凝土等，也可用于加固土地基。

（2）耐酸性好。水玻璃硬化后主要成分是硅酸凝胶，耐酸性好，能抵抗大多数无机酸和有机酸的侵蚀作用。但其耐碱性、耐水性较差。常用于涂刷混凝土等材料的表面，提高材料的抗渗性、抗冻性和抗酸性介质的侵蚀作用。

（3）耐热性好。硅酸凝胶不可燃，高温下硅酸凝胶干燥得更快，强度并不降低，甚至有所增加。水玻璃常用于配制速凝防水剂和保温绝热制品。

复习思考题 2

一、填空题

1．石灰、石膏、水玻璃均属__________胶凝材料。

2．消除过火石灰对建筑上的危害，采用的措施是___________。

3．气硬性胶凝材料中________具有凝结硬化快，硬化后体积微膨胀，防火性好，耐水性差等特点。

4．建筑石膏的化学分子式是_________。

5．工程中使用水玻璃时常掺入________作为促硬剂。

二、简答题

1．石灰硬化时的特点是什么？

2．属于气硬性胶凝材料的材料有哪些？

3．气硬性胶凝材料与水硬性胶凝材料有何区别？建筑上常用的气硬性胶凝材料及水硬性胶性材料各有哪些？

4．试述建筑石膏的有哪些特性？可应用于哪些方面？

5．石灰在砂浆中起到什么作用？有哪些特点？

6．石灰应用于砌筑砂浆中有哪些缺点？

第3章 水硬性胶凝材料

教学导航

知 识 目 标	专业能力目标	社会和方法能力目标
1．掌握硅酸盐水泥熟料的矿物特性； 2．理解水泥凝结硬化的过程和原理，掌握硅酸盐水泥技术性能； 3．掌握掺混合材料的硅酸盐水泥技术性能及适用范围； 4．理解水泥石腐蚀机理及预防措施	具有检测水泥技术性能的试验操作能力，并会根据实际情况选择水泥品种	培养学生规范操作习惯、分析问题和解决问题的能力、语言表达能力、实际操作能力
重难点：硅酸盐水泥等几种常用通用水泥的性能特点、检测方法及选用原则		

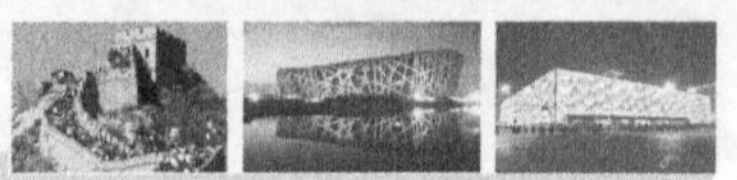

水硬性胶凝材料指加水拌合形成塑性浆体后，能胶结砂、石等散粒或块状材料，并能在空气和水中凝结硬化的材料。水泥就是典型的水硬性胶凝材料。

水泥是建筑业的重要材料之一，是配制砂浆、混凝土的最基本组成材料，广泛用于建筑、交通、电力、水利、国防等建设工程中。

水泥按其主要水硬性物质不同可分为硅酸盐类水泥、铝酸盐类水泥、硫酸盐类水泥、硫铝酸盐类水泥、磷酸盐类水泥等。其中，硅酸盐类水泥应用范围最广。硅酸盐类水泥按用途和性能不同，又可分为通用硅酸盐水泥、专用硅酸盐水泥、特性硅酸盐水泥三大类。

国家标准《通用硅酸盐水泥》（GB 175—2007）规定：通用硅酸盐水泥是指以硅酸盐水泥熟料和适量的石膏及规定的混合材料制成的水硬性胶凝材料。通用硅酸盐水泥按混合材料的品种和掺量分为硅酸盐水泥、普通硅酸盐水泥、矿渣硅酸盐水泥、火山灰质硅酸盐水泥、粉煤灰硅酸盐水泥和复合硅酸盐水泥。

专用硅酸盐水泥：指有专门用途的水泥，如砌筑水泥、大坝水泥和道路水泥等。

特性硅酸盐水泥：指有突出特性的水泥，如快硬硅酸盐水泥、膨胀水泥、白色及彩色硅酸盐水泥等。

水泥的性质决定水泥的应用，就水泥性质而言，硅酸盐水泥是最基本品种。

3.1 硅酸盐水泥

硅酸盐水泥是指由硅酸盐水泥熟料和混合材料（指不超过水泥质量5%的石灰石或粒化高炉矿渣），以及适量石膏磨细制成的水硬性胶凝材料。硅酸盐水泥有两种类型：

（1）不掺加混合材料的硅酸盐水泥熟料加适量石膏磨细制成的水泥称为Ⅰ型硅酸盐水泥，代号为P·I。

（2）硅酸盐水泥熟料掺加不超过水泥质量5%的石灰石或粒化高炉矿渣，加适量石膏磨细制成的水泥称为Ⅱ型硅酸盐水泥，代号为P·Ⅱ。

3.1.1 硅酸盐水泥的生产

硅酸盐水泥的生产工艺流程示意图如图3-1所示。

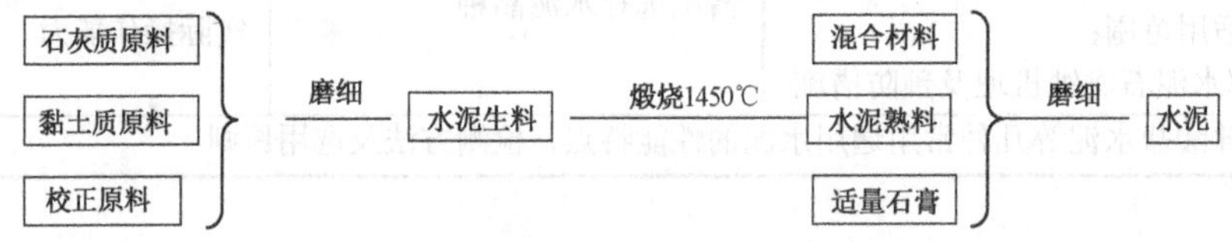

图3-1　硅酸盐水泥的生产工艺流程

生产硅酸盐水泥的原材料是石灰质原料、黏土质原料和少量的校正原料。规范规定水泥熟料是由主要含 CaO、SiO_2、$A1_2O_3$、Fe_2O_3 的原料，按适当比例磨成细粉烧至部分熔融所得的以硅酸钙为主要矿物成分的水硬性胶凝物质。其中硅酸钙矿物不小于66%，氧化钙和氧化硅质量比不小于2.0。

石灰质原料（如石灰石、白垩、石灰质凝灰岩等）主要提供有效成分CaO，黏土质原料（如黏土、黏土质页岩、黄土等）主要提供 SiO_2、$A1_2O_3$ 及 Fe_2O_3 等。有时两种原料的有效成

分不能满足要求，还要加入少量的校正原料（如铁矿粉等）进行调整。

水泥原材料的配合比例不同，直接影响水泥熟料的矿物组成和水泥的技术性质。硅酸盐水泥熟料的矿物组成主要有：

硅酸三钙　$3CaO \cdot SiO_2$（C_3S）　含量　37%～60%

硅酸二钙　$2CaO \cdot SiO_2$（C_2S）　含量　15%～37%

铝酸三钙　$3CaO \cdot Al_2O_3$（C_3A）　含量　7%～15%

铁铝酸四钙　$4CaO \cdot Al_2O_3.Fe_2O_3$（$C_4AF$）　含量　10%～18%

另外，还有少量的游离 MgO、CaO、碱、杂质等，国家标准规定硅酸盐水泥的化学指标及主要矿物成分特性见表 3-1 和表 3-2。

表 3-1　硅酸盐水泥的化学指标

品　种	代号	不溶物（%）	烧失量（%）	SO_3（%）	MgO（%）	Cl^-（%）
硅酸盐水泥	P・I	≤0.75	≤3.0	≤3.5	≤5.0	≤0.06
	P・II	≤1.50	≤3.5			

表 3-2　硅酸盐水泥熟料主要矿物成分特性

矿 物 成 分	水化热	水化速度	耐蚀性	早期强度	后期强度
硅酸三钙	大	快	差	高	高
硅酸二钙	小	慢	良	低	高
铝酸三钙	最大	最快	最差	高	低
铁铝酸四钙	中	较快	中	中	低

水泥中各矿物成分的含量，决定着水泥某一方面的性能。如改变矿物成分之间比例，水泥的性质就会发生相应的变化，如早强水泥、中热水泥。

3.1.2　硅酸盐水泥的水化

水泥加水后，水泥颗粒被水包裹，其熟料矿物颗粒表面立即与水发生化学反应，生成了一系列新的化合物，并放出一定的热量。其反应过程如下：

$$2(3CaO \cdot SiO_2) + 6H_2O = 3CaO \cdot 2SiO_2 \cdot 3H_2O + 3Ca(OH)_2$$

硅酸三钙　水化硅酸钙　氢氧化钙

$$2(2CaO \cdot SiO_2) + 4H_2O = 3CaO \cdot 2SiO_2 \cdot 3H_2O + Ca(OH)_2$$

硅酸二钙　水化硅酸钙　氢氧化钙

$$3CaO \cdot A12O_3 + 6H_2O = 3CaO \cdot Al_2O_3 \cdot 6H_2O$$

铝酸三钙　水化铝酸钙

$$4CaO \cdot A1_2O_3 \cdot Fe_2O_3 + 7H_2O = 3CaO \cdot A1_2O_3 \cdot 6H_2O + CaO \cdot Fe_2O_3 \cdot H_2O$$

铁铝酸四钙　水化铝酸钙　水化铁酸钙

为了调节水泥的凝结硬化速度，在熟料磨细时应掺加适量（3%左右）石膏，这些石膏与部分水化铝酸钙反应，生成难溶于水的水化硫铝酸钙并覆盖于未水化的水泥颗粒表面，阻止水泥快速水化，因而延缓了水泥的凝结时间。

综上所述，硅酸盐水泥与水发生水化反应后，生成的主要水化产物有水化硅酸钙和水化

铁酸钙胶体；氢氧化钙、水化铝酸钙和水化硫铝酸钙晶体。

3.1.3 硅酸盐水泥的凝结硬化

硅酸盐水泥加水拌合后，成为可塑性的浆体，随着时间的推移，其塑性逐渐降低，最后失去塑性，这个过程称为水泥的凝结。随着水化的不断进行，水泥的水化产物（胶体、晶体）不断增加，形成密实的空间网状结构，水泥浆逐渐转变为具有一定强度的水泥石，这个过程称为水泥的硬化。硬化后的水泥石是由晶体、胶体、未水化的水泥颗粒、游离水和孔隙组成的。

水泥的水化是水与水泥颗粒由表及里的反应过程，在最初的 3 d 内，水化速度较快、强度增长也较快，约 28 d 大部分水泥水化反应完成。由于这时水泥颗粒表面形成密实结构，游离水与内部未水化的水泥颗粒越来越难接触，水化速度就会越来越慢，水泥石强度的增长也会越来越慢。另外，水泥石强度的增长还与温度、湿度有关。温、湿度越高，水化速度越快，则凝结硬化快；反之则慢。如水泥石处于完全干燥或 0℃以下时，水泥水化几乎停止，强度则不再增长。所以，水泥混凝土构件浇注后应加强养护，以确保水泥的水化、凝结硬化正常进行。实践证明，由于未水化的水泥颗粒和游离水的存在，水泥强度的增长要经历几年甚至几十年的时间。

影响硅酸盐水泥凝结硬化的主要因素如下：

1．水泥矿物组成和水泥细度的影响

水泥的矿物组成及各组分的比例是影响水泥凝结硬化的最主要因素。不同矿物成分单独和水起反应时所表现出来的特点是不同的，其强度发展规律也必然不同。如在水泥中提高 C_3A 的含量，将使水泥的凝结硬化加快，同时水化热也大。一般来讲，若在水泥熟料中掺加混合材料，将使水泥的抗侵蚀性提高，水化热降低，早期强度降低。

水泥颗粒的粗细直接影响水泥的水化、凝结硬化、强度及水化热等。这是因为水泥颗粒越细，总表面积越大，与水的接触面积也大，因此水化迅速，凝结硬化也相应增快，早期强度也高。但水泥颗粒过细，易与空气中的水分及二氧化碳反应，致使水泥不宜久存。同时，过细的水泥硬化时产生的收缩亦较大，水泥磨得越细，耗能越多，成本越高。通常，水泥颗粒的粒径在 7～200 μm 范围内。

2．石膏掺量的影响

石膏称为水泥的缓凝剂，主要用于调节水泥的凝结时间，是水泥中不可缺少的组分。

水泥熟料在不加入石膏的情况下与水拌合会快速凝结，同时放出热量。其主要原因是由于熟料中的 C_3A 的水化活性比水泥中其他矿物成分的活性高，很快溶于水中，在溶液中电离出三价铝离子（Al^{3+}），在胶体体系中，当存在高价电荷时，可以促进胶体的凝结作用，使水泥不能正常使用。石膏起缓凝作用的机理是：水泥水化时，石膏很快与 C_3A 作用产生很难溶于水的水化硫铝酸钙（钙矾石），它覆盖在水泥颗粒表面，形成保护膜，从而阻碍了 C_3A 过快的水化反应，并延缓了水泥的凝结时间。

石膏的掺量太少，缓凝效果不显著；过多地掺入石膏，其本身会生成一种促凝物质，反而使水泥快速凝结。适宜的石膏掺量主要取决于水泥中 C_3A 的含量和石膏中 SO_3 的含量，同时也与水泥细度及熟料中 SO_3 的含量有关。石膏掺量一般为水泥重量的 3%～5%。若水泥中石

膏掺量超过规定的限量时，还会引起水泥强度降低，严重时会引起水泥体积安定性不良，使水泥石产生膨胀性破坏。所以国家标准规定硅酸盐水泥中 SO_3 不得超过 3.5%。

3. 水胶比的影响

水泥水胶比的大小直接影响新拌水泥浆体内毛细孔的数量，拌合水泥时，用水量过大，新拌水泥浆体内毛细孔的数量就要增大。由于生成的水化物不能填充大多数毛细孔，从而使水泥总的孔隙率不能减少，必然使水泥的密实度降低，强度降低。在不影响拌合、施工的条件下，水胶比小时，则水泥浆较稠，水泥石的整体结构内毛细孔减少，胶体网状结构易于形成，促使水泥的凝结硬化速度加快，强度显著提高。

4. 养护条件（温度、湿度）的影响

养护环境有足够的温度和湿度，有利于水泥的水化和凝结硬化过程，有利于水泥的早期强度发展。如果养护环境十分干燥，水泥中的水分蒸发，导致水泥不能充分水化，同时硬化也将停止，严重时会使水泥石产生裂缝。

通常，养护时温度升高，水泥的水化加快，早期强度发展也快。若在较低的温度下硬化，虽强度发展较慢，但最终强度不受影响。当温度低于 5℃时，水泥的凝结硬化速度大大减慢；当温度低于 0 ℃时，水泥的水化将基本停止，强度不但不增长，甚至会因自由水结冰而导致水泥石结构破坏。实际工程中，常通过蒸汽养护、蒸压养护来加快水泥制品的凝结硬化过程。

5. 养护龄期的影响

水泥的水化硬化是一个较长时期内不断进行的过程，随着水泥颗粒内各熟料矿物水化程度的提高，凝胶体不断增加，毛细孔不断减少，使水泥石的强度随龄期增长而增加。实践证明，水泥一般在 28 d 内强度发展较快，28 d 后增长缓慢。

此外，水泥中外加剂的应用，以及水泥的贮存条件等因素，都对水泥的凝结硬化和强度，产生一定的影响。

3.1.4　硅酸盐水泥的技术性质

1. 水泥的表观密度与堆积密度

硅酸盐水泥的表观密度通常取 3.10 g/cm^3，水泥的堆积密度为 1000～1600 kg/m^3。

2. 水泥的细度

硅酸盐水泥和普通硅酸盐水泥的细度以比表面积表示，不小于 300 m^2/kg；矿渣硅酸盐水泥、火山灰质硅酸盐水泥、粉煤灰硅酸盐水泥和复合硅酸盐水泥以筛余量表示，80 μm 方孔筛筛余量不大于 10%或 45 μm 方孔筛筛余量不大于 30%。

水泥细度越细，即水泥的比表面积越大，水泥的水化反应速度就越快。

3. 体积安定性

水泥的体积安定性是指水泥浆体水化硬化后体积变化是否均匀的性质。

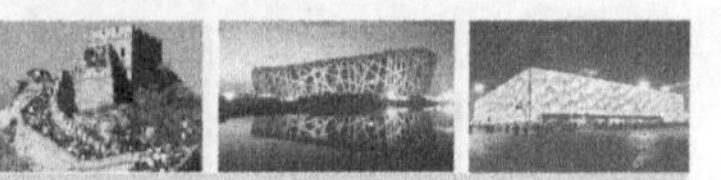

水泥体积安定性的影响因素有：水泥熟料中含有过量的游离氧化钙、游离氧化镁、三氧化硫或粉磨熟料时掺入过量的石膏都会造成水泥的体积安定性不良。因为它们水化硬化速度很慢，在水泥凝结硬化后才慢慢水化凝结硬化，这种不均匀变化产生体积膨胀，使水泥石开裂。国家标准规定：硅酸盐水泥中氧化镁的含量不得超过 5.0%，如果水泥压蒸试验合格，则水泥中氧化镁的含量（质量分数）允许放宽至 6.0%。三氧化硫的含量不得超过 3.5%。

4. 凝结时间

凝结时间是指水泥从加水开始，到失去流动性所需要的时间。初凝是指从水泥开始加水拌合起至水泥浆开始失去可塑性所需要的时间；终凝是指从水泥开始加水拌合起至水泥浆完全失去可塑性并产生强度所需要的时间。

水泥的凝结时间对施工具有重要意义。国家标准规定：硅酸盐水泥初凝不小于 45 min，终凝不大于 390 min；普通硅酸盐水泥、矿渣硅酸盐水泥、火山灰质硅酸盐水泥、粉煤灰硅酸盐水泥和复合硅酸盐水泥初凝不小于 45 min，终凝不大于 600 min。

5. 标准稠度用水量

水泥标准稠度用水量是指水泥净浆达到标准稠度时的用水量，以水占水泥质量的百分数表示。

6. 水泥的强度

水泥强度是评定水泥质量的重要技术指标，也是划分水泥强度等级的依据。水泥强度的影响因素有水泥的矿物组成、水泥细度、水胶比、水化龄期和环境温湿度等。

国家标准《水泥胶砂强度检验方法（ISO）》（GB/T 17671—1999）规定，采用软练胶砂法测定水泥强度。该方法是由按质量计的一份水泥、三份中国 ISO 标准砂，用 0.5 的水胶比拌制的水泥胶砂试件，制成 40 mm×40 mm×160 mm 的试件，试件与模一起在湿气中养护 24 h 后，再脱模放在标准温度（20±1℃）的水中养护，分别测定 3 d 和 28 d 抗压强度和抗折强度。

7. 水泥的强度等级及型号

根据规定龄期的抗压强度及抗折强度来划分水泥的强度等级，硅酸盐水泥强度等级分为 42.5、42.5R、52.5、52.5R、62.5、62.5R 六个强度等级，具体见表 3-3。

根据水泥 3 d 强度的大小分为普通型和早强型（或称 R 型）两个型号。早强型水泥的 3 d 的强度可达 28 d 强度的 50%左右。

表 3-3　硅酸盐水泥的强度指标（GB 175—2007）

品　种	强度等级	抗 压 强 度		抗 折 强 度	
		3 d	28 d	3 d	28 d
硅酸盐水泥	42.5	≥17.0	≥42.5	≥3.5	≥6.5
	42.5R	≥22.0		≥4.0	
	52.5	≥23.0	≥52.5	≥4.0	≥7.0
	52.5R	≥27.0		≥5.0	
	62.5	≥28.0	≥62.5	≥5.0	≥8.0
	62.5R	≥32.0		≥5.5	

8. 水化热

水化热是指水泥与水之间化学反应放出的热量，通常以（J/kg）表示。水化热的大小主要取决于水泥的矿物组成。水泥的水化热对大体积水泥混凝土施工影响较大。

试验 1　硅酸盐水泥细度测量

水泥细度的测定方法有：负压筛法、水筛法及干筛法。

当试验结果发生争议时，以负压筛法为准。水泥细度以 0.08 mm 方孔筛上筛余物的质量占试样原始质量的百分数表示。下面介绍负压筛法试验。

1. 主要仪器设备

主要仪器设备有：负压筛析仪（0.08 mm 方孔筛），如图 3-2 所示；天平（感量 0.01 g）。

图 3-2　负压筛析仪

2. 试验步骤

（1）检查负压筛析仪，调节负压至 4000～6000 Pa 范围内。

（2）称取水泥试样 25 g（精确至 0.01 g），置于洁净的负压筛中，盖上筛盖并放在筛座上。

（3）启动负压筛析仪，连续筛析 2 min，筛析期间若有试样黏附于筛盖上，可轻轻敲击使试样落下。

（4）筛析后，取下筛子，用天平称量筛余物的质量，精确至 0.01 g。

3. 结果处理

用筛余物的称量质量除以水泥试样总质量的百分数，作为试验结果（精确至 0.1%）。本试验以一次的测定值作为试验结果。

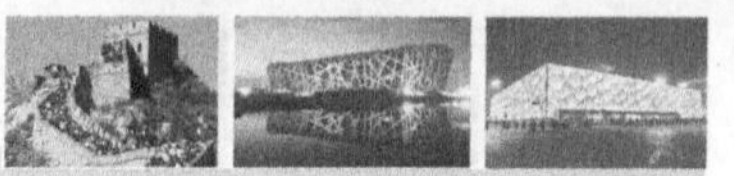

试验 2　水泥标准稠度用水量测定（标准法）

下面介绍水泥标准稠度用水量测定（标准法）（GB/T 1346—2011）。

1．主要仪器设备

主要仪器设备有：水泥净浆搅拌机，如图 3-3 所示，由主机、搅拌叶片和搅拌锅组成；标准法维卡仪，主要由试杆和盛装水泥净浆的试模两部分组成（如图 3-4、图 3-5 所示）；天平、铲子、小刀、平板玻璃底板、量筒等。每个试模应配备一个边长或直径约 100 mm、厚度 4～5 mm 的平板玻璃底板或金属底板。

2．试验步骤

（1）试验前先用湿布擦拭搅拌锅和搅拌叶片，使其洁净并保证一定的湿度。

（2）按经验称量拌合用水量（准确至 0.5 mL）和 500 g 水泥用量。先取下搅拌锅，将拌合水倒入搅拌锅内，然后在 5～10 s 内将称量好的水泥小心加入水中。拌合前把搅拌锅安放在搅拌机锅座固定好后，抬升搅拌锅至搅拌位置固定。

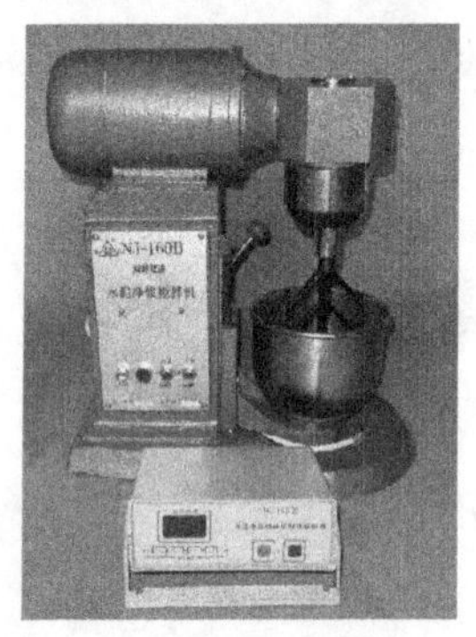

图 3-3　水泥净浆搅拌机

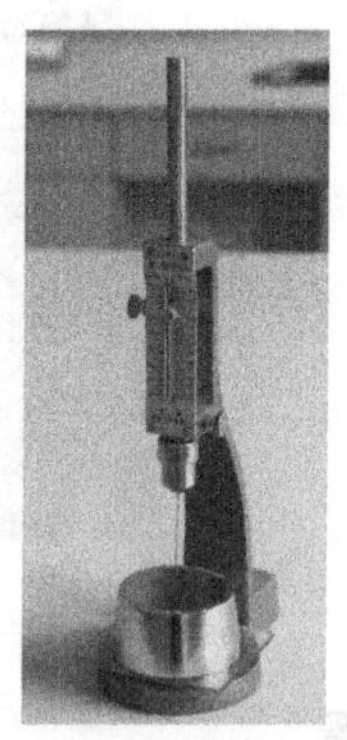

图 3-4　水泥标准稠度及凝结时间测定仪

（3）开动搅拌机，数控器启动，慢速搅拌 120 s，停拌 15 s，这时把搅拌叶片和锅壁上的水泥浆刮到锅内，高速搅拌 120 s 后停机。

（4）拌合结束，即停机后，立即取适量水泥浆一次性将其装入已置于玻璃底板上的试模中，浆体超过试模上端，用宽约 25 mm 的直边刀轻轻拍打超出试模部分的浆体 5 次以排除浆体中的空隙，然后在试模上表面约 1/3 处，略倾斜于试模分别向外轻轻刮掉多余净浆，再从试模边沿轻抹顶部一次，使净浆表面光滑。在刮掉多余净浆和抹平的操作过程中，注意不要压实净浆，抹平为一刀抹平，最多不超过两刀。

（5）抹平后放到试杆下面的固定位置上，调整金属棒使试杆底端下表面接触净浆表面并在 1～2 s 内固定螺丝，然后突然放松螺丝，让试杆垂直自由下沉入水泥净浆中。在试杆停止下沉或释放试杆 30 s 时记录试杆的下沉深度（S）。整个操作应在搅拌后 1.5 min 内完成。

（6）当试杆的下沉至距离底板 5～7 mm 时的净浆定义为标准稠度净浆。如果距离底板数值不满足 5～7 mm 时应重做试验，直到测定结果满足要求为止。

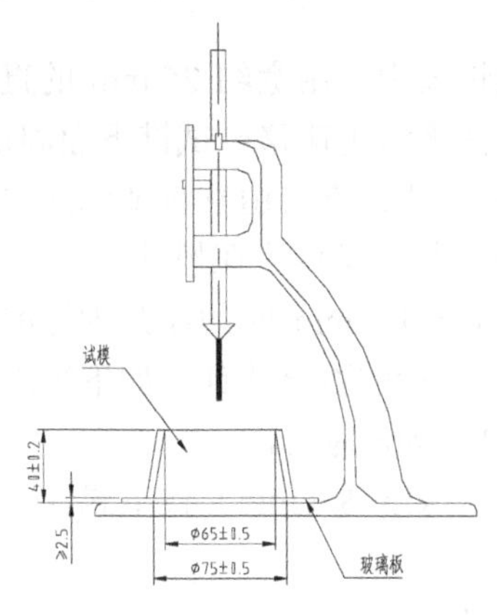

（a）初凝时间测定用立式试模的侧视图

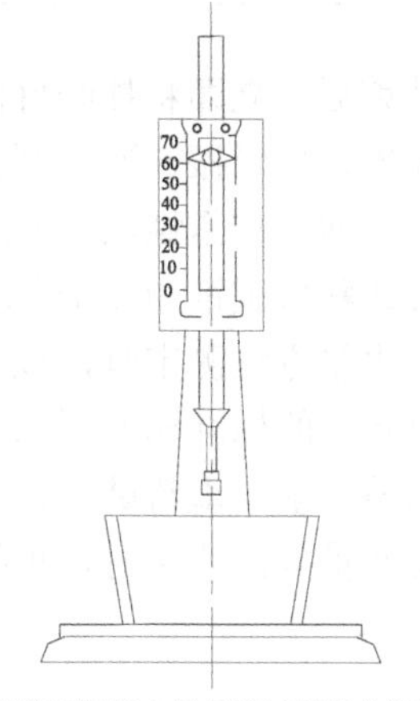

（b）终凝时间测定用反转试模的前视图

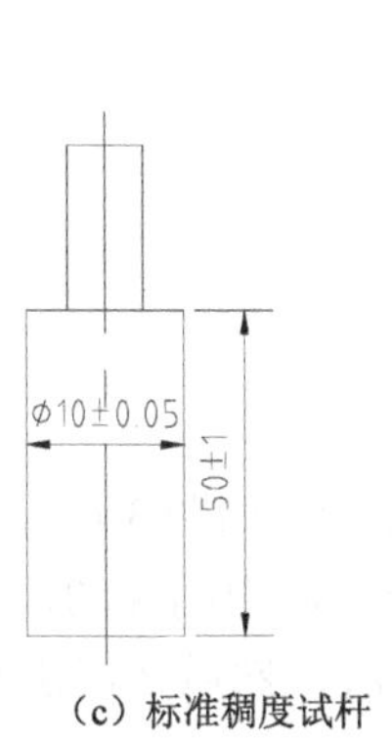

（c）标准稠度试杆

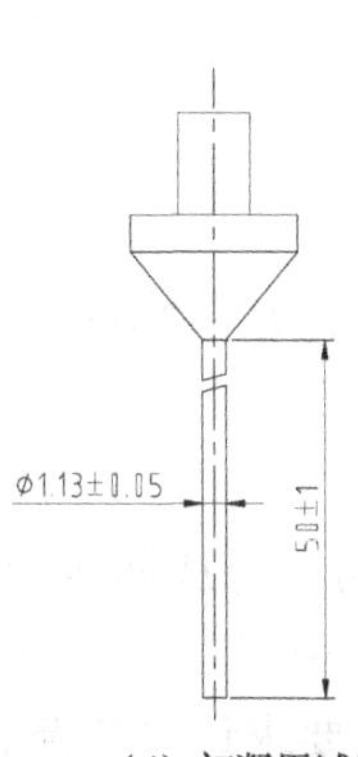

（d）初凝用试针

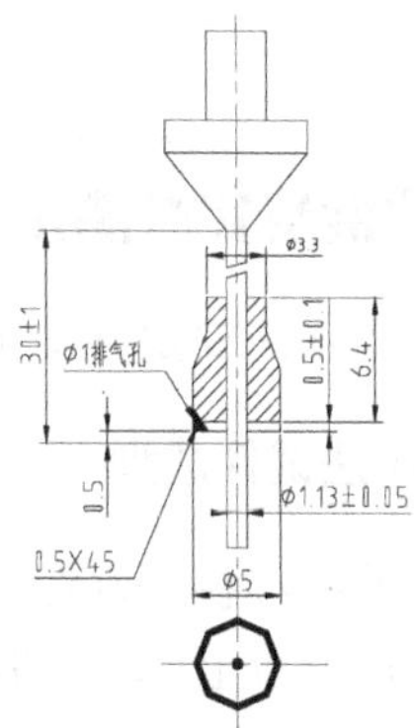

（e）终凝用试针

图 3-5　测定水泥标准稠度和凝结时间用的维卡仪

试验 3　水泥标准稠度用水量测定（代用法）

下面介绍水泥标准稠度用水量测定（代用法）（GB/T 1346—2011）

1．试验前必须做到

（1）维卡仪的金属棒能上下自由滑动。
（2）调整至试锥接触锥模顶面时指针对准零点。

2．水泥净浆的拌制

同标准法，此处省略。

3．标准稠度的测定

（1）采用代用法测定水泥标准稠度用水量可用调整水量和不变水量两种方法的任一种测定。采用调整水量方法时拌合水量按经验找水，采用不变水量方法时拌合水量取 142.5 mL（精

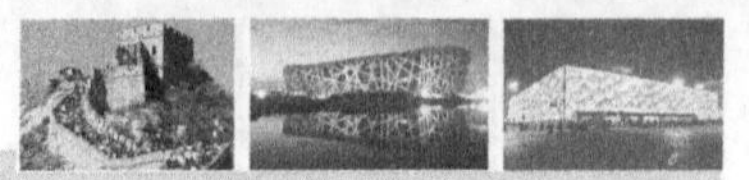

确至 0.5 mL）。

（2）拌合结束后，立即将拌制好的水泥净浆装入锥模中，用宽约 25 mm 的直边刀在浆体表面轻轻插捣 5 次，再轻振 5 次，刮去多余的净浆；抹平后迅速移至试锥下面固定的位置上，将试锥降至净浆表面，拧紧螺丝 1～2 s 后，突然放松，让试锥自由垂直地沉入水泥净浆中。当试锥停止下沉或释放试锥 30 s 时记录试锥下沉深度。整个操作应在搅拌后 1.5 min 内完成。

（3）用调整水量方法测定时，以试锥下沉深度（30±1）mm 时的净浆为标准稠度净浆。其拌合水量为该水泥的标准稠度用水量（*P*），按水泥质量的百分比计。如下沉深度超出范围需另称试样，调整水量，重新试验，直至达至（30±1）mm 为止。

（4）用不变水量方法测量时，根据测得的试锥下沉深度 *S*（mm）按下式计算得到标准稠度用水量 *P*（%）。

$$P = 33.4 - 0.185S$$

当试锥下沉深度小于 13 mm 时，应改用调整水量法测定。

试验 4　水泥安定性测定

下面介绍水泥安定性测定试验（GB/T 1346—2011）。

1．试饼法试件成型

将制好的标准稠度水泥净浆取出一部分，分成两等份，制成球形，如图 3-6 所示。放在预先擦好油的玻璃板上，轻轻振动玻璃板，并用湿布擦过的小刀由边缘向中间抹动，形成直径为 70～80 mm、圆心处厚约 10 mm 的试饼，要求边缘渐薄、表面光滑，然后将试饼和玻璃板一起放入湿汽养护箱内，养护（24±2）h。

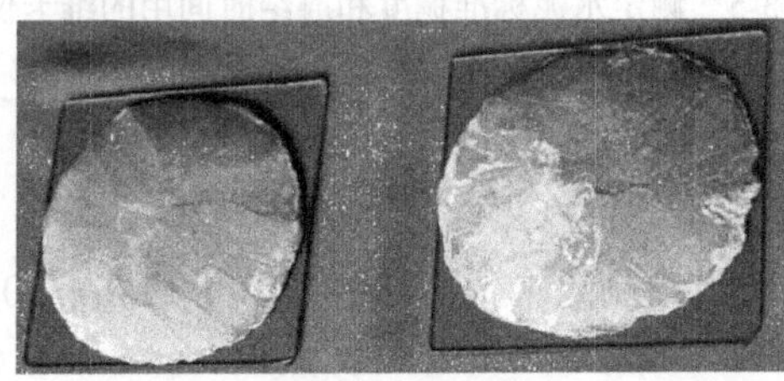

图 3-6　试饼法试件成型

2．雷氏夹试件的制备

（1）雷氏夹的弹性测定，如图 3-7 所示，雷氏夹的弹性测定用雷氏夹膨胀值测定仪。首先，将雷氏夹两指针的尖端对准测定仪的弹性标尺，测定两指针的针尖距离 *L*。然后，把一根指针的根部用金属丝悬挂在测定仪上，再用 300 g 砝码挂在另一根指针的根部，使两指针张开，观察测定仪弹性标尺，这时两指针的针尖增加的距离应在（17.5±2.5）mm 范围内。最后，去掉砝码，这时两指针针尖距离仍恢复至原有值 *L*，此时判定雷氏夹的弹性合格，否则为不合格，试验不能选用。

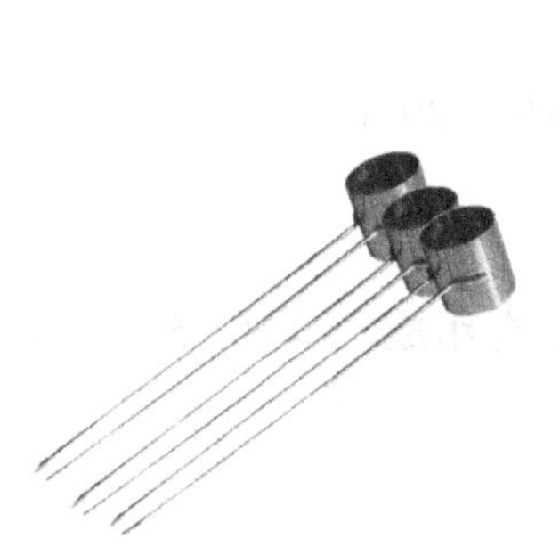

图 3-7　雷氏夹的弹性测定

（2）将预先准备好的雷氏夹放在已稍擦油的玻璃板上（每个雷氏夹需配两个边长或直径约 80 mm、厚度 4～5 mm 的玻璃板），并立即将已制好的标准稠度净浆装满试模，装模时一只手轻轻地扶持试模，另一只手用宽约 25 mm 的直边刀在浆体表面轻轻插捣 3 次，然后抹平，盖上稍涂油的玻璃板，接着立即将试模连同玻璃板移至湿汽养护箱内，养护（24±2）h。

3．水泥试件沸煮控制

（1）调整沸煮箱内的水位，使试件能在整个沸煮期间完全浸没在水里。

（2）去除玻璃板取下试件，先测量雷氏夹指针尖端间的距离（*A*）（精确到 0.5 mm），接着将试件放入沸煮箱的试件架上，水中试件之间互不交叉，试件指针朝上，然后在（30±5）min 内加热至沸腾，并恒沸（180±5）min。

（3）沸煮结束后，立即放掉沸煮箱中的热水，打开箱盖，待箱体冷却至室温时，用夹具取出试件进行观察。

4．试验结果的判定

（1）试饼法——目测试饼未发现裂缝，同时用直尺检查没有弯曲现象，此时判定水泥的体积安定性合格。目测时，如果发现试饼有裂缝或用直尺检查有弯曲现象，则该水泥的安定性判定为不合格。

（2）雷氏夹法——用雷氏夹膨胀值测定仪测量每个试件指针尖端之间的距离（*C*）值（精确至 0.1mm）。这里放置指针应竖直，指针间中点应对准膨胀值测定标尺的零点，否则检测结果不准确。

计算每个雷氏夹试件沸煮后的指针尖端增加的距离值（*C*–*A*）。当两个试件指针尖端增加的距离（*C*–*A*）的平均值不大于 5.0 mm 时，即判定该水泥安定性合格，否则为不合格。当两个试件沸煮后（*C*–*A*）的差值超过 4.0 mm 时，应用同一水泥样品立即重做试验一次。测定（*C*–*A*）值仍超过 5.0 mm，则判定该水泥安定性不合格。

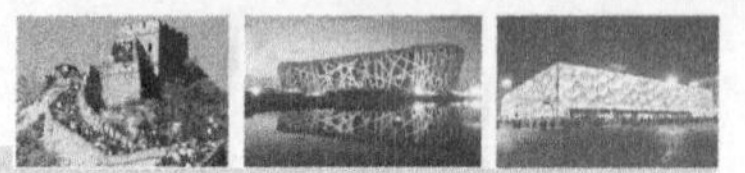

试验 5　水泥净浆凝结时间测定

下面介绍水泥净浆凝结时间测定（GB/T 1346—2011）。

1．主要仪器设备

标准法维卡仪（仪器主要由试针和试模两部分组成，如图 3-5 所示）；其他仪器设备同标准稠度测定。

2．试验步骤

（1）称取水泥试样 500 g，按标准稠度用水量制备标准稠度水泥净浆，并一次装满试模，振动数次后刮平，立即放入湿气养护箱中养护。记录水泥全部加入水中的时间作为凝结时间的起始时间。

（2）初凝时间的测定。首先调整凝结时间测定仪，使其初凝试针[见图 3-5（d）]接触玻璃板时的指针为零。试模在湿气养护箱中养护至加水后 30 min 时进行第一次测定：将试模放在试针下，调整试针与水泥净浆表面接触，拧紧螺丝，然后突然放松，试针自由垂直地沉入水泥净浆。观察试针停止下沉或释放试针 30 s 时指针的读数。临近初凝时，每隔 5 min 测定一次，当试针沉至距底板（4±1）mm 时为水泥达到初凝状态。

（3）终凝时间的测定〔为了准确观察终凝试针［见图 3-5（e）］沉入的状况，在初凝试针上安装一个环形附件〕。在完成水泥初凝时间测定后，立即将试模连同浆体以平移的方式从玻璃板取下，翻转 180°，直径大端向上，小端向下放在玻璃板上，再放入湿气养护箱中继续养护，临近终凝时间时每隔 15 min 测定一次，当试针沉入水泥净浆只有 0.5 mm 时，既环形附件开始不能在水泥浆上留下痕迹时，为水泥达到终凝状态。到达终凝时，需要在试体另外两个不同点测试，结论相同时才能确定到达终凝状态。

（4）每次测定不能让试针落入原针孔，测定后，须将试模放回湿气养护箱内，并将试针擦净，而且要防止试模受振。

3．试验结果处理

（1）由水泥全部加入水中至初凝状态的时间为水泥的初凝时间，用“min”表示。

（2）由水泥全部加入水中至终凝状态的时间为水泥的终凝时间，用“min”表示。

试验 6　水泥胶砂强度测定

根据国家标准《硅酸盐水泥、普通硅酸盐水泥》（GB 175—2007）和（GB/T 17671—1999）《水泥胶砂强度检验方法（ISO 法）》的规定，测定水泥的强度，应按规定制作试件，养护并测定其规定龄期的抗折强度和抗压强度值。

1．主要仪器设备

行星式胶砂搅拌机，如图 3-3 所示；胶砂试件成型振实台，如图 3-8 所示；试模（可装拆的三联试模，试模内腔尺寸为 40 mm×40 mm×160 mm，如图 3-9 所示）；电动水泥抗折试验机；抗压试验机；抗压夹具；两个播料器；刮平直尺；标准养护箱等。

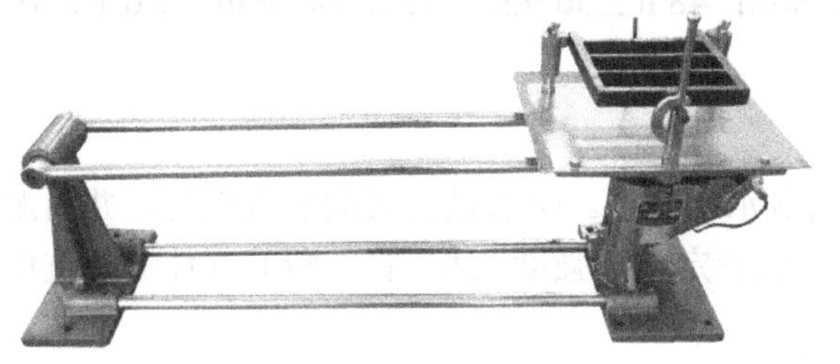
图 3-8　胶砂试件成型振实台

图 3-9　标准水泥试模与水泥胶砂试块

2．试验步骤

1）制作水泥胶砂试件过程

（1）水泥胶砂试件是由水泥、中国 ISO 标准砂、拌合用水按 1∶3∶0.5 的比例拌制而成。一锅胶砂可成型三条试件，每锅材料用量如表 3-4 所示。按规定称量好各材料用量。

表 3-4　每锅胶砂的材料用量

材料	水泥	中国 ISO 标准砂	水
用量/g	450±2	1350±5	225±1

（2）将水加入胶砂搅拌锅内，再加入水泥，把锅放在固定架上，升至固定位置，然后启动机器，低速搅拌 30 s。在第二个 30 s 开始时，同时均匀地加入标准砂，再高速搅拌 30 s。停 90 s 后，在第一个 15 s 内用一胶皮刮具将叶片上和锅壁上的胶砂刮入锅内，再继续高速搅拌 60 s，胶砂搅拌完成（各阶段的搅拌时间误差应在±1 s 内）。

（3）将试模内壁均匀涂刷一层机油，并将空试模和套模固定在振实台上。

（4）用勺子将搅拌锅内的水泥胶砂分两次装模。装第一层时，每个槽里先放入 300 g 胶砂，并用大播料器刮平，接着振动 60 次，再装第二层胶砂，用小播料器刮平，再振动 60 次。

（5）移走套模，取下试模，用金属直尺以 90°的角度架在试模模顶一端，沿试模长度方向做锯割动作慢慢向另一端移动，一次将超过试模部分的胶砂刮去，并用同一直尺水平地将试件表面抹平。

2）水泥胶砂试件的养护过程

（1）将成型好的试件连同试模一起放入标准养护箱内，在温度（20±1）℃，相对湿度不低于 90%的条件下养护。

（2）养护到 20～24 h 之间脱模（对于龄期为 24 h 的应在破坏试验前 20 min 内脱模）。将试件从养护箱中取出，用毛笔编号，编号时应将每个三联试模中的三条试件编在两龄期内，同时编上成型与测试日期。然后脱模，脱模时应防止损伤试件。对于硬化较慢的水泥允许 24 h 后脱模，但须记录脱模时间。

（3）试件脱模后立即水平或垂直放入水槽中养护，养护水温为（20±1）℃，水平放置时刮平面朝上，试件之间留有间隙，水面至少高出试件 5 mm，并随时加水以保持恒定水位，不

允许在养护期间完全换水。

（4）水泥胶砂试件养护至各规定龄期。试件龄期是从水泥加水搅拌开始起算。不同龄期的强度在下列时间里进行测定：24 h±15 min；48 h±30 min；72 h±45 min；7 d±2 h；28 d±8 h。

3）水泥胶砂试件的强度测定

水泥胶砂试件在破坏试验前 15 min 内从水中取出。揩去试件表面的沉积物，并用湿布覆盖至试验为止。先用抗折试验机以中心加荷法测定抗折强度；然后将折断的试件进行抗压试验测定抗压强度。

（1）抗折强度试验——将试件安放在抗折夹具内，试件的侧面与试验机的支撑圆柱接触，试件长轴垂直于支撑圆柱，如图 3-10 所示。启动试验机，以（50±10）N/s 的速度均匀地加荷直至试体断裂。记录最大抗折破坏荷载（N）。

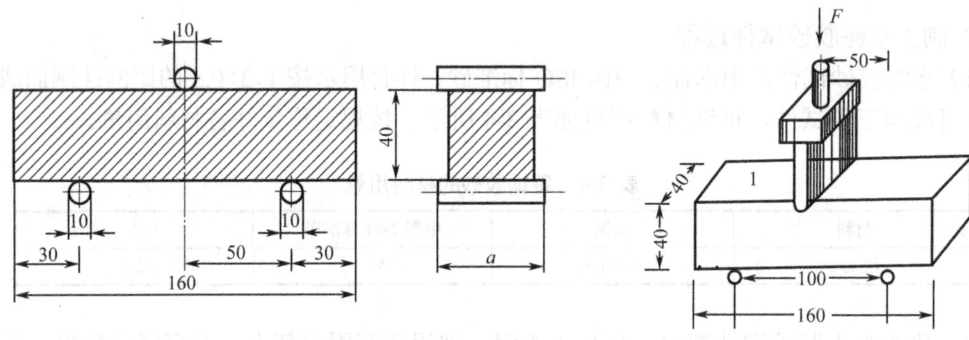

图 3-10　抗折强度测定示意图

（2）抗压强度试验——抗折强度试验后的六个断块试件保持潮湿状态，并立即进行抗压试验。将断块试件放入抗压夹具内，并以试件的侧面作为受压面。启动试验机，以（2400±200）N/s 的速度进行加荷，直至试件破坏。记录最大抗压破坏荷载（N）。

（3）试验结果测定：

① 抗折强度测定：

每个试件的抗折强度 $f_{ce,m}$ 按下式计算（精确至 0.1 MPa）：

$$f_{ce,m}=\frac{3F\cdot L}{2b^3}=0.00234F$$

式中　F——折断时施加于棱柱体中部的荷载，单位为 N；

L——支撑圆柱体之间的距离，L=100 mm；

b——棱柱体截面正方形的边长，b=40 mm。

以一组三个试件抗折结果的平均值作为试验结果。当三个强度值中有超出平均值±10%时，应剔除后再取平均值作为抗折强度试验结果（试验结果精确至 0.1 MPa）。

② 抗压强度测定：

每个试件的抗压强度 $f_{ce\cdot c}$ 按下式计算（精确至 0.1 MPa）：

$$f_{ce\cdot c}=\frac{F}{A}=0.000625F$$

式中　F——试件破坏时的最大抗压荷载，单位为 N；

A——受压部分面积，单位为 mm^2。

一组三个棱柱体试件经抗折强度试验后进行抗压强度试验得到六个抗压强度测定值。试验结果精确至 0.1 MPa。当六个测定值中任意一个没有超出它们算术平均值的±10%时，以六个抗压强度测定值的算术平均值作为试验结果；当六个测定值中有一个超出六个算术平均值的±10%时，就应剔除这个结果，而以剩下五个的算术平均值作为试验结果；当六个测定值中有两个及其两个以上超过算术平均值的±10%时，则此组试验结果作废。

3.1.5　水泥石的腐蚀及防治措施

硅酸盐水泥配制成各种混凝土用于不同的工程结构，在正常使用条件下，水泥石强度会不断增长，具有较好的耐久性。但在某些侵蚀介质（软水、含酸或盐的水等）作用下，会引起水泥石强度降低，甚至造成建筑物结构破坏，这种现象称为水泥石的腐蚀。引起水泥石腐蚀的主要原因有：

1．软水腐蚀（溶解腐蚀）

软水是不含或仅含少量钙质的水。雨水、雪水、蒸馏水、工厂冷凝水等均属于软水。例如，水泥混凝土长期接触软水时，因为水泥石中 $Ca(OH)_2$ 的溶解作用，使混凝土在流动的水中被水冲刷而石块显露出来。软水侵蚀作用不断深入混凝土内部，使内部孔隙增加，强度下降，使水泥石结构遭受进一步破坏，以致混凝土全部溃裂。实际工程中，将与软水接触的水泥构件事先在空气中硬化，形成碳酸钙外壳，可对溶出性侵蚀作用起到防护作用。

2．盐类腐蚀（膨胀腐蚀）

1）硫酸盐的腐蚀

绝大部分硫酸盐都有明显的侵蚀性，当环境水中含有钠、钾、铵等硫酸盐时，它们能与水泥石中的 $Ca(OH)_2$ 起置换作用，生成硫酸钙（$CaSO_4\cdot 2H_2O$），并能结晶析出。同时，硫酸钙与水泥石中固态的水化铝酸钙作用，生成高硫型水化硫铝酸钙（即钙矾石），其反应式如下：

$$3CaO\cdot Al_2O_3\cdot 6H_2O+3(CaSO_4\cdot 2H_2O)+19H_2O=3CaO\cdot Al_2O_3\cdot 3CaSO_4\cdot 31H_2O$$

高硫型水化硫铝酸钙呈针状晶体，比原体积增加 1.5 倍以上，俗称“水泥杆菌”，对水泥石起极大的破坏作用。当水中硫酸盐浓度较高时，硫酸钙将在孔隙中直接结晶成二水石膏，使体积膨胀，导致水泥石破坏。

综上所述，硫酸盐的腐蚀实质上是膨胀性化学腐蚀。

2）镁盐的腐蚀

当环境水是海水及地下水时，常含有大量的镁盐，如硫酸镁和氯化镁等。它们与水泥石中的 $Ca(OH)_2$ 产生如下反应：

$$MgSO_4+Ca(OH)_2+2H_2O=CaSO_4\cdot 2H_2O+Mg(OH)_2$$

$$MgCl_2+Ca(OH)_2=CaCl_2+Mg(OH)_2$$

反应生成的 $Mg(OH)_2$ 松软而无胶凝能力，$CaCl_2$ 易溶于水，$CaSO_4\cdot 2H_2O$ 则引起硫酸盐的破坏作用。因此，硫酸镁对水泥石有镁盐和硫酸盐双重腐蚀作用。

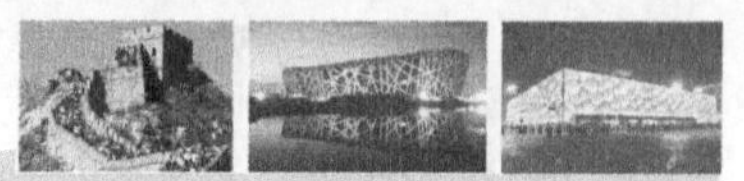

3．酸性腐蚀（生成物易溶于水或体积膨胀）

当水中溶有无机酸或有机酸时，水泥石就会受到溶析和化学溶解的双重作用。酸性介质与水泥石中 $Ca(OH)_2$ 反应，反应产物溶于水或发生体积膨胀造成水泥石的结构破坏。

1）一般酸的腐蚀

（1）盐酸与水泥石中的 $Ca(OH)_2$ 作用：

$$2HCl + Ca(OH)_2 = CaCl_2 + 2H_2O$$

生成的氯化钙易溶于水，其破坏方式为溶解性化学腐蚀。

（2）硫酸与水泥石中的氢氧化钙作用：

$$H_2SO_4 + Ca(OH)_2 = CaSO_4 \cdot 2H_2O$$

生成的二水石膏或者直接在水泥石孔隙中结晶产生膨胀，甚至再与水泥石中的水化铝酸钙作用，生成高硫型水化硫铝酸钙，其破坏性更大。

2）碳酸的腐蚀

在工业污水、地下水中常溶解有较多的 CO_2。水中的 CO_2 与水泥石中的 $Ca(OH)_2$ 反应生成难溶于水的 $CaCO_3$，如 $CaCO_3$ 继续与含碳酸的水作用，则变成易溶解于水的 $Ca(HCO_3)_2$，由于 $Ca(OH)_2$ 的流失而使水泥石结构破坏。其化学反应如下：

$$Ca(OH)_2 + CO_2 + H_2O = CaCO_3 + 2H_2O$$

$$CaCO_3 + CO_2 + H_2O = Ca(HCO_3)_2$$

4．强碱腐蚀

碱类溶液如浓度不大时一般是无害的，但铝酸盐含量较高的硅酸盐水泥遇到强碱作用后也会被破坏，如 NaOH 可与水泥石中未水化的铝酸盐作用，生成易溶的铝酸钠，其化学反应如下：

$$3CaO \cdot Al_2O_3 + 6NaOH = 3Na_2O \cdot Al_2O_3 + 3Ca(OH)_2$$

当水泥石被 NaOH 溶液浸透后又在空气中干燥，会与空气中的 CO_2 作用生成 Na_2CO_3，其化学反应如下：

$$2NaOH + CO_2 = Na_2CO_3 + H_2O$$

碳酸钠在水泥石毛细孔中结晶沉积，而使水泥石胀裂。

5．腐蚀的防治措施

1）合理选择水泥品种

根据侵蚀环境特点，合理选用水泥品种，改变水泥熟料的矿物组成或掺入活性混合材料。例如，选用水化产物中氢氧化钙含量较少的水泥，可提高对软水等侵蚀作用的抵抗能力；为抵抗硫酸盐的腐蚀，可采用铝酸三钙含量低于 5%的抗硫酸盐水泥。

2）提高水泥石的密实度

为了提高水泥石的密实度，应合理设计混凝土的配合比，降低水胶比，认真选取骨料，

选择最优施工方法。此外，在混凝土和砂浆表面进行碳化或氟硅酸处理，生成难溶的碳酸钙外壳，或氟化钙及硅胶薄膜，提高表面密实度，减少侵蚀性介质的作用。

3）水泥石表面加做保护层

当腐蚀作用较大时，可在混凝土或砂浆表面敷设耐腐蚀性强且不透水的保护层，例如，用耐腐蚀的石料、陶瓷、塑料、防水材料等覆盖于水泥石的表面，形成不透水的保护层，以防止腐蚀介质与水泥石直接接触。

4）硅酸盐水泥的储存与运输

水泥在运输和储存中，不同品种、不同强度等级的水泥不能混装，不得受潮和混入杂物。水泥堆放高度不得超过 10 包，遵循先运来的水泥先用的原则。水泥存放期不宜过长，一般不超过 3 个月。

3.2　掺混合材料的通用硅酸盐水泥

凡在硅酸盐水泥熟料中，掺入一定量的混合材料和石膏，共同磨细制成的水硬性胶凝材料，均称为掺混合材料的硅酸盐水泥。通用硅酸盐水泥按混合材料的品种和掺量分为以下六个品种：硅酸盐水泥、普通硅酸盐水泥、矿渣硅酸盐水泥、火山灰质硅酸盐水泥、粉煤灰硅酸盐水泥和复合硅酸盐水泥，通用硅酸盐水泥的组分和化学指标见表 3-5 和表 3-6。

表 3-5　通用硅酸盐水泥的组分应符合的规定（GB 175—2007）

品　种	代号	组　分				
		熟料+石膏	粒化高炉矿渣	火山灰质混合材料	粉煤灰	石灰石
硅酸盐水泥	P·I	100	-	-	-	-
	P·Ⅱ	≥95	≤5	-	-	-
		≥95	-	-	-	≤5
普通硅酸盐水泥	P·O	≥80 且<95	>5 且≤20[a]			-
矿渣硅酸盐水泥	P·S·A	≥50 且<80	>20 且≤50[b]	-	-	-
	P·S·B	≥30 且<50	>50 且≤70[b]	-	-	-
火山灰质硅酸盐水泥	P·P	≥60 且<80	-	>20 且≤40[c]	-	-
粉煤灰硅酸盐水泥	P·F	≥60 且<80	-	-	>20 且≤40[d]	-
复合硅酸盐水泥	P·C	≥50 且<80	>20 且≤50[e]			

注：a：本组分材料为符合本标准 5.2.3 的活性混合材料，其中允许用不超过水泥质量 8%且符合本标准 5.2.4 的非活性混合材料或不超过水泥质量 5%且符合本标准 5.2.5 的窑灰代替；

b：本组分材料为符合 GB/T 203 或 GB/T 18046 的活性混合材料，其中允许用不超过水泥质量 8%且符合本标准第 5.2.3 条的活性混合材料或符合本标准第 5.2.4 条的非活性混合材料或符合本标准第 5.2.5 条的窑灰中的任一种材料代替；

c：本组分材料为符合 GB/T 2847 的活性混合材料；

d：本组分材料为符合 GB/T 1596 的活性混合材料；

e：本组分材料为由两种（含）以上符合本标准第 5.2.3 条的活性混合材料或/和符合本标准第 5.2.4 条的非活性混合材料组成，其中允许用不超过水泥质量 8%且符合本标准第 5.2.5 条的窑灰代替。掺矿渣时混合材料掺量不得与矿渣硅酸盐水泥重复。

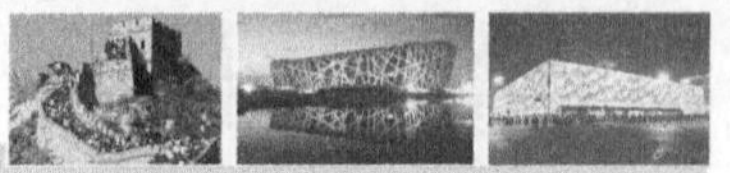

表 3-6　通用硅酸盐水泥的化学指标应符合的规定（GB 175—2007）

品种	代号	不溶物（%）	烧失量（%）	三氧化硫（%）	氧化镁（%）	氯离子（%）
硅酸盐水泥	P·I	≤0.75	≤3.0	≤3.5	≤5.0[a]	≤0.06[c]
	P·Ⅱ	≤1.50	≤3.5			
普通硅酸盐水泥	P·O	-	≤5.0			
矿渣硅酸盐水泥	P·S·A	-	-	≤4.0	≤6.0[b]	
	P·S·B	-	-		-	
火山灰质硅酸盐水泥	P·P	-	-	≤3.5	≤6.0[b]	
粉煤灰硅酸盐水泥	P·F	-	-			
复合硅酸盐水泥	P·C	-	-			

注：a：如果水泥压蒸试验合格，则水泥中氧化镁的含量（质量分数）允许放宽至 6.0%；

b：如果水泥中氧化镁的含量（质量分数）大于 6.0%时，需进行水泥压蒸安定性试验并合格；

c：当有更低要求时，该指标由买卖双方协商确定。

根据规定龄期的抗压强度及抗折强度来划分水泥的强度等级。硅酸盐水泥的强度等级分为 42.5、42.5R、52.5、52.5R、62.5、62.5R 六个等级；普通硅酸盐水泥的强度等级分为 42.5、42.5R、52.5、52.5R 四个等级；矿渣硅酸盐水泥、火山灰质硅酸盐水泥、粉煤灰硅酸盐水泥、复合硅酸盐水泥的强度等级分为 32.5、32.5R、42.5、42.5R、52.5、52.5R 六个等级。不同品种、不同强度等级的通用硅酸盐水泥，其不同龄期的强度应符合表 3-7 的规定。

表 3-7　通用硅酸盐水泥各强度等级、各龄期强度值（GB 175—2007）

品　种	强度等级	抗 压 强 度		抗 折 强 度	
		3d	28d	3d	28d
硅酸盐水泥	42.5	≥17.0	≥42.5	≥3.5	≥6.5
	42.5R	≥22.0		≥4.0	
	52.5	≥23.0	≥52.5	≥4.0	≥7.0
	52.5R	≥27.0		≥5.0	
	62.5	≥28.0	≥62.5	≥5.0	≥8.0
	62.5R	≥32.0		≥5.5	
普通硅酸盐水泥	42.5	≥17.0	≥42.5	≥3.5	≥6.5
	42.5R	≥22.0		≥4.0	
	52.5	≥23.0	≥52.5	≥4.0	≥7.0
	52.5R	≥27.0		≥5.0	
矿渣硅酸盐水泥 火山灰硅酸盐水泥 粉煤灰硅酸盐水泥 复合硅酸盐水泥	32.5	≥10.0	≥32.5	≥2.5	≥5.5
	32.5R	≥15.0		≥3.5	
	42.5	≥15.0	≥42.5	≥3.5	≥6.5
	42.5R	≥19.0		≥4.0	
	52.5	≥21.0	≥52.5	≥4.0	≥7.0
	52.5R	≥23.0		≥4.5	

3.2.1　混合材料

在硅酸盐水泥熟料中掺加一定量的混合材料，能改善水泥的性能，增加水泥品种，提高

产量，调节水泥的强度等级，扩大水泥的使用范围。掺混合材料的通用硅酸盐水泥有：普通硅酸盐水泥、矿渣硅酸盐水泥、火山灰质硅酸盐水泥、粉煤灰硅酸盐水泥及复合硅酸盐水泥。用于水泥中的混合材料可分为活性混合材料和非活性混合材料两大类。

1. 活性混合材料

具有火山灰性质或潜在水硬性的矿物质材料，其中含有大量的 SiO_2 与 Al_2O_3 等活性成分，本身不硬化或硬化极慢，强度低，但在 $Ca(OH)_2$ 溶液中则很快水化，生成水硬性胶凝材料水化硅酸钙和水化铝酸钙，凝结硬化后具有强度并能改善硅酸盐水泥的某些性质，这种矿物质材料称为活性混合材料。常用活性混合材料有：粒化高炉矿渣、火山灰质混合材料和粉煤灰。

1）粒化高炉矿渣

粒化高炉矿渣是将炼铁高炉的熔融矿渣经急速冷却而形成的质地疏松、多孔的颗粒状材料。粒化高炉矿渣中的活性成分，主要是活性 Al_2O_3 和 SiO_2，即使在常温下也可与 $Ca(OH)_2$ 起化学反应并产生强度。在含较高 CaO 的碱性矿渣中，因其中还含有 $2CaO \cdot SiO_2$ 等成分，故本身具有较弱的水硬性。

2）火山灰质混合材料

这类材料是具有火山灰活性的天然或人工矿物质材料，火山灰、凝灰岩、硅藻石、烧黏土、煤渣、煤矸石渣等都属于火山灰质混合材料。这些材料都含有活性 Al_2O_3 和 SiO_2，经磨细后，在 $Ca(OH)_2$ 的碱性作用下，可在空气中硬化，也可在水中继续硬化增加强度。

3）粉煤灰

粉煤灰是发电厂锅炉用煤粉作为燃料，从其烟气中排出的细颗粒废渣。粉煤灰中含有较多的活性 Al_2O_3 和 SiO_2，与 $Ca(OH)_2$ 化合能力较强，具有较高的活性。

2. 非活性混合材料

经磨细后加入水泥中，不具有活性或活性很微弱的矿物材料，称为非活性混合材料。它们掺入水泥中仅起提高产量、调节水泥强度等级，节约水泥熟料，减小水化热的作用，常见的非活性混合材料如磨细石英砂、石灰石、黏土、慢冷矿渣等。

3.2.2 普通硅酸盐水泥

凡由硅酸盐水泥熟料、大于 5%且不大于 20%混合材料、适量石膏磨细制成的水硬性胶凝材料，称为普通硅酸盐水泥（简称普通水泥），代号 P·O。

掺活性混合材料时，最大掺量不得超过 20%，其中允许用不超过水泥质量 5%的窑灰或不超过水泥质量 8%的非活性混合材料来代替。

由于普通硅酸盐水泥混合材料掺量很小，因此其性能与同等级的硅酸盐水泥相近。但由于掺入了少量的混合材料，与硅酸盐水泥相比，普通硅酸盐水泥硬化速度稍慢，其 3 d、28 d 的抗压强度稍低，这种水泥被广泛应用于各种强度等级的混凝土工程，是我国主要水泥品种之一。

普通水泥按照国家标准《通用硅酸盐水泥》（GB 175—2007）规定，其强度等级分为：42.5、42.5R、52.5、52.5R 四个强度等级。其各强度等级各龄期的强度应符合表 3-7 的规定，其他技

术性能要求如表 3-6 所示。

3.2.3 掺有较多混合材料的硅酸盐水泥

掺有较多混合材料的硅酸盐水泥主要指矿渣硅酸盐水泥、火山灰质硅酸盐水泥、粉煤灰硅酸盐水泥和复合硅酸盐水泥，其定义分别如下：

根据国家标准《通用硅酸盐水泥》（GB 175—2007）规定：由硅酸盐水泥熟料、掺量大于20%且不大于 70%的粒化高炉矿渣及适量的石膏磨细制成的水硬性胶凝材料，称为矿渣硅酸盐水泥，简称矿渣水泥，代号 P·S。

凡由硅酸盐水泥熟料和火山灰质混合材料、适量石膏磨细制成的水硬性胶凝材料称为火山灰质硅酸盐水泥，简称火山灰水泥，代号 P·P。水泥中火山灰质混合材料掺量大于 20%且不大于 40%。

凡由硅酸盐水泥熟料和粉煤灰、适量石膏磨细制成的水硬性胶凝材料称为粉煤灰硅酸盐水泥，简称粉煤灰水泥，代号 P·F。水泥中粉煤灰掺量大于 20%且不大于 40%。

凡由硅酸盐水泥熟料、两种或两种以上规定的混合材料、适量的石膏共同磨细所得的水硬性胶凝材料称为复合硅酸盐水泥，简称复合水泥，代号 P·C。复合硅酸盐水泥中混合材料掺量大于 20%且不大于 50%。允许用不超过 8%的窑灰代替部分混合材料；掺矿渣时混合材料掺量不得与矿渣硅酸盐水泥重复。

1．共同特点

矿渣硅酸盐水泥、火山灰质硅酸盐水泥、粉煤灰硅酸盐水泥和复合硅酸盐水泥均掺有较多的混合材料，所以这些水泥有以下共性：

1）凝结硬化慢，早期强度低，后期强度增长较快

四种水泥的水化过程较硅酸盐水泥复杂。首先是水泥熟料与水发生水化反应，所生成的 $Ca(OH)_2$ 和掺入水泥中的石膏与混合材料中的活性 SiO_2、Al_2O_3 进行二次水化反应。由于四种水泥熟料矿物含量减少，而且水化分两步进行，所以凝结硬化速度减慢，不宜用于早期强度要求较高的工程。

2）水化热较低

由于水泥熟料的减少，使水泥水化时发热量高的 C_3S 和 C_3A 含量相对减少，故水化热较低，大体积混凝土工程可优先选用，不宜用于冬季施工。

3）耐腐蚀性好，抗碳化能力较差

这类水泥水化产物中 $Ca(OH)_2$ 含量少，碱度低，故抗碳化能力较差，对防止钢筋锈蚀不利，不宜用于重要的钢筋混凝土结构和预应力混凝土工程。但抗溶出性侵蚀、抗盐酸侵蚀及抗硫酸盐侵蚀的能力较强，宜用于有耐腐蚀要求的混凝土工程。

4）对温度敏感性强，蒸汽养护效果好

这几种水泥在低温条件下水化速度明显减慢，在蒸汽养护的高温高湿环境中，活性混合材料参与二次水化反应，强度增长比硅酸盐水泥快。

5）抗冻性、耐磨性差

与硅酸盐水泥相比较，由于加入较多的混合材料，用水量增大，水泥石中孔隙较多，故抗冻性、耐磨性较差，不宜用于受反复冻融作用的工程及有耐磨要求的工程。

2．不同水泥的独特性

矿渣水泥、火山灰水泥、粉煤灰水泥和复合硅酸盐水泥除上述的共性外，还有各自的特点。

1）矿渣水泥

由于矿渣水泥硬化后氢氧化钙的含量低，矿渣又是水泥的耐火掺合料，所以矿渣水泥具有较好的耐热性，可用于配制耐热混凝土。同时，由于矿渣为玻璃体结构，亲水性差，因此矿渣水泥保水性差，易产生泌水现象，干缩性较大，不适用于有抗渗要求的混凝土工程。

2）火山灰水泥

火山灰水泥需水量大，在硬化过程中的干缩较矿渣水泥更为显著，在干热环境中易产生干缩裂缝。因此，火山灰水泥不适用于干燥环境中的混凝土工程，使用时必须加强养护，使其在较长时间内保持潮湿状态。

火山灰水泥颗粒较细，泌水性小，故具有较高的抗渗性，适用于有一定抗渗要求的混凝土工程。

3）粉煤灰水泥

粉煤灰水泥的主要特点是干缩性比较小，甚至比硅酸盐水泥及普通水泥还小，因而抗裂性较好；由于粉煤灰的颗粒多呈球形微粒状，吸水率小，所以粉煤灰水泥的需水量小，配制的混凝土和易性较好。

4）复合硅酸盐水泥

复合硅酸盐水泥中掺入两种或两种以上的混合材料，可以明显地改善水泥的性能，克服了掺加单一混合材料水泥的弊端，有利于水泥的使用与施工。复合硅酸盐水泥的性能一般受所用混合材料的种类、掺量及比例等因素的影响，早期强度高于矿渣硅酸盐水泥、火山灰质硅酸盐水泥和粉煤灰硅酸盐水泥，性能与上述三种水泥相似，适用范围较广。

3.2.4　通用硅酸盐水泥的验收及选用

1．通用硅酸盐水泥的验收

通用硅酸盐水泥的选用如表 3-8 所示。水泥可以采用袋装或者散装。袋装水泥每袋净含量 50 kg，且不得少于标志质量的 98%，如图 3-11 所示。随机抽取 20 袋水泥，其总质量不得少于 1000 kg。

水泥袋上应清楚标明的内容有：产品名称、代号、净含量、强度等级、生产许可证编号、生产者名称和地址、出厂编号、执行标准号、包装日期和主要混合材料名称。掺火山灰混合材料的普通硅酸盐水泥还应标上“掺火山灰”字样。包装袋两侧应印有水泥名称和强度等级。硅酸盐水泥和普通水泥的印刷采用红色；矿渣水泥的印刷采用绿色；火山灰水泥、粉煤灰水泥和复合水泥采用黑色。散装水泥运输时应提交与袋装水泥标志相同内容的卡片。

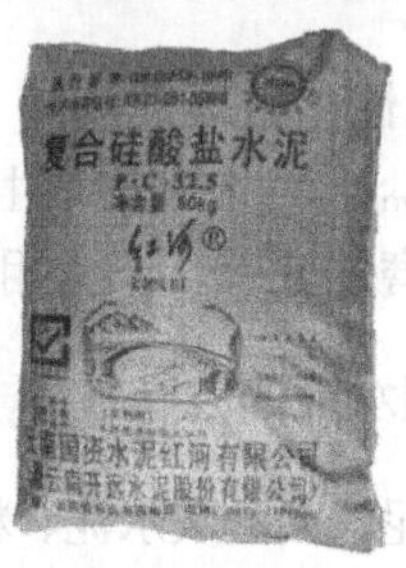

图 3-11　袋装通用硅酸盐水泥

建设工程中使用水泥之前，要对同一生产厂家、同期出厂的同品种、同强度等级的水泥，以一次进场的、同一出厂编号的水泥为一批，按照规定的抽样方法抽取样品，对水泥性能进行检验。袋装水泥以 200 t 为一批，不足 200 t 按一批计算；散装水泥以 500 t 为一批，不足 500 t 的按一批计算。重点检验水泥的凝结时间、安定性和强度等级，合格后方可投入使用。存放期超过 3 个月的水泥，使用前必须重新进行复验，并按复验结果使用。

表 3-8　通用硅酸盐水泥的选用

混凝土工程特点及所处环境条件			优先选用	可以选用	不宜选用
普通混凝土	1	在一般气候环境中的混凝土	普通水泥	矿渣水泥、火山灰水泥、粉煤灰水泥和复合水泥	
	2	在干燥环境中的混凝土	普通水泥	矿渣水泥	火山灰水泥、粉煤灰水泥
	3	在高潮湿环境中或长期处于水中的混凝土	矿渣水泥、火山灰水泥、粉煤灰水泥、复合水泥	普通水泥	
	4	厚大体积的混凝土	矿渣水泥、火山灰水泥、粉煤灰水泥、复合水泥		硅酸盐水泥
有特殊要求的混凝土	1	要求快硬、高强的混凝土	硅酸盐水泥	普通水泥	矿渣水泥、火山灰水泥、粉煤灰水泥、复合水泥
	2	严寒地区的露天混凝土、寒冷地区处于水位升降范围的混凝土	普通水泥		火山灰水泥、粉煤灰水泥
	3	严寒地区处于水位升降范围的混凝土	普通水泥（强度等级>42.5）		矿渣水泥、火山灰水泥、粉煤灰水泥、复合水泥
	4	有抗渗要求的混凝土	普通水泥、火山灰水泥		矿渣水泥
	5	有耐磨性要求的混凝土	硅酸盐水泥、普通水泥		火山灰水泥、粉煤灰水泥
	6	受侵蚀性介质作用的混凝土	矿渣水泥、火山灰水泥、粉煤灰水泥、复合水泥		硅酸盐水泥

2. 通用硅酸盐水泥的保管

水泥在运输和储存时不得受潮和混入杂物，不同品种和强度等级水泥应分别储存，不得混杂。使用时应考虑先存先用，不可储存过久，应尽量缩短水泥的储存期，通用硅酸盐水泥不宜超过 3 个月。时间过长，强度降低；一般存放期在 3 个月以上的通用硅酸盐水泥，其强度降低 10%～20%；6 个月降低 15%～30%；1 年以后降低 25%～40%。

储存水泥的库房必须干燥，库房地面应高出室外地面 30 cm。若地面有良好的防潮层并以水泥砂浆抹面，可直接存放，否则应用木料垫高地面 20 cm。袋装水泥堆垛不宜过高，一般为 10 袋，如储存时间短、包装质量好可堆至 15 袋。袋装水泥垛一般应离开墙壁和窗户 30 cm 以上。水泥垛应设立标示牌，注明生产厂家、水泥品种、强度等级、出厂日期等。

露天临时储存袋装水泥，应选择地势高、排水条件好的场地，并应进行垫、盖处理，以防受潮。

3.3　特种水泥

1. 快硬硅酸盐水泥

凡以硅酸盐水泥熟料和适量石膏磨细制成的以 3 d 抗压强度表示强度等级的水硬性胶凝材料，称为快硬硅酸盐水泥。快硬硅酸盐水泥主要是 C_3S 含量多，C_3A 含量次之。快硬硅酸盐水泥适用于冬季施工，紧急抢修工程。

2. 快硬高强硅酸盐水泥

快硬高强硅酸盐水泥指：凡以铝酸钙为主要成分的熟料，加入适量的硬石膏，经磨细制成的具有快硬高强性能的水硬性胶凝材料。该水泥适用于早强高强、抗渗、抗硫酸盐及抢修等特殊工程。

3. 铝酸盐水泥

凡以铝酸钙（C_3A）为主的铝酸盐水泥熟料磨细制成的水硬性胶凝材料称为铝酸盐水泥（又称高铝水泥），代号 CA。铝酸盐水泥的主要特点和应用如下：

（1）快硬早强。早期强度很高，后期强度增长不显著，所以铝酸盐水泥主要用于工期紧急工程（如路、桥修建）、抢修工程（如堵、漏工程）等，也可用于冬季施工。

（2）水化热大。铝酸盐水泥 1 d 内即可放出水化热总量的 70%～80%，约为硅酸盐水泥 7 d 的放热量，但其放热速度特别快，且放热量集中，所以铝酸盐水泥不宜用于大体积混凝土工程。

（3）抗硫酸盐腐蚀能力强。因为铝酸盐水泥的主要矿物成分为铝酸一钙，水化产物中 $Ca(OH)_2$ 含量少，水泥石结构密实，故适用于有抗硫酸盐腐蚀要求的工程。

（4）铝酸盐水泥耐碱性差，不得用于接触碱性溶液的工程。

（5）耐热性好。当采用耐火粗细骨料（如铬铁矿等）时，可制成使用温度达 1300℃的耐热混凝土，且能保持 53%的强度。

（6）铝酸盐水泥适宜的硬化温度为 15℃左右，一般施工时环境温度不超过 25℃，否则会产生晶型转换，强度降低。铝酸盐水泥拌制的混凝土不能进行蒸汽养护。

（7）由于晶型转换及铝酸盐凝胶体老化等原因，铝酸盐水泥的长期强度有降低的趋势。如需用于工程中，应以最低稳定强度为依据进行设计，其值按 GB/T 201—2015 规定，经试验确定。

（8）铝酸盐水泥不得与硅酸盐水泥或石灰相混，以免引起瞬凝，以致无法施工，且强度降低；铝酸盐水泥也不得与尚未硬化的硅酸盐水泥混凝土接触使用。

4. 膨胀型水泥

膨胀型水泥指：在水泥水化凝结硬化过程中产生体积微膨胀的水泥。主要是水泥水化过程中形成的钙矾石产生体积膨胀。该水泥适用于补偿收缩混凝土工程和防渗抗裂混凝土工程等。

5. 白色硅酸盐水泥

由氧化铁含量少的硅酸盐水泥熟料加入适量的石膏，经磨细制成的水硬性胶凝材料称为白色硅酸盐水泥，简称白水泥，适用于装饰装修的水泥混凝土工程。

6. 彩色硅酸盐水泥

彩色硅酸盐水泥根据其着色方法不同，有三种生产方式：一是直接烧成法，在水泥生料中加入着色原料而直接煅烧成彩色水泥熟料，再加入适量石膏共同磨细；二是染色法，将白色硅酸盐水泥熟料或硅酸盐水泥熟料、适量石膏和碱性着色物质共同磨细制得彩色水泥；三是将干燥状态的着色物质直接掺入白水泥或硅酸盐水泥中。当工程使用量较少时，常用第三种办法。

彩色硅酸盐水泥主要应用于建筑装饰工程中，常用于配制各类彩色水泥浆、水泥砂浆，用于饰面刷浆或陶瓷铺贴的勾缝，配制装饰混凝土、人造大理石及水磨石等制品，并以其特有的色彩装饰性，用于雕塑艺术和各种装饰部件。

3.4 专用水泥

1. 道路硅酸盐水泥

由道路硅酸盐水泥熟料、适量石膏、混合材料，共同磨细制成的水硬性胶凝材料，称为道路硅酸盐水泥，简称道路水泥，代号 P·R。

道路硅酸盐水泥分为32.5、42.5、52.5三个强度等级，比表面积为300～450 m^2/kg，初凝时间不小于90 min，终凝时间不大于600 min。

道路水泥抗折强度高，耐磨性好，干缩小，抗冻性、抗冲击性、抗硫酸盐性能好，可减少混凝土路面的断板、温度裂缝和磨耗，减少路面维修费用，延长使用年限。适用于道路路面、机场跑道、城市广场等工程的面层混凝土。

2. 大坝水泥

大坝水泥指在水化过程中释放水化热量较低的适用于浇筑坝体等大体积混凝土结构的硅酸盐类水泥。常用的大坝水泥有中热硅酸盐水泥、低热硅酸盐水泥及低热矿渣硅酸盐水泥等。

1）中热硅酸盐水泥

以适当成分的硅酸盐水泥熟料，加入适量石膏，磨细而成的具有中等水化热的水硬性胶凝材料，称为中热硅酸盐水泥（简称中热水泥），代号 P·MH。

2）低热硅酸盐水泥

以适当成分的硅酸盐水泥熟料，加入适量石膏，磨细而成的具有低水化热的水硬性胶凝材料，称为低热硅酸盐水泥（简称低热水泥），代号 P·LH。

3）低热矿渣硅酸盐水泥

以适当成分的硅酸盐水泥熟料，加入粒化高炉矿渣、适量石膏，磨细制成的具有低水化热的水硬性胶凝材料，称为低热矿渣硅酸盐水泥（简称低热矿渣水泥），代号 P·SLH。

大坝水泥具有水化热低，性能稳定等优点，主要适用于要求水化热较低的大坝和大体积混凝土工程。中热水泥主要适用于大坝溢流面的面层和水位变动区等要求耐磨性和抗冻性的工程，低热水泥和低热矿渣水泥主要适用于大坝或大体积建筑物内部及水下工程。

3．砌筑水泥

凡由一种或一种以上的水泥混合材料，加入适量硅酸盐水泥熟料和石膏，共同磨细制成的和易性较好的水硬性胶凝材料，称为砌筑水泥，代号M。水泥中混合材料掺加量按质量百分比计应大于50%，允许掺入适量的石灰石或窑灰。水泥中混合材料掺加量不得与矿渣硅酸盐水泥重复。

砌筑水泥分为 12.5 和 22.5 两个强度等级，初凝时间不小于 60 min，终凝时间不大于 720 min。砌筑水泥主要用于砌筑砂浆、抹面砂浆垫层混凝土等，不应用于结构混凝土工程。

复习思考题 3

一、填空题

1．用沸煮法检查水泥的体积安定性，是检查__________的含量过多而引起的水泥体积安定性不良。

2．矿渣水泥比硅酸盐水泥耐硫酸盐腐蚀能力强的主要原因是__________。

3．硅酸盐水泥熟料中早期强度低、后期强度增长快的组分是__________。

4．水泥在运输和保管期间，应注意__________。

5．国家标准规定：普通硅酸盐水泥的初凝时间为__________。

6．硅酸盐水泥熟料中水化热最大的组分是____________。

二、简答题

1．硅酸盐水泥熟料的矿物组成主要有哪些？

2．水泥的强度等级是根据什么划分的？

3．引起水泥石腐蚀的内在因素有哪些？

4．活性混合材料有哪些？活性混合材料掺量>20%的水泥品种有哪些？它们的共同特点有哪些？

5．有抗冻性要求的混凝土工程应选用什么品种水泥？

6．什么是水泥的体积安定性？产生安定性不良的原因是什么？工程中使用了安定性不良的水泥有什么危害？

7．试说明硅酸盐水泥的特性、适用范围及不适用范围。

三、案例题

1．广西百色某车间单层砖房屋盖采用预制空心板 12 m 跨现浇钢筋混凝土大梁，2010 年 10 月开工，使用进场已 3 个多月并存放在潮湿地方的水泥。2011 年拆完大梁底模板和支撑，1 月 4 日下午房屋全部倒塌。

问题：为什么会出现上述问题？应该如何防止？

2．某大体积的混凝土工程，浇注两周后拆模，发现挡墙有多道贯穿的纵向裂缝。该工程使用某立窑水泥厂生产 42.5R 的硅酸盐水泥，其熟料矿物组成如下：

C_3S：61%；C_2S：14%；C_3A：14%；C_4AF：11%

问题：为什么会出现挡墙有多道贯穿的纵向裂缝的情况？应该如何防止这种情况再次发生？

第4章 石材、砖和砌块

教学导航

知 识 目 标	专业能力目标	社会和方法能力目标
1．了解各种墙体材料及其生产工艺； 2．掌握砌墙砖、砌块和墙用板材的规格、技术性能指标及工程应用	会根据工程的特点和环境条件，能正确合理地选择墙用材料	提升学生科学思维、动手能力及团队协作能力
重难点： 石材、砌墙砖、砌块的规格、技术性能指标及工程应用		

石材、砖和砌块在建筑结构上统称为砌体材料，也叫砖石材料，是土木工程中最重要的材料之一，主要用于砌筑墙体、基础、墩台等。

天然石材是最古老的建筑材料之一。国内外许多著名的雕塑，如埃及的金字塔、古罗马斗兽场、比萨斜塔、河北省赵州桥、人民英雄纪念碑等所用的材料都是天然石材。由于天然石材具有很高的抗压强度、良好的耐磨性和耐久性，经加工后表面花纹美观，色泽艳丽，富有装饰性，资源分布广泛，蕴藏量十分丰富，便于就地取材，所以至今仍得到广泛应用。天然石材除直接应用于工程外，还是生产其他建筑材料的原料，如生产石灰、建筑石膏、水泥和无机绝热材料等。

随着现代化建筑的发展，各种砖不断涌现，如空心砖、多孔砖、灰砂砖等，使得建筑造型更加灵活。为了克服自重大、生产能耗高、施工速度慢、耐久性差等缺点，人们开发研制出了砌块和板材。

4.1 建筑中常见的石材

岩石是由各种不同的地质作用形成的天然固态矿物的集合体。由单一矿物组成的岩石称为单矿岩，如石灰岩主要是由方解石（结晶 $CaCO_3$）组成。大多数岩石是由多种矿物组成的称为多矿岩，如花岗岩是由长石、石英、云母等多种矿物组成。同一类岩石由于产地不同，其矿物组成、颗粒结构都有差异，因而其颜色、强度等性能也有差别。岩石的性质是由其矿物特性、结构、构造等因素决定的。所谓岩石结构，是指矿物的结晶程度、结晶大小和形态，如玻璃状、细晶状、粗晶状、斑状等。岩石的构造是指矿物在岩石中的排列及相互配置关系，如致密状、层状、多孔状、流纹状、纤维状等。

天然岩石按照地质成因可分为火成岩、沉积岩和变质岩三大类，具体见表 4-1。

表 4-1 岩石按成因分类

分类		成因	岩石名（例）
火成岩	喷出岩	岩浆在地表面冷凝而成	安山岩、玄武岩、流纹岩
	浅成岩	岩浆在地下数百米到数千米处冷凝形成	花岗岩、斑岩、辉绿岩
	深成岩	岩浆在地下数千米以上深处冷凝形成	花岗岩、橄榄岩、闪长岩、辉长岩
沉积岩	碎屑岩（机械沉积岩）	岩石及矿物的碎片，碎粒沉积而成	砂岩、页岩
	生物、化学沉积岩	生物的遗骸等沉积形成	石灰岩、燧石
	火山碎屑岩（火山灰沉积岩）	随着陆上或水中的火山爆发，由喷出的火山岩碎片沉积而成	凝灰岩
变质岩	热变质岩	由于热引起的再结晶作用	大理岩
	气成水热变质岩	在温泉、天然气或者高温水蒸气的喷出处，岩石发生质变	蛇纹岩、陶石
	区域变质岩	由于应力变形与高压高温的作用再结晶而成，在大陆边缘的广大区域里形成的岩石	片麻石、结晶片岩

4.1.1 火成岩（岩浆岩）

火成岩又称岩浆岩，是由地壳深处，熔融岩浆上升冷却形成。根据冷却条件不同，岩浆岩可分为以下三类：

1. 深成岩

深成岩是由岩浆在地壳数千米深处在上部覆盖层很大的压力作用下，缓慢且较均匀地冷却而形成的岩石（岩浆在地壳数百米至数千米深处冷凝而成的岩石称浅成岩）。它们的特点是矿物全部结晶而且颗粒较粗，呈块状构造，具有抗压强度高、吸水率小、表观密度及导热系数大等性能，常见的有花岗岩、正长岩、闪长岩等。

花岗岩是常用的一种深沉岩浆岩，主要矿物组成呈酸性，由于次要矿物成分含量的不同而呈现灰、白、黄、粉红、红、黑等多种颜色，表观密度为 2500～2700 kg/m³，抗压强度为 120～250 MPa，孔隙率和吸水率小，莫氏硬度为 6～7，抗冻性、耐磨性和耐久性好，耐火性差，遇到高温将因不均匀膨胀而崩裂。

花岗岩主要用于砌筑基础、勒脚、踏步、挡土墙等。经磨光的花岗岩板材装饰效果好，可用于外墙面、柱面和地面装饰。花岗岩有较高的耐酸性，可用于工业建筑中的耐酸衬板或耐酸沟、槽、容器等。花岗岩碎石和粉料可配制耐酸混凝土的耐酸胶泥。

2. 喷出岩

喷出岩是岩浆喷出地表时，在压力急剧释放和迅速冷却的条件下形成的，其特点是岩浆不能全部结晶，或结晶成细小颗粒，所以常呈非结晶的玻璃质结构、细晶结构或斑状结构。当喷出岩形成很厚的岩层时，其结构和性能接近深成岩；当岩层较薄时，常呈多孔状构造，其表观密度和强度较小，常见的有玄武岩、辉绿岩和安山岩等。

3. 火山碎屑岩

火山碎屑岩是火山爆发时，喷到空中的岩浆，经急速冷却后形成多孔散粒状岩石，如火山灰、火山渣、火山凝灰岩、浮石等。

火山凝灰岩是由散粒状火山岩层在覆盖层压力作用下胶结而成的岩石，容易分割，可用于砌筑墙体等。

4.1.2 变质岩

变质岩是地壳中原有的岩石在地层的压力或温度作用下，原岩在固态下发生矿物成分、结构构造变化形成的新岩石。建筑中常用的变质岩有大理岩、石英岩、片麻岩等。

1. 大理岩

大理岩经人工加工后称大理石，是由石灰岩、白云石经变质而成的具有细晶结构的致密岩石。大理岩在我国分布广泛，以云南大理最负盛名。大理岩表观密度为 2500～2700 kg/m³，抗压强度为 50～140 MPa。大理岩质地密实但硬度不高，锯切、雕刻性能好，表面磨光后十分美观，是高级的装饰材料。纯大理石为白色，称作汉白玉，若含有不同的矿物杂质则呈灰色、黄色、玫瑰色、粉红色、红色、绿色、黑色等多种色彩和花纹。

大理石的主要矿物成分是方解石和白云石，不耐酸，所以不宜用在室外或有酸腐蚀的场合。

2. 石英岩

石英岩是由硅质砂岩变质而成，质地均匀致密，硬度大，抗压强度高达 250～400 MPa，

加工困难，耐久性高。石英岩板材可用作建筑饰面材料、耐酸衬板或用于地面、踏步等部位。

3．片麻岩

片麻岩是由花岗岩变质而成，其矿物组成与花岗岩相近，呈片状构造，各个方向物理力学性质不同。垂直于片理方向，抗压强度为120～200 MPa，沿片理方向易于开采和加工。片麻岩吸水性高、抗冻性差。通常加工成毛石或碎石，用于不重要工程。

4.1.3 沉积岩

沉积岩也称水成岩，是各种岩石经风化、搬运、沉积和再造作用而形成的岩石。沉积岩呈层状构造，孔隙率和吸水率较大，强度和耐久性较火成岩低。但因沉积岩分布较广，容易加工，在建筑上应用广泛。

沉积岩按照生成条件分为以下三种：

1．机械沉积岩

机械沉积岩是风化破碎后又经风、雨、河流及冰川等搬运、沉积、重新压实或胶结而成的岩石。主要有砂岩、砾岩和页岩等，其中常用的是砂岩。

砂岩是由沙粒经胶结而成，由于胶结物和致密程度的不同而性能差别很大。胶结物有硅质、石灰质、铁质和黏土质四种。致密的硅质砂岩性能接近花岗岩，表观密度达2600 kg/m³，抗压强度达250 MPa，质地均匀、密实，耐久性强，如白色硅质砂岩是石雕制品的好原料。石灰质砂岩性能类似于石灰岩，抗压强度为60～80 MPa，加工比较容易；铁质砂岩性能较砂岩差；黏土质砂岩强度不高，耐水性也差。

2．生物沉积岩

生物沉积岩是由各种有机体死亡后的残骸沉积而形成的岩石，如石灰岩、硅藻土等。

石灰岩的主要成分是方解石，常含有白云石、菱镁矿、石英、蛋白石、含铁矿物和黏土等。颜色通常为浅灰、深灰、浅黄、淡红等，表观密度为2000～2600 kg/m^3，抗压强度为20～120 MPa。多数石灰岩构造致密，耐水性和抗冻性较好。石灰岩分布广泛，易于开采加工，块状材料可用于砌筑工程，碎石可用作混凝土骨料。石灰岩还是生产石灰、水泥等建筑材料的原料。

硅藻土是由硅藻的细胞壁沉积而成，其富含无定形 SiO_2，呈浅黄或浅灰色，质软多孔，易磨成粉末，有极强的吸水性。硅藻土是热、声和电的不良导体，可用作轻质、绝缘、隔声的建筑材料。

3．化学沉积岩

化学沉积岩是由溶解于水的矿物经富集、反应、结晶、沉积而成的岩石，如石膏、白云石、菱镁矿等。

石膏的化学成分为 $CaSO_4 \cdot 2H_2O$，是烧制建筑石膏和生产水泥的原料。白云石的主要成分是 $CaCO_3 \cdot MgCO_3$，较纯的白云石为白色，其性能接近于石灰岩。菱镁矿的化学成分为 $MgCO_3$，是生产耐火材料的原料。

4.1.4　天然石材的技术性质和类型

1. 石材的主要技术性质

1）表观密度

石材按照表观密度的大小分为重质石材和轻质石材两类，表观密度大于 1800 kg/m^3 的为重质石材，主要用于基础、桥涵、挡土墙及道路工程等；表观密度小于 1800 kg/m^3 的为轻质石材，多用于墙体材料。

2）耐水性

石材的耐水性以软化系数表示。软化系数>0.90 的为高耐水性；软化系数在 0.75～0.90 之间的为中耐水性；软化系数在 0.60～0.75 之间的为低耐水性；软化系数<0.60 的石材不允许用于重要建筑物中。

3）强度等级

石材的强度等级是根据三个 70 mm×70 mm×70 mm 立方体试块在水饱和状态下的抗压强度平均值，划分为：MU100、MU80、MU60、MU50、MU40、MU30、MU20、MU15 和 MU10 九个强度等级。试块也可采用表 4-2 所列的其他尺寸的立方体，但对应其试验结果乘以相应的换算系数后方可作为石材的强度等级。

表 4-2　石材强度等级的换算系数

立方体边长（mm）	200	150	100	70	50
换算系数	1.43	1.28	1.14	1.00	0.86

4）硬度

石材的硬度反映其加工的难易性和耐磨性。石材的硬度常用莫氏硬度表示，它是一种矿物相对刻划硬度，分为 10 级。各莫氏硬度级的标准矿物如表 4-3 所示。

表 4-3　标准矿物的莫氏硬度

硬度	1	2	3	4	5	6	7	8	9	10
矿物	滑石	石膏	方解石	萤石	磷灰石	长石	石英	黄玉	刚玉	金刚石

如在某石材一平滑面上，用磷石刻划不能留下划痕，而用长石可以留下划痕，那么此种石材的莫氏硬度为 6。

2. 常用石材

1）毛石

毛石（也称片石或块石）是在采石场由爆破直接获得的石块。按其表面的平整程度分为乱毛石和平毛石两类。

（1）乱毛石。乱毛石形状不规则，一个方向长度可达 300～400 mm，中部厚度不应小于 200 mm，重约 20～30 kg。乱毛石也可用作毛石混凝土的骨料。

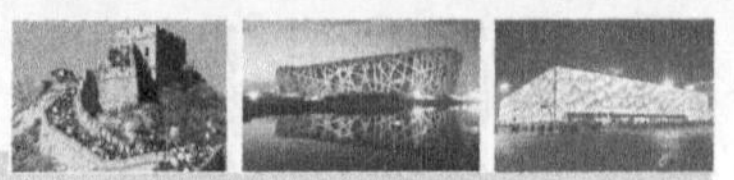

（2）平毛石。平毛石是由乱毛石略经加工而成，基本上有 6 个面，但表面粗糙。毛石可用于砌筑基础、勒脚、墙身、堤坝、挡土墙等。

2）料石

料石是由人工或机械开采出的较规则的六面体块石，再略经凿琢而成。根据表面加工的平整程度分为毛料石、粗料石、半细料石和细料石四类。

（1）毛料石。毛料石外形大致方正，一般不加工或稍加修整，高度不小于 200 mm，长度为高度的 1.5～3 倍，叠砌面凹入深度不大于 25 mm。

（2）粗料石。粗料石截面宽度和高度都不小于 200 mm，且不小于长度的四分之一，叠砌面凹入深度不大于 20 mm。

（3）半细料石。半细料石规格尺寸同粗料石，叠砌面凹入深度不大于 15 mm。

（4）细料石。细料石为经过细加工后的料石，外形规则，规格尺寸同粗骨料，叠砌面凹入深度不大于 10 mm。

料石一般由致密均匀的砂岩、石灰岩、花岗岩加工而成。用于砌筑墙身、踏步、地坪、拱和纪念碑等；形状复杂的料石制品可用作柱头、柱基、窗台板、栏杆和其他装饰等。

3）饰面板材

建筑上常用的饰面板材，主要有天然花岗岩和天然大理石板材。

（1）天然花岗岩建筑板材。

天然花岗岩建筑板材是用花岗岩原料经锯解、切削、表面进一步加工制成。

① 按形状分为：普型板（PX），即正方形或长方形板；圆弧板（HM），即装饰面轮廓线的曲率半径处处相同的饰面板材；异型板（YX），即普型板和圆弧板以外的其他形状的板材。

② 按照表面加工程度分为粗面板（CM）、亚光板（YG）、镜面板（JM）三类。粗面板，即饰面粗糙，规则有序，端面锯切整齐的板材，如机刨板；亚光板为经加工后，饰面平整细腻，能使光线产生漫反射现象的花岗岩板材；镜面板，又名抛光板，经研磨和抛光加工后表面平整而具镜面光泽的花岗岩板材。

（2）天然大理石建筑板材。

天然大理石建筑板材是用大理石原料经锯解、切削、研磨、抛光等工序加工而成。按形状分为普型板（PX）和圆弧板（HM）两类。按照加工精度和外观质量分为优等品（A）、一等品（B）和合格品（C）三个等级（GB/T 19766—2016），天然大理石板材材质均匀，硬度小，易于加工和磨光，表面花纹自然美观，装饰效果好，是建筑物室内墙面、柱面、墙裙、地面、台面等处较高级的饰面材料。由于大理石耐气候性差，用于室外时易受腐蚀，只有少数几种如汉白玉、艾叶青等质地较纯净、杂质少的品种可用于室外。大理石板材在正常环境下的耐用年限约为 40～100 年。常用规格为厚度 20 mm，宽度 150～915 mm，长度 300～1220 mm。

4）色石碴

色石碴也称色石子，是由天然大理石、白云石、方解石或花岗岩等石材经破碎筛选加工而成，作为骨料主要用于人造大理石、水磨石、水刷石、干粘石、斩假石等建筑物面层的装饰工程。其规格品种和质量要求见表 4-4。

表 4-4　色石碴的规格、品种和质量要求

规格俗称	平均粒径（mm）	常用品中	质量要求
大二分	20	白石碴、房山白、奶油白、湖北黄、易县黄、松香石、东北红、盖平红、桃红、东北绿、丹东绿、墨玉、苏州黑等	颗粒坚固，无杂色，有棱角，洁净、不含有风化颗粒，使用时须冲洗干净
一分半	15		
大八厘	8		
中八厘	6		
小八厘	4		
米粒石	0.3～1.2		

4.2　砌墙砖

砌墙砖指以黏土、工业废料或其他地方材料为主要原料，以不同工艺制造的，用于砌筑承重和非承重墙体的墙砖。

砌墙砖按所用原材料不同可分为黏土砖（N）、煤矸石砖（M）、页岩砖（Y）、粉煤灰砖（F）等；按照生产工艺分为烧结砖和非烧结砖。经焙烧制成的砖称为烧结砖；经碳化或蒸汽（压）养护硬化而成的砖称为非烧结砖。按照孔洞率（砖上孔洞和槽的体积总和与按外轮廓尺寸算出体积之比的百分率）的大小，砌墙砖分为实心砖、多孔砖和空心砖。本节主要介绍烧结砖。

4.2.1　实心砖

实心砖又称烧结普通砖，主要由黏土、页岩、煤矸石、粉煤灰为原料，经过焙烧而成的砖。实心砖没有孔洞或孔洞率小于 15%。黏土中所含铁的化合物成分在焙烧过程中氧化成红色的高价氧化铁（Fe_2O_3），烧成的砖为红色。如果砖坯先在养护气氛中烧成，然后减少窑内空气供给，同时加入少量水分，使坯体继续在还原气氛中焙烧，此时高价氧化铁还原成低价氧化铁（Fe_3O_4），即得青砖。一般来讲，青砖较红砖的耐久性好，但是青砖成本较高。

页岩生产完全不用黏土，配料调制所需水分较少，有利于砖坯干燥。煤矸石砖焙烧时可节省用煤量 50%～60%，并可节省大量的黏土原料，一般工业与民用建筑煤矸石砖能完全替代普通黏土砖。粉煤灰砖中粉煤灰掺量可达 50%左右，砖色从淡红到深红不等，可替代普通烧结砖用于一般工业与民用建筑。

1．生产工艺

实心砖的生产过程为：采土→配料调制→制坯→干燥→焙烧→成品，其中焙烧是最重要的环节。砖的焙烧温度要适当，以免出现欠火砖和过火砖。在焙烧温度范围（950～1000℃）内生产的砖称为正火砖，未达到焙烧温度范围生产的砖称为欠火砖，超过焙烧温度范围生产的砖称为过火砖。欠火砖颜色浅，敲击时声音哑，孔隙率高、强度低、耐久性差，工程中不得使用欠火砖。过火砖颜色深、敲击声音亮、强度高，但往往变形大，变形不大的过火砖可用于基础等部位。

2．技术性能

根据《烧结普通砖》（GB 5101—2003）规定，强度、抗风化性能和放射性物质合格的砖，

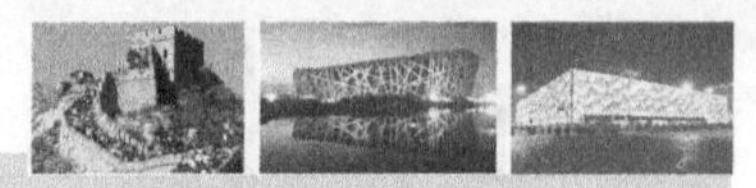

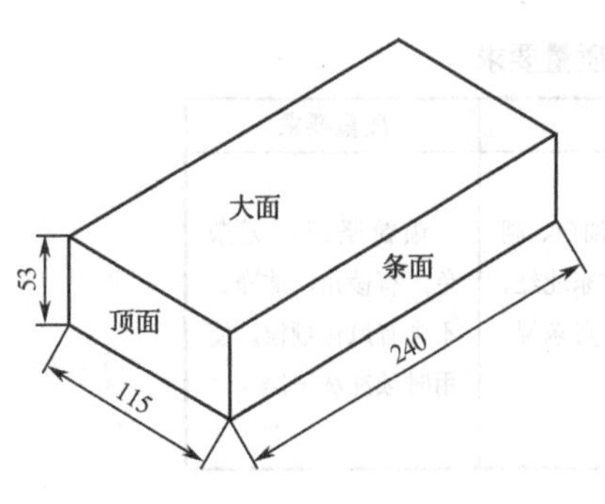

图 4-1　砖的尺寸及平面名称

根据尺寸偏差、外观质量、泛霜和石灰爆裂分为优等品（A）、一等品（B）和合格品（C）三个质量等级。

1）尺寸允许偏差

烧结普通砖的工程尺寸为 240 mm×115 mm×53 mm，如图 4-1 所示。通常将 240 mm×115 mm 面称为大面，240 mm×53 mm 面称为条面，115 mm×53 mm 面称为顶面。砖的尺寸偏差要符合表 4-5 的规定。

2）外观质量

烧结普通砖的外观质量包括两个条面高度差、弯曲、杂质凸出高度、缺棱掉角、裂纹、完整面、颜色等内容，分别符合表 4-5 的规定。

表 4-5　烧结普通砖的质量等级划分（GB 5101—2003）

<table>
<tr><th colspan="3" rowspan="2">项　目</th><th colspan="2">优等品</th><th colspan="2">一等品</th><th colspan="2">合格品</th></tr>
<tr><th>样本平均偏差</th><th>样本极差≤</th><th>样本平均偏差</th><th>样本极差≤</th><th>样本平均偏差</th><th>样本极差≤</th></tr>
<tr><td rowspan="3">尺寸偏差</td><td colspan="2">长度（mm）</td><td>±2.0</td><td>6</td><td>±2.5</td><td>7</td><td>±3.0</td><td>8</td></tr>
<tr><td colspan="2">宽度（mm）</td><td>±1.5</td><td>5</td><td>±2.0</td><td>6</td><td>±2.5</td><td>7</td></tr>
<tr><td colspan="2">高度（mm）</td><td>±1.5</td><td>4</td><td>±1.6</td><td>5</td><td>±2.0</td><td>8</td></tr>
<tr><td rowspan="8">外观质量</td><td colspan="2">两条面高度，不大于（mm）</td><td colspan="2">2</td><td colspan="2">3</td><td colspan="2">4</td></tr>
<tr><td colspan="2">弯曲，不大于（mm）</td><td colspan="2">2</td><td colspan="2">3</td><td colspan="2">4</td></tr>
<tr><td colspan="2">杂质凸出高度，不大于（mm）</td><td colspan="2">2</td><td colspan="2">3</td><td colspan="2">4</td></tr>
<tr><td colspan="2">缺棱掉角，三个破坏尺寸不得同时大于（mm）</td><td colspan="2">5</td><td colspan="2">20</td><td colspan="2">30</td></tr>
<tr><td rowspan="2">裂缝长度，不大于（mm）</td><td>a.大面上宽度方向及其延伸至条面的长度</td><td colspan="2">30</td><td colspan="2">60</td><td colspan="2">80</td></tr>
<tr><td>b. 大面上长度方向及其延伸至顶面的长度或条顶面上水平裂纹的长度</td><td colspan="2">50</td><td colspan="2">80</td><td colspan="2">100</td></tr>
<tr><td colspan="2">完整面不得少于</td><td colspan="2">二条面和二顶面</td><td colspan="2">一条面和一顶面</td><td colspan="2">—</td></tr>
<tr><td colspan="2">颜色</td><td colspan="2">基本一致</td><td colspan="2"></td><td colspan="2">—</td></tr>
<tr><td colspan="3">泛霜</td><td colspan="2">无泛霜</td><td colspan="2">不允许出现中等泛霜</td><td colspan="2">不允许出现中等泛霜</td></tr>
<tr><td colspan="3">石灰爆裂</td><td colspan="2">不允许出现最大破坏尺寸>2 mm 的爆裂区域</td><td colspan="2">a. 最大破坏尺寸>2 mm 且≤10 mm 的区，每组砖样不得多于 15 处；
b. 不允许出现最大破坏尺寸>10 mm 的爆裂区</td><td colspan="2">a.最大破坏尺寸>2 mm 且≤15 mm 的区，每组砖样不得多于 15 处，且>10 mm 不多于 7 处；
b. 不允许出现最大破坏尺寸>15 mm 的爆裂区</td></tr>
</table>

3）泛霜

泛霜是可溶性盐类在砖或砌块表面的盐析现象，一般呈白色粉末、絮团或絮片状。试验时根据泛霜程度分为以下四种：

（1）无泛霜：试样表面的盐析几乎看不到。

（2）轻微泛霜：试样表面出现一层细小明显的霜膜，但试样表面清晰。

（3）中等泛霜：试样部分表面或棱角出现明显泛霜。

（4）严重泛霜：试样表面出现砖粉、掉屑及脱皮现象。

当砖泛霜严重，砖的使用又处于潮湿环境时，将直接影响到砖的耐久性。当砖为中等泛霜时不得用于潮湿部位。烧结普通砖的泛霜应符合表 4-5 的规定。

4）石灰爆裂

石灰爆裂是指烧结砖的原料中夹杂着石灰石，焙烧时石灰石被烧成生石灰块，在使用过程中生石灰吸水熟化成熟石灰，体积膨胀引起砖裂缝，轻者造成墙面抹灰起鼓，重者造成砖砌体强度降低，直至破坏。烧结普通砖的石灰爆裂应符合表 4-5 的规定。

5）强度等级

烧结普通砖根据抗压强度分为 MU30、MU25、MU20、MU15、MU10 五个强度等级，各强度等级应符合表 4-6 的规定。表中的强度标准值是砖混结构设计规范中砖强度取值的依据。

表 4-6　烧结普通砖的强度等级（GB 5101—2003）

强度等级	抗压强度平均值 $\overline{f}$ ≥（MPa）	变异系数 $\delta \leqslant 0.21$ 强度标准值 f_k≥（MPa）	变异系数 $\delta > 0.21$ 单块最小抗压强度值 f_{min}≥（MPa）
MU30	30.0	22.0	25.0
MU25	25.0	18.0	22.0
MU20	20.0	14.0	16.0
MU15	15.0	10.0	12.0
MU10	10.0	6.5	7.5

评定烧结普通砖的强度等级时，抽取试样 10 块，分别测其抗压强度，试验后计算出以下指标：

$$\delta = \frac{s}{\overline{f}}$$

$$s = \sqrt{\frac{1}{9}\sum_{i=1}^{10}(f_i - \overline{f})^2}$$

式中　δ——砖强度变异系数，精确至 0.01；

S——10 块砖试样的抗压强度标准差，精确至 0.01 MPa；

$\overline{f}$——10 块砖试样的抗压强度平均值，精确至 0.1 MPa；

f_i——单块砖试样的抗压强度测定值，精确至 0.01 MPa。

结果评定采用以下两种方法。

（1）标准值法。当变异系数 $\delta \leqslant 0.21$ 时，按表 4-6 中抗压强度平均值 $\overline{f}$ 和强度标准值 f_k 评定砖的强度等级。样本量 n=10 时的强度标准值按下式计算：

$$f_k = \overline{f} - 1.8s$$

（2）单块最小抗压强度值法。变异系数 δ >0.21 时，按表 4-6 中抗压强度平均值 f_k 和单块最小抗压强度值 f_{min} 评定砖的强度等级，单块砖试样的抗压强度值精确至 0.1 MPa。

6）抗风化性能

抗风化性能是指在干湿变化、温度变化、冻融变化等物理因素作用下，材料不破坏并长期保持原有性质的能力，它是材料耐久性的重要内容之一。地域不同，对材料的风化作用程度就不同。我国按风化指数分为严重风化区（风化指数≥12700）和非严重风化区（风化指数<12700）。严重风化区包括东北三省（黑龙江、吉林、辽宁）、西北五省（新疆维吾尔自治区、陕西、甘肃、青海、宁夏回族自治区）和华北八个地区（北京、天津、河北、内蒙古、山西等），其他省、自治区和上海市为非严重分化区。

严重风化区的东北三省、内蒙古和新疆地区的砖必须做冻融试验。冻融试验后，每块砖样不允许出现裂纹、分层、掉皮、缺棱、掉角等冻坏现象；质量损失不得大于2%。

其他严重风化区和非严重风化区的抗风化性能符合表4-7规定，可不做冻融试验，否则必须做冻融试验。

表4-7　烧结普通砖的抗风化性能（吸水率和饱和系数）（GB 5101—2003）

项目 / 砖种类	严重风化区				非严重风化区			
	5 h 煮沸吸水率（%）≤		饱和系数≤		5 h 煮沸吸水率（%）≤		饱和系数≤	
	平均值	单块最大值	平均值	单块最大值	平均值	单块最大值	平均值	单块最大值
黏土砖	21	23	0.85	0.87	23	25	0.88	0.90
粉煤灰砖	23	25			30	32		
页岩砖	16	18	0.74	0.77	18	20	0.78	0.80
煤矸石砖	19	21			21	23		

注：粉煤灰掺入量（体积比）小于30%时，抗风化性能指标按黏土砖规定。

7）放射性物质

砖的放射性物质应符合《建筑材料放射性核素限量》（GB 6566—2010）的规定。

另外，烧结普通砖产品中，不允许有欠火砖、酥砖和螺旋纹砖。其中，酥砖是由于生产中砖坯淋雨、受潮、受冻或焙烧中预热过急、冷却太快等原因，致使成品砖产生大量不同程度的网状裂纹，严重降低砖的强度和抗冻性。螺旋纹砖是因为生产中挤泥机挤出的泥条上有螺旋纹，它在烧结时难以被消除而使成品砖上形成螺旋状裂纹，导致砖的强度降低，并且受冻后会产生层层脱皮的现象。

3．烧结普通砖的产品标记

烧结普通砖的产品标记按照产品名称、类别、强度等级、质量等级和标准编号的顺序编写，例如，规格为240 mm×115 mm×53 mm、强度等级为MU15、一等品的烧结普通砖，其标记为：烧结普通砖 N MU15 B GB 5101。

4．烧结普通砖的优缺点及应用

烧结普通砖具有较高的强度，较好的耐久性及隔热、吸声、价格低廉等优点，加上原料广泛、工艺简单，所以是应用历史最久、应用范围最广的墙体材料。其中，优等品适用于清水墙和墙体装饰，一等品、合格品可用于混水墙，中等泛霜的砖不能用于潮湿部位。另外，烧结普通砖也可以用来砌筑柱、拱、烟囱、地面及基础等，还可与轻骨料混凝土、加气混凝土、岩

棉等复合砌筑成各种轻质墙体，在砌体中配置适当的钢筋或钢铰线网也可制作柱、过梁等，代替钢筋混凝土柱、过梁使用。

烧结普通砖的缺点是毁坏大量土地（特别是黏土砖）、破坏生态、能耗高、砖的自重大、尺寸小、施工效率低、抗震性能差等。从节约黏土资源及利用工业废渣等方面考虑，提倡大力发展非烧结砖。所以，我国正大力推广墙体材料改革，以空心砖、工业废渣砖、砌块及轻质板材等新型墙体材料代替烧结普通砖，已成为不可逆转的势头。近 10 多年来，我国各地采用多种新型墙体材料代替烧结普通砖，已取得令人瞩目的成就。

4.2.2 多孔砖

在现代建筑中，由于高层建筑的发展，对烧结砖提出了减轻自重、改善绝热和吸声性能的要求，因此出现了烧结多孔砖、烧结空心砖。它们与烧结普通砖相比，具有一系列优点。使用这些砖可使建筑自重减轻 30%左右，节约黏土 20%～30%。节省燃料 10%～20%，且烧成率高，造价降低 20%，施工效率提高 40%，并能改善砖的绝热和隔声性能。在相同的热工性能要求下，用空心砖砌筑的墙体可减薄半砖左右。所以，推广使用多孔砖、空心砖是加快我国墙体材料改革，促进墙体材料工业技术进步的措施之一。

生产烧结多孔砖和烧结空心砖的原料和工艺与烧结普通砖基本相同，只是对原料的可塑性要求较高，制坯时在挤泥机的出口处设有成孔芯头，使坯体内形成孔洞。

烧结多孔砖是以黏土、页岩、煤矸石、粉煤灰为主要原料，经焙烧而成的孔洞率≥28%，孔洞尺寸小而数量多，主要用于承重部位的多孔砖。按主要原料分为黏土砖（N）、煤矸石砖（M）、页岩砖（Y）、粉煤灰砖（F）。烧结多孔砖的孔洞垂直于大面，砌筑时要求孔洞方向垂直于承压面。因为它的强度高，主要用于 6 层以下建筑物的承重部位。

根据《烧结多孔砖和多孔砌块》（GB 13544—2011）的规定，强度和抗风化性能合格的烧结多孔砖，尺寸偏差、外观质量、孔形及孔洞排列、泛霜、石灰爆裂不再划分质量等级，取消了圆形孔和其他孔形。

1. 技术性能

1）尺寸偏差

烧结多孔砖一般为直角六面体，如图 4-2 所示，砖的规格尺寸（mm）：290、240、190、180、140、115、90。

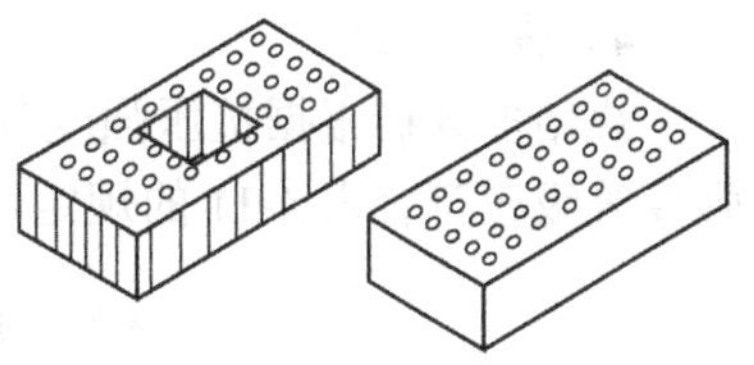

图 4-2　烧结多孔砖的外形

砖的尺寸允许偏差应符合表 4-8 的规定。

烧结多孔砖的孔洞尺寸为：手抓孔(30～40) mm×(75～85) mm。

表 4-8　烧结多孔砖的尺寸允许偏差（GB 13544—2011）

尺寸（mm）	样本平均偏差（mm）	样本极差≤
>400	±3.0	10
300～400	±2.5	9.0
200～300	±2.5	8.0
100～200	±2.0	7.0
90	±1.5	6.0

2）外观质量

烧结多孔砖的外观质量应符合表 4-9 的规定。

表 4-9　烧结多孔砖的外观质量要求（GB 13544—2011）

<table>
<tr><th colspan="2">项　目</th><th>指　标</th></tr>
<tr><td colspan="2">杂质凸出高度，不大于（mm）</td><td>5</td></tr>
<tr><td colspan="2">缺棱掉角三个破坏尺寸不得同时大于（mm）</td><td>30</td></tr>
<tr><td colspan="2">完整面不得少于</td><td>一条面和一顶面</td></tr>
<tr><td rowspan="3">裂缝长度，不大于（mm）</td><td>a.大面上深入孔壁 15 mm 以上宽度方向及其延伸至条面的长度</td><td>80</td></tr>
<tr><td>b. 大面上深入孔壁 15 mm 以上长度方向及其延伸至顶面的长度</td><td>100</td></tr>
<tr><td>c. 条、顶面上水平裂纹的长度</td><td>100</td></tr>
</table>

注：凡有下列缺陷之一者，不能成为完整面。

① 条面或顶面上造成的破坏面尺寸同时大于 20 mm×30 mm；

② 条面或顶面上裂纹宽度大于 1 mm，其长度超过 70 mm；

③ 压陷、焦花、粘底在条面或顶面上的凹陷或凸出超过 2 mm，区域最大投影尺寸同时大于 20 mm×30 mm。

3）密度等级

烧结多孔砖的密度等级应符合表4-10的规定。

表 4-10　烧结多孔砖的密度等级（GB 13544—2011）

<table>
<tr><th colspan="2">密度等级（kg/m³）</th><th rowspan="2">3 块砖或砌块干燥表观密度平均值（kg/m³）</th></tr>
<tr><th>砖</th><th>砌块</th></tr>
<tr><td>—</td><td>900</td><td>≤900</td></tr>
<tr><td>1000</td><td>1000</td><td>900～1000</td></tr>
<tr><td>1100</td><td>1100</td><td>1000～1100</td></tr>
<tr><td>1200</td><td>1200</td><td>1100～1200</td></tr>
<tr><td>1300</td><td>—</td><td>1200～1300</td></tr>
</table>

4）强度等级

烧结多孔砖根据抗压强度分为 MU30、MU25、MU20、MU15、MU10 五个强度等级，各强度等级应符合表 4-11 的规定，评定方法与烧结普通砖相同。

表 4-11　烧结多孔砖的强度等级（GB 13544—2011）

强度等级	抗压强度平均值 $\bar{f}$ ≥（MPa）	强度标准值 f_k ≥（MPa）
MU30	30.0	22.0
MU25	25.0	18.0
MU20	20.0	14.0
MU15	15.0	10.0
MU10	10.0	6.5

5）孔形、孔洞率及孔洞排列

烧结多孔砖的孔形、孔洞率及孔洞排列情况应符合表 4-12 的规定。

表 4-12　烧结多孔砖的孔形、孔洞率及孔洞排列（GB 13544—2011）

孔形	孔洞尺寸/mm		最小外壁厚/mm	最小肋厚/mm	孔洞率/%		孔洞排列
	孔宽度尺寸 b	孔长度尺寸 L			砖	砌块	
矩形条孔或矩形孔	≤13	≤40	≥12	≥5	≥28	≥33	1.所有孔宽应相等，孔采用单向或双向交错排列； 2.孔洞排列上下、左右应对称，分布均匀，手抓孔的长度方向尺寸必须平行于砖的条面

注：① 矩形孔的孔长 L、孔宽 b 满足式 $L\geqslant 3b$ 时，为矩形孔；

② 孔四个角应做成过渡圆角，不得做成直尖角；

③ 如设有砌筑砂浆槽，则砌筑砂浆槽不计算在孔洞率内；

④ 规格大的砖和砌块应设置手抓孔，手抓孔尺寸为(30～40) mm×(75～85) mm。

烧结多孔砖的技术性能还包括：泛霜、石灰爆裂和抗风化性能。每块砖或砌块不允许出现严重泛霜；不允许出现破坏尺寸大于 15 mm 的石灰爆裂区域；破坏尺寸大于 2 mm 且小于或等于 15 mm 的石灰爆裂区域，每组砖和砌块不得多于 15 处，其中大于 10 mm 的不得多于 7 处。烧结多孔砖的抗风化性能与烧结普通砖基本相同。

2．烧结多孔砖的产品标记

烧结多孔砖的产品标记按产品名称、品种、规格、强度等级、质量等级和标准编号的顺序编写。例如，规格尺寸为 290 mm×140 mm×90 mm、强度等级为 MU25、优等品的烧结多孔砖，其标记为：烧结多孔砖　N 290×140×90MU25 A GB 13544。

4.2.3　空心砖

烧结空心砖和空心砌块是以黏土、页岩、煤矸石、粉煤灰为主要原料，经焙烧而成的孔洞率大于等于 40%，孔洞尺寸大而数量少，主要用于在建筑物非承重部位的空心砖和砌块。按主要原料分为黏土砖（N）、煤矸石砖（M）、页岩砖（Y）、粉煤灰砖（F）。烧结空心砖的孔洞垂直于顶面，砌筑时要求孔洞方向与承压面平行。因为它的孔洞大，强度低，主要用于砌筑非承重墙体或框架结构的填充墙。

根据《烧结空心砖和空心砌块》（GB 13545—2014）的规定，强度、密度、抗风化性能和放射性物质合格的烧结空心砖，尺寸偏差、外观质量、孔洞排列及其结构、泛霜、石灰爆裂和吸水率不再划分质量等级。

1. 技术性能

1）尺寸偏差

烧结空心砖和空心砌块的外形为直角六面体，如图 4-3 所示，其长度、宽度、高度尺寸应符合下列要求：

长度规格（mm）：390、290、240、190、180（175）、140；

宽度规格（mm）：190、180（175）、140、115；

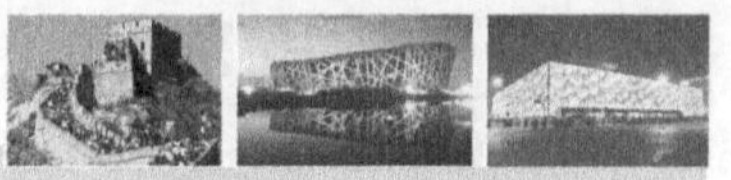

高度规格（mm）：180（175）、140、115、90。

其他规格尺寸由供需双方商定。

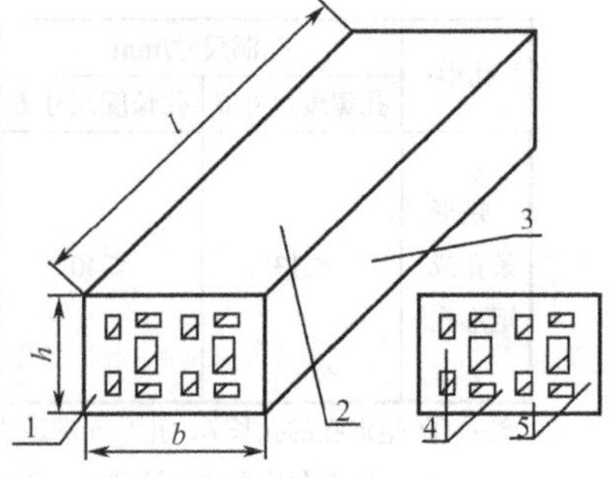

图 4-3　烧结多孔砖的外形

1-顶面；2-大面；3-条面；4-肋；5-壁槽；l-长度；b-宽度；h-高度

烧结空心砖和空心砌块的尺寸允许偏差应符合表 4-13 的规定。

表 4-13　烧结空心砖和空心砌块的尺寸允许偏差（GB 13545—2014）（mm）

尺寸	样本平均偏差	样本极差≤
>300	±3.0	7
200～300	±2.5	6
200～300	±2.0	5
<100	±1.7	4

2）外观质量

烧结空心砖和空心砌块的外观质量应符合表 4-14 的规定。

表 4-14　烧结空心砖和空心砌块的外观质量要求（GB 13545—2014）

项　目		指　标
弯曲，不大于（mm）		4
缺棱掉角，三个破坏尺寸不得同时大于（mm）		30
垂直度，不大于（mm）		4
未贯穿裂缝长度，不大于（mm）	a.大面上宽度方向及其延伸至条面的长度	100
	b.大面上长度方向或条面上水平方向的长度	120
贯穿裂缝长度，不大于（mm）	a.大面上宽度方向及其延伸至条面的长度	40
	b.壁、肋沿长度方向、宽度方向及其水平方向的长度	40
壁、肋内残缺长度，不大于（mm）		40
完整面，不少于		一条面和一顶面

注：凡有下列缺陷之一者，不能成为完整面。

① 缺损在大面、条面上造成的破坏面尺寸同时大于 20 mm×30 mm；

② 大面、条面上裂纹宽度大于 1 mm，其长度超过 70 mm；

③ 压陷、焦花、粘底在大面、条面的凹陷或凸出超过 2 mm，区域尺寸同时大于 20 mm×30 mm。

3）强度等级

烧结空心砖和空心砌块根据大面抗压强度分为 MU10.0、MU7.5、MU5.0 和 MU3.5 四个强度等级，各强度等级应符合表 4-15 的规定，评定方法与烧结普通砖相同。

表 4-15　烧结空心砖和空心砌块的强度等级（GB 13545—2014）

强度等级	抗压强度平均值 $\bar{f}$ ≥（MPa）	变异系数 δ≤0.21 强度标准值 f_k≥（MPa）	变异系数 δ>0.21 单块最小抗压强度值 f_{min}≥（MPa）
MU10.0	10.0	7.0	8.0
MU7.5	7.5	5.0	5.8
MU5.0	5.0	3.5	4.0
MU3.5	3.5	2.5	2.8

4）密度等级

烧结空心砖和空心砌块的密度等级按照体积密度应符合表 4-16 的规定。

表 4-16　烧结空心砖和空心砌块的密度等级（GB 13545—2014）

密度等级	五块砖密度平均值（kg/m³）	密度等级	五块砖密度平均值（kg/m³）
800	≤800	1000	901～1000
900	801～900	1100	1001～1100

5）孔洞排列及其结构

烧结空心砖和空心砌块的孔洞率及孔洞排列情况应符合表 4-17 的规定。

烧结空心砖和空心砌块的技术性能还包括：泛霜、石灰爆裂和抗风化性能。每块砖或砌块不允许出现严重泛霜；不允许出现破坏尺寸大于 15 mm 的石灰爆裂区域；破坏尺寸大于 2 mm 且小于或等于 15 mm 的石灰爆裂区域，每组砖和砌块不得多于 10 处，其中大于 10 mm 的不得多于 5 处。烧结多孔砖的抗风化性能与烧结普通砖基本相同。

表 4-17　烧结空心砖和空心砌块的孔洞排列及其结构（GB 13545—2014）

孔型	孔洞排数/排		孔洞率（%）≥	孔洞排列
	宽度方向	高度方向		
矩形孔	b≥200 mm 时　≥4 b<200 mm 时　≥3	≥2	40	有序交错排列

2. 烧结空心砖和空心砌块的产品标记

烧结空心砖和空心砌块的产品标记按产品名称、品种、规格、强度等级、质量等级和标准编号的顺序编写。例如，规格尺寸为 290 mm×190 mm×90 mm、密度为 800 kg/m³、强度等级 MU7.5、优等品的页岩空心砖，其标记为：烧结空心砖或空心砌块 Y 290×190×90MU7.5 A GB 13545。

4.3　砌块

砌块适用于砌筑的人造块材，外形多为直角六面体。砌块系列中主规格的长度、宽度和高度有一项或一项以上分别大于 365 mm、240 mm 或 115 mm，则长度不超过宽度的 6 倍，长度不超过高度的 3 倍。按产品主规格的尺寸分为大型砌块（高度大于 980 mm）、中型砌块（高度为 380～980 mm）和小型砌块（高度为 115～380 mm）。

砌块是一种新型墙体材料，可以充分利用地方资源和工业废渣，并可节省黏土资源和改善环境。具有生产工艺简单、原料来源广泛，适应性强，制作及使用方便灵活，可改善墙体功能等特点，因此发展较快。

砌块的分类方法很多，按用途可分为承重砌块和非承重砌块；按空心率（砌块上孔洞和槽的体积总和与按外轮廓尺寸计算出的体积之比的百分率）可分为实心砌块（无孔洞或空心率小于 25%）和空心砌块（空心率等于或大于 25%）；按材质又可分为硅酸盐砌块、轻骨料混凝

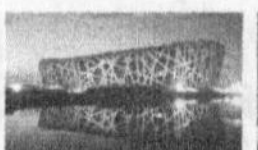

土砌块、普通混凝土砌块等。本节主要介绍几种常用的砌块。

4.3.1 蒸压加气混凝土砌块

蒸压加气混凝土砌块又叫加气混凝土砌块，是以钙质材料（水泥、石灰等）、硅质材料（砂、矿渣、粉煤灰等）以及加气剂（铝粉）等，经配料、搅拌、浇筑、发气、切割和蒸压养护而成的多孔硅酸盐砌块。

1. 蒸压加气混凝土砌块的规格尺寸

蒸压加气混凝土砌块的规格见表4-18，如需要其他规格，由供需双方商定。

表4-18 蒸压加气混凝土砌块的尺寸规格（GB 11968—2006）

长度 L（mm）	宽度 B（mm）	高度 H（mm）
600	100 120 125 150 180 200 240 250 300	200 240 250 300

2. 蒸压加气混凝土砌块的主要技术要求

根据《蒸压加气混凝土砌块》（GB 11968—2006）的规定，砌块按尺寸偏差、外观质量、干密度、抗压强度和抗冻性分为优等品（A）和合格品（B）两个等级。

1）砌块的抗压强度和强度级别

砌块按抗压强度分为A1.0、A2.0、A2.5、A3.5、A5.0、A7.5和A10.0七个强度级别，具体性能见表4-19和表4-20。

表4-19 蒸压加气混凝土的抗压强度（GB 11968—2006）

强度级别		A1.0	A2.0	A2.5	A3.5	A5.0	A7.5	A10.0
立方体抗压强度（MPa）	平均值≥	1.0	2.0	2.5	3.5	5.0	7.5	10.0
	单块最小值≥	0.8	1.6	2.0	2.8	4.0	6.0	8.0

表4-20 蒸压加气混凝土的强度级别（GB 11968—2006）

干密度级别		B03	B04	B05	B06	B07	B08
强度级别	优等品（A）	A1.0	A2.0	A3.5	A5.0	A7.5	A10.0
	合格品（B）			A2.5	A3.5	A5.0	A7.5

2）砌块的干密度

砌块按干密度分为B03、B04、B05、B06、B07、B08六个密度级别，见表4-21。

表4-21 蒸压加气混凝土的干密度级别（GB 11968—2006）

干密度级别		B03	B04	B05	B06	B07	B08
干密度（kg/m³）	优等品（A）≤	300	400	500	600	700	800
	合格品（B）≤	325	425	525	625	725	825

3）砌块的干燥收缩、抗冻性和导热系数

砌块的干燥收缩、抗冻性和导热系数（干态）应符合表 4-22 的规定。

表 4-22　砌块的干燥收缩、抗冻性和导热系数（GB 11968—2006）

<table>
<tr><td colspan="3">干密度级别</td><td>B03</td><td>B04</td><td>B05</td><td>B06</td><td>B07</td><td>B08</td></tr>
<tr><td rowspan="2">干燥收缩值</td><td colspan="2">标准法（mm/m）≤</td><td colspan="6">0.50</td></tr>
<tr><td colspan="2">快速法（mm/m）≤</td><td colspan="6">0.80</td></tr>
<tr><td rowspan="3">抗冻性</td><td colspan="2">质量损失（%）≤</td><td colspan="6">5.0</td></tr>
<tr><td rowspan="2">冻后强度（MPa）≤</td><td>优等品（A）</td><td rowspan="2">0.8</td><td rowspan="2">1.6</td><td>2.8</td><td>4.0</td><td>6.0</td><td>8.0</td></tr>
<tr><td>合格品（B）</td><td>2.0</td><td>2.8</td><td>4.0</td><td>6.0</td></tr>
<tr><td colspan="3">导热系数（干态）[W/(m·K)] ≤</td><td>0.10</td><td>0.12</td><td>0.14</td><td>0.16</td><td>0.18</td><td>0.20</td></tr>
</table>

3. 蒸压加气混凝土砌块的应用

蒸压加气混凝土砌块质量轻，表观密度约为黏土砖的 30%，具有保温性能好、隔热性能好、隔声性能好、抗震性能强、耐火性好、易于加工、施工方便等特点，是应用较多的轻质墙体材料之一。适用于低层建筑的承重墙、多层建筑的间隔墙和高层框架结构的填充墙，也可用于一般工业建筑的围护墙，作为保温隔热材料也可用于复合墙板和屋面结构中。在无可靠的防护措施时，该类砌块不得用于水中、高湿度和有侵蚀介质的环境中，也不得用于建筑物的基础和温度长期高于 80℃的建筑部位。

4.3.2　普通混凝土小型空心砌块

普通混凝土小型空心砌块主要是以普通混凝土拌合物为原料，经成型、养护而成的空心块体墙体，有承重砌块和非承重砌块两类。为减轻自重，非承重砌块也可用炉渣或其他轻质骨料配制。

1. 普通混凝土小型空心砌块的主要技术要求

普通混凝土小型空心砌块的主规格尺寸为 390 mm×190 mm×190 mm，其他规格尺寸由供需双方协商。砌块各部位的名称如图 4-4 所示。最小外壁厚不小于 30 mm，最小肋厚应不小于 25 mm，空心率应不小于 25%。

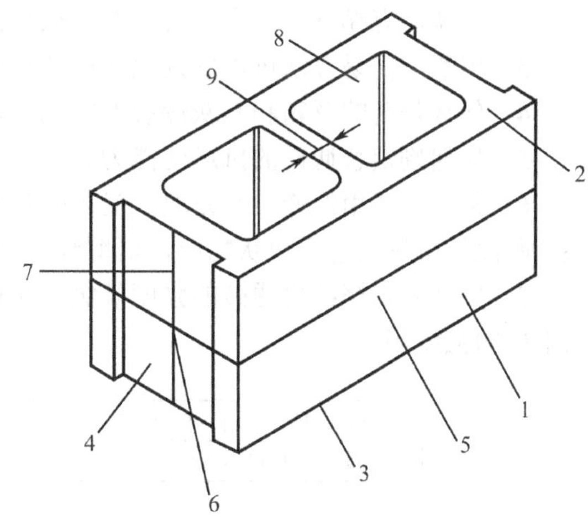

图 4-4　小型空心砌块各部位的名称

1-条面；2-坐浆面（肋厚较小的面）；3-铺浆面（肋厚较大的面）；4-顶面；5-长度；6-宽度；7-高度；8-壁；9-肋

根据《普通混凝土小型砌块》（GB/T 8239—2014）的规定，砌块按尺寸偏差和外观质量分为优等品（A）、一等品（B）和合格品（C）三个质量等级。抗压强度分为 MU5.0、MU7.5、MU10.0、MU15.0、MU20.0、MU25.0、MU30.0、MU35.0、MU40.0 八个强度等级，具体要求见表 4-23，砌块的抗压强度是用破坏荷载除以砌

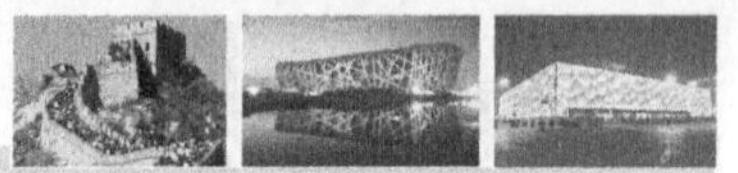

块受压面的毛面积求得。

表 4-23　普通混凝土小型砌块的强度等级（GB/T 8239—2014）

强度级别	砌块抗压强度（MPa）	
	平均值≥	单块最小值≥
MU5.0	5.0	4.0
MU7.5	7.5	6.0
MU10.0	10.0	8.0
MU15.0	15.0	12.0
MU20.0	20.0	16.0
MU25.0	25.0	20.0
MU30.0	30.0	24.0
MU35.0	35.0	28.0
MU40.0	40.0	32.0

2. 普通混凝土小型空心砌块的应用及存放

普通混凝土小型空心砌块适用于地震设计烈度为 8 度及 8 度以下地区的一般民用与工业建筑的墙体。对用于承重墙和外墙的砌块，要求其干缩值小于 0.5 mm/m，非承重墙或内墙用的砌块，其干缩值应小于 0.6 mm/m。

砌块应按规格、等级分批分别堆放，不得混杂。堆放运输及砌筑时应有防雨措施。装卸时严禁碰撞、扔摔，应轻拿轻放，不许翻斗倾卸。

复习思考题 4

1. 按成岩条件，天然岩石分为哪几类？它们各自有哪些特点？
2. 砌墙砖有哪几类？它们各自有什么特性？
3. 用哪些简易办法可以鉴别欠火砖和过火砖？它们能否用于工程中？
4. 什么是砖的泛霜和石灰爆裂？它们对建筑有哪些危害？
5. 如何判定普通砖的抗风化能力？
6. 某工地备用红砖 10 万块，尚未砌筑使用，但储存两个月后，发现有部分砖自裂成碎块，断面处可见白色小块状物质，请解释这是什么原因所致。
7. 如何确定烧结普通砖的强度等级？某种烧结普通砖的强度测定值如下表所示，试确定该批砖的强度等级。

砖的编号	1	2	3	4	5	6	7	8	9	10
抗压强度（MPa）	16.6	18.2	9.2	17.6	15.5	20.1	19.8	21.0	18.9	19.2

8. 简述多孔砖、空心砖与实心砖相比，有哪些优点。
9. 砌块的分类都有哪些？
10. 试比较混凝土空心砌块与蒸压加气混凝土砌块的差别。它们的适用范围有什么不同？

第5章 混凝土

教学导航

知 识 目 标	专业能力目标	社会和方法能力目标
1．掌握混凝土定义、分类及优缺点； 2．掌握混凝土组成材料技术性质及选用原则； 3．掌握和易性概念、影响因素、改善措施； 4．掌握混凝土强度、耐久性及强度影响因素； 5．掌握混凝土外加剂的定义、分类及其作用机理； 6．掌握普通混凝土配合比设计； 7．了解其他品种的混凝土、特点及其技术要求	能正确选用水泥品种和不同种类外加剂；具有操作混凝土骨料的基本试验、混凝土拌合物的塌落度试验的试验能力；会采取正确方法调整混凝土的强度；能够进行试验室配合比与施工配合比之间的换算	培养学生规范操作习惯、分析问题和解决问题的能力、语言表达能力、实际操作能力
重难点：混凝土的和易性、力学性能、耐久性及配合比的设计与调整		

混凝土，简称为“砼”，是指由胶凝材料将骨料胶结成整体的工程复合材料的统称。通常讲的混凝土一词是指用水泥作胶凝材料，砂、石作骨料，与水（可含外加剂和掺合料）按一定比例配合，经搅拌而得的水泥混凝土，也称普通混凝土，它广泛应用于土木工程。

混凝土的应用可以追溯到古老的年代，其所用的胶凝材料为黏土、石灰、石膏、火山灰等。自 19 世纪 20 年代出现了波特兰水泥后，由于用它配制成的混凝土具有工程所需要的强度和耐久性，而且原料易得，造价较低，特别是能耗较低，因而用途极为广泛。

20 世纪初，有人发表了水灰比等学说，初步奠定了混凝土强度的理论基础。以后，相继出现了轻集料混凝土、加气混凝土及其他混凝土，同时各种混凝土外加剂也开始使用。20 世纪 60 年代以来，人们开始广泛应用减水剂，并出现了高效减水剂和相应的流态混凝土；掺入早强剂等外加剂，可显著缩短硬化时间；高分子材料进入混凝土材料领域，出现了聚合物混凝土；采用轻混凝土可显著降低混凝土的自重，提高比强度；掺入纤维或聚合物，可提高抗拉强度，降低混凝土的脆性；现代测试技术也越来越多地应用于混凝土材料科学的研究。

随着现代科学技术的发展，混凝土被广泛用于工业与民用建筑、道路、桥梁等工程。混凝土向着节能、多功能、快硬、轻质、高强、高耐久性等方向发展。

5.1 混凝土的组成

普通混凝土的组成材料主要有水泥、水、粗骨料（碎石、卵石）、细骨料（砂）。通常，为了改善混凝土某方面性能，需加入外加剂或掺合料。

在混凝土中水泥和水形成的水泥浆体，包裹在骨料表面并填充骨料颗粒之间的空隙，在混凝土硬化前起润滑作用，赋予混凝土拌合物一定流动性，硬化后起胶结作用，将砂石骨料胶结成具有一定强度的整体；粗、细骨料（又称集料）在混凝土中起骨架、支撑和稳定体积（减少水泥在凝结硬化时的体积变化）的作用；外加剂和掺合料起着改善混凝土性能、降低混凝土成本的作用。为了确保混凝土的质量，各组成材料必须满足相应的技术要求。

5.1.1 胶凝材料及水

1. 水泥品种的选择

水泥是混凝土组成材料中的重要组分，同时也是造价最高的组分。配制混凝土时，应根据工程性质、部位、气候条件、环境条件及施工设计的要求等，按各品种水泥的特性合理选择水泥品种。同时，在满足上述要求的前提下，应尽量选用价格较低的水泥品种，以降低混凝土的工程造价。常用水泥品种的选用详见 3.2.4 节内容。

2. 水泥的强度等级

水泥的强度应与要求配制的混凝土强度等级相适应。若用低强度等级的水泥配制高强度等级的混凝土，不仅会使水泥用量过多而不经济，还会降低混凝土的某些技术性能（如收缩率增大等）；反之，用高强度等级的水泥配制低强度等级的混凝土，若只考虑强度要求，会使水泥用量偏小，从而影响耐久性；若兼顾耐久性等要求，又会导致超强而不经济。通常，配制普通混凝土时，水泥强度为混凝土设计强度等级的 1.5～2.0 倍；配制高强度混凝土时，水泥强度为混凝土设计强度等级的 0.9～1.5 倍。

但是，随着混凝土强度等级的不断提高，以及采用了新的工艺和外加剂，高强度和高性能混凝土不受此比例限制。

3. 拌合用水

混凝土用水是指混凝土拌合用水和混凝土养护用水的总称，包括饮用水、地表水、地下水、再生水、混凝土企业设备洗刷水和海水等。混凝土用水的基本要求：不得影响混凝土的凝结和硬化；不得有损于混凝土强度的发展和耐久性；不加快钢筋的腐蚀和导致预应力钢筋的脆断；不污染混凝土的表面等。混凝土拌合用水应符合《混凝土用水标准》(JGJ 63—2006) 相关规定。

5.1.2　细骨料

粒径为 0.16～4.75 mm 的骨料称为细骨料，常称作砂。砂按产源分为天然砂和人工砂两类。天然砂是指自然生成的，经人工开采和筛分的粒径小于 4.75 mm 的岩石颗粒，包括河砂、湖砂、山砂、淡化海砂，但不包括软质、风化的岩石颗粒。

机制砂（俗称人工砂）是指经除土处理后由机械破碎、筛分制成的，粒径小于 4.75 mm 的岩石、矿山尾矿或工业废渣颗粒，但不包括软质、风化的颗粒。

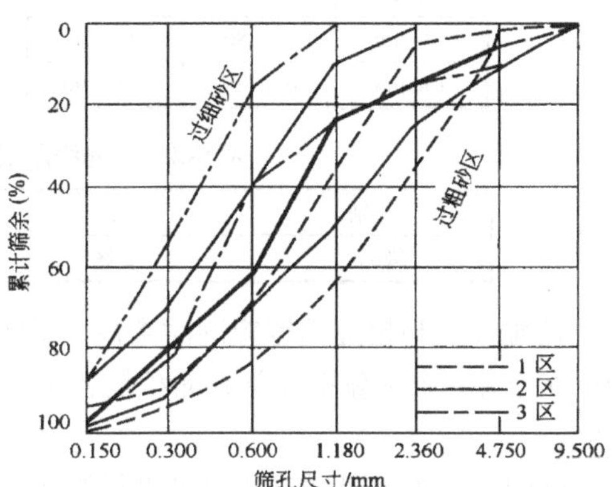

图 5-1　砂的 1、2、3 级配区曲线

砂按技术要求分 I 类、II 类和III类，具体见表 5-1。

表 5-1　砂按技术分类及其适用范围

分类	适 用 范 围
I 类	宜用于强度等级大于 C60 的混凝土
II 类	宜用于强度等级 C30～C60 及抗冻抗渗或其他要求的混凝土
III类	宜用于强度等级小于 C30 的混凝土和建筑砂浆

按国家标准《建筑用砂》(GB/T 14684—2011) 的规定，混凝土用砂的技术要求和技术标准如下：

1. 砂的颗粒级配和粗细程度

砂的颗粒级配是指砂中不同粒径互相搭配的比例情况。良好的级配能使骨料的空隙率和总表面积均较小，以保证减少水泥浆的用量，提高混凝土的密实度、强度等性能。

砂的粗细程度是指不同粒径的砂混合在一起的总体粗细程度，通常用细度模数表示。根据细度模数大小分有粗砂、中砂、细砂和特细砂。

砂子的颗粒级配和粗细程度用筛分析的方法来确定。砂的颗粒级配应符合表 5-2 的规定；砂的级配类别应符合表 5-3 的规定；砂的级配区曲线，见图 5-1。对于砂浆用砂，4.75 mm 筛

孔的累计筛余量应为 0。砂的实际颗粒级配除 4.75 mm 和 600 μm 筛挡外，可以略有超出，但各级累计筛余超出值总和应不大于 5%。

表 5-2 建设用砂的颗粒级配（GB/T 14684—2011）

砂的分类	天然砂			机制砂		
级配区	1 区	2 区	3 区	1 区	2 区	3 区
方孔筛	累计筛余/%					
4.75 mm	10～0	10～0	10～0	10～0	10～0	10～0
2.36 mm	35～5	25～0	15～0	35～5	25～0	15～0
1.18 mm	65～35	50～10	25～0	65～35	50～10	25～0
600 μm	85～71	70～41	40～16	85～71	70～41	40～16
300 μm	95～80	92～70	85～55	95～80	92～70	85～55
150 μm	100～90	100～90	100～90	97～85	94～80	94～75

表 5-3 砂的级配类别（GB/T 14684—2011）

类别	I	II	III
级配区	2 区	1、2、3 区	

颗粒级配和粗细程度应同时考虑，含有较多的粗粒径砂，适当的中粒径砂及少量细粒径砂填充空隙，则空隙率及总表面积均较小，不仅单位水泥用量少，还可提高混凝土的密实度与强度。

砂的粗细程度可通过计算细度模数大小来确定。细度模数根据下式计算（精确至 0.01）：

$$M_x = \frac{(A_2 + A_3 + A_4 + A_5 + A_6) - 5A_1}{100 - A_1}$$

式中 M_x——细度模数；

A_1、A_2、A_3、A_4、A_5、A_6——分别为 4.75 mm、2.36 mm、1.18 mm、0.6 mm、0.3 mm、0.15 mm 筛的累计筛余百分率。

砂按细度模数分为粗、中、细三种规格，其细度模数分别为：

粗砂：3.7～3.1；中砂：3.0～2.3；细砂：2.2～1.6。

试验 7 砂的颗粒级配和粗细程度检测

对砂的筛分析试验，国家标准《建设用砂》（GB/T 14684—2011）规定了砂的取样方法和取样数量。

1. 砂的取样方法

（1）在料堆上取样时，取样部位应均匀分布。取样前先将取样部位表层铲除，然后从不同部位随机抽取大致等量的砂 8 份，组成一组样品。

（2）从皮带运输机上取样时，应用与皮带等宽的接料器在皮带运输机机头出料处，全断面定时随机抽取大致等量的砂 4 份，组成一组样品。

（3）从火车、汽车、货船上取样时，从不同部位和深度随机抽取大致等量的砂 8 份，组成一组样品。

2. 砂的取样数量

单项试验的最少取样数量应符合标准规定。若进行几项试验时，如能保证试样经一项试验后不致影响另一项试验的结果，可用同一试样进行几项不同的试验。

3. 主要仪器设备

电热鼓风干燥箱（能使温度控制在（105±5）℃）；方孔筛：规格为 150 μm、300 μm、600 μm、1.18 mm、2.36 mm、4.75 mm 及 9.50 mm 的筛子各一只，并附有筛底和筛盖；天平：称量 1000 g，感量 1 g；摇筛机、搪瓷盘、毛刷等。

4. 试样制备

按规定取样，筛除大于 9.50 mm 的颗粒（并算出其筛余百分率），并将试样缩分至约 1100 g，放入电热鼓风干燥箱内，在（105±5）℃下烘干至恒量，待冷却至室温后，分为大致相等的两份备用。（注：恒量指试样在烘干 3 h 以上的情况下，其前后质量之差不大于该项试验所要求的称量精度）

5. 试验步骤

（1）称取试样 500 g，精确至 1 g。将试样倒入按孔径大小从上而下组合的套筛（附筛底）上，然后进行筛分。

（2）将套筛置于摇筛机上，摇 10 min；取下套筛，按筛孔大小顺序再逐个用手筛，筛至每分钟通过量小于试样总量的 0.1%为止。通过的试样并入下一号筛中，并和下一号筛中的试样一起过筛，这样顺序进行，直至各号筛全部筛完为止。

（3）称出各号筛的筛余量，精确至 1 g，试样在各号筛上的筛余量不得超过按下式计算出的量。称取各号筛的筛余量，精确至 1 g。试样在各号筛上的筛余量不得超过按下式计算出的质量。

$$G=\frac{A\cdot\sqrt{d}}{200}$$

式中　G——在一个筛上的筛余量，单位为 g；

A——筛面面积，单位为 mm^2；

d——筛孔尺寸，单位为 mm。

超过时应按下列方法之一处理：

① 将该粒级试样分成少于按式计算出的量，分别筛分，并以筛余量之和作为该号筛的筛余量。

② 将该粒级及以下各粒级的筛余混合均匀，称出其质量，精确至 1 g。再用四分法缩分为大致相等的两份，取其中一份，称出其质量，精确至 1 g，继续筛分。计算该粒级及以下各粒级的分计筛余量时应根据缩分比例进行修正。

6. 结果评定

（1）计算分计筛余百分率（某号筛上的筛余质量占试样总质量的百分率），可按下式计算，精确至 0.1%。

$$\alpha_i = \frac{m_i}{M} \times 100\%$$

式中 α_i——某号筛的分计筛余率，单位为 %；

m_i——存留在某号筛上的质量，单位为 g；

M——试样的总质量，单位为 g。

（2）计算累计筛余百分率（该号筛的分计筛余百分率加上该号筛以上各分计筛余百分率之和），精确至 0.1%。筛分后，如每号筛的筛余量与筛底的剩余量之和同原试样质量之差超过 1%时，应重新试验。

累计筛余百分率，按下式计算：

$$A_i = \alpha_1 + \alpha_2 + \cdots + \alpha_i$$

（3）砂的细度模数按下式计算，精确至 0.01。

$$M_x = \frac{(A_2 + A_3 + A_4 + A_5 + A_6) - 5A_1}{100 - A_1}$$

式中 M_x——细度模数；

A_1、A_2、A_3、A_4、A_5、A_6——分别为 4.75 mm、2.36 mm、1.18 mm、0.60 mm、0.30 mm、0.15 mm 筛的累计筛余百分率。

（4）累计筛余百分率取两次试验结果的算术平均值，精确至 1%。细度模数取两次试验结果的算术平均值，精确至 0.1；如两次试验的细度模数之差超过 0.20 时，应重新试验。

（5）根据各号筛的累计筛余百分率，采用修约值比较法评定该试样的颗粒级配。

实例 5.1 在施工现场取砂试样，烘干至恒重后取 500 g 砂试样做筛分析试验，筛分结果如表 5-4 所示。计算该砂试样的各筛分参数、细度模数，并判断该砂所属级配区，评价其粗细程度和级配情况。

表 5-4 砂的筛分试验数据

筛孔尺寸（mm）	4.75	2.36	1.18	0.600	0.300	0.150	底盘	合计
筛余量（g）	28	59	74	156	118	57	7	499

解：该砂样分计筛余百分率和累计筛余百分率的计算结果列于表 5-5 中。该砂样在 600 μm 筛上的累计筛余百分率 A_4=63 在表 5-2 中Ⅱ区，其他各筛上的累计筛余百分率也均在Ⅱ区范围内（也可根据试验数据绘制级配曲线评定）。

表 5-5 分计筛余和累计筛余计算结果

分计筛余百分率（%）	α_1	α_2	α_3	α_4	α_5	α_6
	5.6	11.8	14.8	31.3	23.6	11.4
累计筛余百分率（%）	A_1	A_2	A_3	A_4	A_5	A_6
	6	17	32	64	87	99

将各筛上的累计筛余百分率代入砂的细度模数公式得：

$$M_x = \frac{(17+32+64+87+99)-5\times 6}{100-6} = 2.86$$

结果评定为：该砂属于中砂，位于Ⅱ区，级配符合规定要求，可用于拌制混凝土。

2．天然砂含泥量、石粉含量和泥块含量

（1）含泥量：天然砂中粒径小于 75 μm 的颗粒含量。危害：增大骨料的总表面积，增加水泥浆的用量，加剧了混凝土的收缩；包裹砂石表面，妨碍了水泥石与骨料间的胶结，降低了混凝土的强度和耐久性。

（2）泥块含量：砂中原粒径大于 1.18 mm，经水浸洗、手捏后小于 600 μm 的颗粒含量。危害：在混凝土中形成薄弱部位，降低混凝土的强度和耐久性。

（3）石粉含量：机制砂中粒径小于 75 μm 的颗粒含量。危害：增大混凝土拌合物需水量，影响和易性，降低混凝土强度

（4）亚甲蓝（MB）值：用于判定机制砂中粒径小于 75 μm 颗粒的吸附性能的指标。

天然砂的含泥量和泥块含量应符合表 5-6 规定。机制砂 MB 值≤1.4 或快速法试验合格时，石粉含量和泥块含量应符合表 5-7 的规定；机制砂 MB 值>1.4 或快速法试验不合格时，石粉含量和泥块含量应符合表 5-8 的规定。

表 5-6　天然砂含泥量和泥块含量（GB/T 14684—2011）

类　别	Ⅰ	Ⅱ	Ⅲ
含泥量（按质量计）/%	≤1.0	≤3.0	≤5.0
泥块含量（按质量计）/%	0	≤1.0	≤2.0

表 5-7　石粉含量和泥块含量（MB 值≤1.4 或快速法试验合格）（GB/T 14684—2011）

类　别	Ⅰ	Ⅱ	Ⅲ
MB 值	≤0.5	≤1.0	≤1.4 或合格
石粉含量（按质量计）/%	≤10.0		
泥块含量（按质量计）/%	0	≤1.0	≤2.0

注：此指标根据使用地区和用途，经试验验证，可由供需双方协商确定。

表 5-8　石粉含量和泥块含量（MB 值>1.4 或快速法试验不合格）（GB/T 14684—2011）

类　别	Ⅰ	Ⅱ	Ⅲ
石粉含量（按质量计）/%	≤1.0	≤3.0	≤5.0
泥块含量（按质量计）/%	0	≤1.0	≤2.0

3．有害物质

砂中如含有云母、轻物质、有机物、硫化物及硫酸盐、氯化物、贝壳，其限量应符合表 5-9 的规定。用矿山尾矿、工业废渣生产的机制砂，有害物质除了应符合表 5-9 的规定外，还应符合我国环保和安全相关标准和规范，不应对人体、生物、环境及混凝土、砂浆性能产生有害影响。砂的放射性应符合国家标准规定。具体危害如下：

（1）云母与水泥石间的黏结力极差，降低混凝土的强度、耐久性。

（2）硫化物及硫酸盐与水泥石中的水化铝酸钙反应生成钙矾石晶体，体积膨胀，引起混凝土安定性不良。

（3）轻物质的质量轻、颗粒软弱，与水泥石间黏结力差，妨碍骨料与水泥石间的黏结，降低混凝土的强度。

（4）有机物延缓水泥的水化，降低混凝土的强度，尤其是混凝土的早期强度。

（5）氯化物引起钢筋混凝土中的钢筋锈蚀，从而导致混凝土体积膨胀，造成开裂。

表 5-9 有害物质限量（GB/T 14684—2011）

类　别	I	II	III
云母（按质量计）/%	≤1.0	≤2.0	
轻物质（按质量计）/%[a]	≤1.0		
有机物（按质量计）/%	合格		
硫化物及硫酸盐（按 SO_3 质量计）/%	≤0.5		
氯化物（以氯离子质量计）/%	≤0.01	≤0.02	≤0.06
贝壳（按质量计）/%[b]	≤3.0	≤5.0	≤8.0

注：a：轻物质为砂中表观密度小于 2000 kg/m³ 的物质；

b：该指标仅适用于海砂，其他砂种不作要求。

4．坚固性

砂的坚固性是指砂在自然风化和其他外界物理化学因素作用下抵抗破裂的能力。

天然砂采用硫酸钠溶液法进行检验，砂样经 5 次循环后，砂样的质量损失应符合表 5-10 的规定。机制砂除了要满足硫酸钠溶液法检验规定外，其压碎指标还应满足表 5-11 的规定。

表 5-10 天然砂的坚固性指标（GB/T 14684—2011）

类　别	I	II	III
质量损失/ %	≤8		≤10

表 5-11 天然砂的压碎指标（GB/T 14684—2011）

类　别	I	II	III
单级最大压碎指标 / %	≤20	≤25	≤30

5．砂的表观密度、堆积密度和空隙率

砂的表观密度大，说明砂粒结构的密实程度大。砂的堆积密度反映砂堆积起来后空隙率的大小。另外，砂的空隙率大小还与砂的颗粒形状和级配有关。一般带有棱角的砂，空隙率较大。

国家标准《建设用砂》规定：砂表观密度不小于 2500 kg/m³；松散堆积密度不小于 1400 kg/m³；空隙率不大于 44%。

试验 8　砂的表观密度测定

1. 试验目的

通过试验测定砂的表观密度，为计算砂的空隙率和混凝土配合比设计提供依据。掌握《建筑用砂》（GB/T 14684—2011）的测试方法，正确使用所用仪器与设备，并熟悉其性能。

2. 主要仪器设备

容量瓶、天平、鼓风烘箱等其他器具。

3. 试验制备

试样按规定取样，并将试样缩分至 660 g，放在烘箱中在（105±5）℃下烘干至恒重，待冷却至室温后，分成大致相等的两份备用。

4. 试验步骤

（1）称取上述试样 300 g，装入容量瓶，注入冷开水至接近 500 mL 的刻度处，用手旋转摇动容量瓶，使砂样充分摇动，排除气泡，塞紧瓶盖，静置 24 h，然后用滴管小心加水至容量瓶颈刻 500 mL 刻度线处，塞紧瓶塞，擦干瓶外水分，称其质量，精确至 1 g。

（2）将瓶内水和试样全部倒出，洗净容量瓶，再向瓶内注水至瓶颈 500 mL 刻度线处，擦干瓶外水分，称其质量，精确至 1 g。试验时试验室温度应在 20～25℃。

5. 试验结果计算与评定

（1）砂的表观密度按下式计算，精确至 10 kg/m^3；

$$\rho_0=\left(\frac{G_0}{G_0+G_2-G_1}\right)\times\rho_{水}$$

式中　ρ_0——砂的表观密度，单位为 kg/m^3；

$\rho_{水}$——水的密度，单位为 1000 kg/m^3；

G_0——烘干试样的质量，单位为 g；

G_1——试样、水及容量瓶的总质量，单位为 g；

G_2——水及容量瓶的总质量，单位为 g。

（2）表观密度取两次试验结果的算术平均值，精确至 10 kg/m^3；如两次试验结果之差大于 20 kg/m^3，须重新试验。

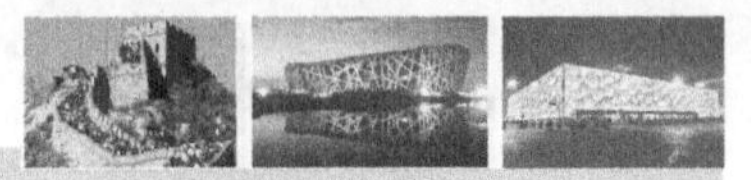

试验 9 砂的堆积密度测定

1．试验目的

通过试验测定砂的堆积密度，为混凝土配合比设计和估计运输工具的数量或存放堆场的面积等提供依据。掌握《建筑用砂》（GB/T 14684—2001）的测试方法，正确使用所用仪器与设备。

2．主要仪器设备

鼓风烘箱、容量筒、天平、标准漏斗、直尺、浅盘、毛刷等。

3．试样制备

按规定取样，用搪瓷盘装取试样约 3 L，置于温度为（105±5）℃的烘箱中烘干至恒重，待冷却至室温后，筛除大于 4.75 mm 的颗粒，分成大致相等的两份备用。

4．试验步骤

（1）松散堆积密度的测定：取一份试样，用漏斗或料勺，从容量筒中心上方 50 mm 处慢慢装入，等装满并超过筒口后，用钢尺或直尺沿筒口中心线向两个相反方向刮平（试验过程应防止触动容量瓶），称出试样与容量筒的总质量，精确至 1 g。

（2）紧密堆积密度的测定：取试样一份分两次装入容量筒。装完第一层后，在筒底垫一根直径为 10 mm 的圆钢，按住容量筒，左右交替击地面 25 次，然后装入第二层，装满后用同样的方法进行颠实（但所垫放圆钢的方向与第一层的方向垂直）。再加试样直至超过筒口，然后用钢尺或直尺沿中心线向两个相反的方向刮平，称出试样与容量筒的总质量，精确至 0.1 g。

（3）称出容量筒的质量，精确至 1 g。

5．试验结果计算与评定

（1）砂的松散或紧密堆积密度按下式计算，精确至 10 kg/m^3；

$$\rho_1=\frac{G_1-G_2}{V}$$

式中 ρ_1——砂的松散或紧密堆积密度，单位为 kg/m^3；

G_1——试样与容量筒总质量，单位为 g；

G_2——容量筒的质量，单位为 g；

V——容量筒的容积，单位为 L。

（2）堆积密度取两次试验结果的算术平均值，精确至 10 kg/m^3。

6．碱集料反应

碱集料反应是指水泥、外加剂等混凝土组成材料及环境中的碱（如 Na_2O、K_2O 等）与集料中碱活性矿物（如活性SiO_2）在潮湿环境下缓慢发生反应，并发生导致混凝土开裂破坏的膨胀反应。

经碱集料反应试验后，试件应无裂缝、酥裂、胶体外溢等现象，在规定的试验龄期膨胀率应小于 0.10%。

7．砂的含水状态

机制砂和天然砂饱和面干试样状态分别如图 5-2 和图 5-3 所示。

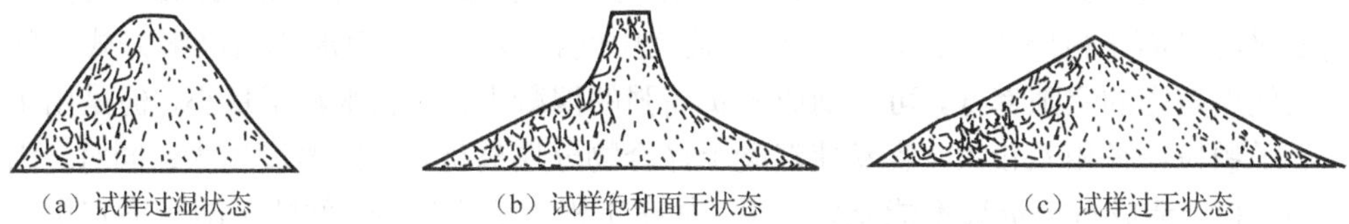

图 5-2　机制砂饱和面干试样的状态

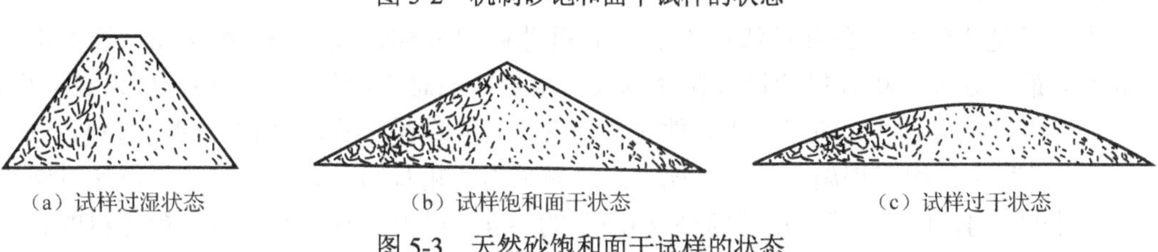

图 5-3　天然砂饱和面干试样的状态

5.1.3　粗骨料

粗骨料为粒径大于 4.75 mm 的岩石颗粒，分为卵石和碎石两类。按国家标准《建设用卵石、碎石》（GB/T 14685—2011）的规定，粗骨料的技术要求如下。

1．粗骨料的颗粒级配和最大粒径

粗骨料的级配原理与细骨料基本相同，良好的级配应当是：空隙率小，以减少水泥用量并保证混凝土的和易性、密实度和强度；总表面积小，以减少水泥浆用量，保证混凝土的经济性。与砂类似，粗骨料的颗粒级配也是用筛分试验来确定，所采用的标准筛孔径为 2.36 mm、4.75 mm、9.50 mm、16.0 mm、19.0 mm、26.5 mm、31.5 mm、37.5 mm、53.0 mm、63.0 mm、75.0 mm、90.0 mm 等 12 个。根据累计筛余百分率，卵石和碎石的颗粒级配应符合表 5-12 的规定。

表 5-12　建设用卵石、碎石的颗粒级配（GB/T 14685—2011）（mm）

方孔筛（mm）		2.36	4.75	9.50	16.0	19.0	26.5	31.5	37.5	53.0	63.0	75.0	90.0
连续级配	5～16	95～100	85～100	30～60	0～10	0							
	5～20	95～100	90～100	40～80	—	0～10	0						
	5～25	95～100	90～100	—	30～70	—	0～5	0					
	5～31.5	95～100	90～100	70～90	—	15～45	—	0～5	0				
	5～40	—	95～100	70～90	—	30～65	—	—	0～5	0			
单粒级配	5～10	95～100	80～100	0～15	0								
	10～16	—	95～100	80～100	0～15								
	10～20	—	95～100	85～100	—	0～15	0						
	16～25	—	—	95～100	55～70	25～40	0～10						
	16～31.5	—	95～100	—	85～100	—	—	0～10	0				
	20～40	—	—	95～100	—	80～100	—	—	0～10	0			
	40～80	—	—	—	—	95～100	—	—	70～100	—	30～60	0～10	0

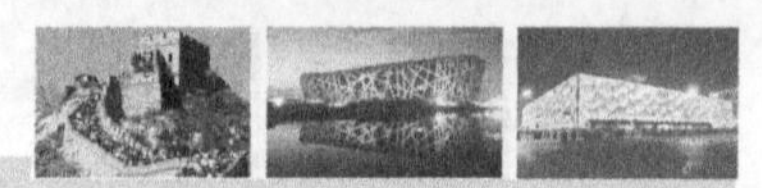

粗骨料的颗粒级配按供应情况分为连续粒级和单粒级，按实际使用情况分为连续级配和间断级配。

连续粒级是石子的粒径从大到小连续分级，每一级都占适当的比例。连续级配的粗骨料配制的混凝土和易性良好，不易发生分层、离析现象，是建筑工程中最常用的级配方法。

间断级配是石子粒级不连续，人为剔除某些中间粒级的颗粒而形成的级配方式。间断级配的最大优点是它的空隙率低，可以制成密实高强的混凝土，而且水泥用量小，但是由于间断级配中石子颗粒粒径相差较大，容易使混凝土拌合物分层离析，施工难度增大；同时，因剔除某些中间颗粒，造成石子资源不能充分利用，故在工程中应用较少。间断级配较适宜用于配制稠硬性混凝土拌合物，并须采用强力振捣。

最大粒径是指粗骨料公称粒级的上限，如粗骨料的公称粒级为 5～40 mm，其上限粒径 40 mm 即为最大粒径。粗骨料的最大粒径越大，粗骨料的总表面积相应越小，如果级配良好，所需的水泥浆量相应越少。所以，在条件允许情况下，应尽量选择较大粒径的粗骨料，以节约水泥。按《混凝土结构工程施工规范》规定：混凝土用的粗骨料，其最大粒径不得超过结构截面最小尺寸的 1/4，同时不得超过钢筋最小净距的 3/4。对于混凝土实心板，粗骨料的最大粒径不宜超过板厚的 1/3，且不得超过 40 mm。

2. 含泥量和泥块含量

粗骨料中的含泥量是指粒径小于 75 μm 的颗粒含量；泥块含量是指原粒径大于 4.75 mm，经水浸洗、手捏后小于 2.36 mm 的颗粒含量。卵石、碎石的含泥量和泥块含量应符合表 5-13 的规定。

表 5-13 卵石、碎石的含泥量和泥块含量（GB/T 14685—2011）

类　别	I	II	III
含泥量（按质量计）/%	≤0.5	≤1.0	≤1.5
泥块含量（按质量计）/%	0	≤0.2	≤0.5

3. 针、片状颗粒含量

卵石和碎石颗粒的长度大于该颗粒所属相应粒级的平均粒径 2.4 倍者为针状颗粒；厚度小于平均粒径 0.4 倍者为片状颗粒（平均粒径指该粒级上、下限粒径的平均值）。针、片状颗粒易折断，且会增大骨料空隙率，使混凝土拌合物和易性变差，强度降低。其含量应符合表 5-14 的规定。

表 5-14 针、片状颗粒含量（GB/T 14685—2011）

类　别	I	II	III
针、片状颗粒总含量（按质量计）/%	≤5	≤15	≤25

4. 有害物质

卵石和碎石中不应混有草根、树叶、树枝、塑料、煤块和炉渣等杂物。其有害物质限量应符合表 5-15 的规定。

表 5-15　卵石和碎石中有害物质限量（GB/T 14685—2011）

类　别	I	II	III
有机物	合格	合格	合格
硫化物及硫酸盐（按 SO_3 质量计）/ %	≤0.5	≤1.0	≤1.0

5．坚固性

坚固性是指卵石、碎石在自然风化和其他外界物理力学因素作用下抵抗破裂的能力。采用硫酸钠溶液浸泡法来检验，卵石和碎石经 5 次循环后，其质量损失应符合表 5-16 的规定。

表 5-16　卵石和碎石的坚固性指标（GB/T 14685—2011）

类　别	I	II	III
质量损失/ %	≤5	≤8	≤12

6．强度

粗骨料在混凝土中要形成坚硬的骨架，故其强度要满足一定的要求。粗骨料的强度有岩石立方体抗压强度和压碎指标两种。

岩石立方体抗压强度，是将骨料母体岩石制成标准试件（边长为 50 mm 的立方体或直径与高均为 50 mm 的圆柱体），在浸水饱和状态下，测得的抗压强度值。《建设用卵石、碎石》（GB/T 14685—2011）规定：火成岩不小于 80 MPa，变质岩不小于 60 MPa，水成岩不小于 30 MPa。

压碎指标的测定是将质量为 G_1 的气干状态下的 9.50～19.0 mm 的石子装入标准圆筒内（见图 5-4），按 1 kN/s 的速度均匀加荷至 200 kN 并稳荷 5 s，然后卸荷。再用孔径为 2.36 mm 的筛筛除被压碎的细粒，称取留在筛上的试样质量 G_2，则压碎指标 Q_C 按下式计算：

$$Q_C = \frac{G_1 - G_2}{G_1} \times 100\%$$

压碎指标值越小，表示骨料抵抗受压碎裂的能力越强。卵石和碎石的压碎指标应符合表 5-17 的规定。

表 5-17　卵石和碎石的压碎指标（GB/T 14685—2011）

类　别	I	II	III
碎石的压碎指标/%	≤10	≤20	≤30
卵石的压碎指标/%	≤12	≤16	≤16

图 5-4　石子压碎指标测定仪

7．表观密度、连续级配松散堆积空隙率

卵石、碎石的表观密度应不小于 2600 kg/m^3，连续级配松散堆积空隙率 I 类应不大于 43%，II 类应不大于 45%，III 类应不大于 47%。

8. 碱集料反应

经碱集料反应试验后由卵石、碎石制备的试件无裂纹、酥裂、胶体外溢等现象，在规定的试验龄期的膨胀率应小于 0.1%。

9. 吸水率

石子的吸水率应符合表 5-18 的规定。同时，混凝土拌合用水的水质要求，应符合表 5-19 的规定。

表 5-18　石子的吸水率（GB/T 14685—2011）

类　别	I	II	III
吸水率/ %	≤1.0	≤2.0	≤2.0

表 5-19　混凝土拌合用水水质要求（JGJ 63—2006）

项　目	预应力混凝土	钢筋混凝土	素混凝土
pH 值	≥5.0	≥4.5	≥4.5
不溶物（mg/L）	≤2000	≤2000	≤5000
可溶物（mg/L）	≤2000	≤5000	≤10 000
氯化物（以 Cl^- 计）（mg/L）	≤500	≤1000	≤3500
硫酸盐（以 SO_4^{2-} 计）（mg/L）	≤600	≤2000	≤2700
硫化物（以 S^{2-} 计）（mg/L）	≤100	—	—
碱含量（以 Na_2O+0.685K_2O 计）（mg/L）	≤1500	≤1500	≤1500

注：对于设计使用年限为 100 年的结构混凝土，氯离子含量不得超过 500 mg/L；使用钢铰线或经热处理钢筋的预应力混凝土，氯离子含量不得超过 350 mg/L。

5.1.4　外加剂

在混凝土拌合物中掺入的不超过水泥质量 5%，并能使混凝土的使用性能得到一定程度改善的物质，称为混凝土外加剂。

1. 外加剂的作用

（1）改善混凝土拌合物的和易性，便于混凝土施工，保证混凝土的浇筑质量。
（2）减少养护时间，加快模板周转，提早对预应力混凝土放张，加快施工进度。
（3）提高混凝土的强度，改善混凝土的耐久性，提高混凝土的质量。
（4）节约水泥，降低混凝土的成本。

2. 外加剂的分类

混凝土外加剂的种类繁多，功能多样，通常分为以下几种：
（1）改善混凝土拌合物流动性的外加剂，包括各种减水剂、引气剂和泵送剂等。
（2）调节混凝土凝结时间、硬化性能的外加剂，包括缓凝剂、早强剂和速凝剂等。

（3）改善混凝土耐久性的外加剂，包括引气剂、防水剂和阻锈剂等。

（4）改善混凝土其他性能的外加剂，包括加气剂、膨胀剂、防冻剂、防水剂和泵送剂等。

目前建筑工程中应用较多的外加剂有减水剂、早强剂、引气剂、泵送剂等。

3．常用的外加剂

1）减水剂

减水剂是在保持混凝土流动性基本不变的条件下，能减少混凝土拌合物用水量的外加剂，或在保持混凝土拌合物用水量不变的情况下，增大混凝土流动性的外加剂。

（1）减水剂的减水机理。减水剂多属于表面活性剂，水泥加水拌合后，由于水泥颗粒间分子引力的作用，产生许多絮状物，形成絮凝结构，如图 5-5 所示，其中包裹了许多游离水，从而降低了混凝土拌合物的流动性。

如果向水泥浆体中加入减水剂，则减水剂吸附于水泥颗粒的表面，使水泥颗粒表面带上了相同的电荷，加大了水泥颗粒间的静电斥力，导致水泥颗粒相互分散（见图 5-6）。絮凝状结构中包裹的游离水被释放出来，从而有效地增加了混凝土拌合物的流动性。

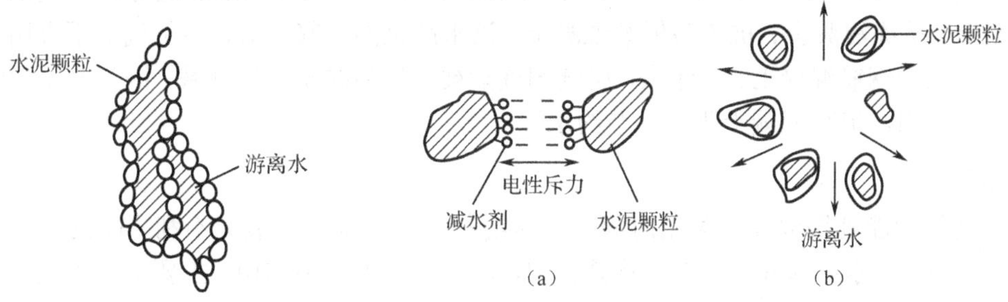

图 5-5　水泥浆的絮凝结构

图 5-6　减水剂作用示意图

（2）减水剂的技术经济效果。

① 混凝土的用水量和水胶比不变时，可以增大混凝土拌合物的流动性，且不影响混凝土的强度；

② 在保持流动性和水泥用量不变时，可显著减少混凝土拌合用水量（约 10%～15%），从而降低水胶比，使混凝土的强度得到提高（约提高 15%～20%）；

③ 保持混凝土强度和流动性不变，可节约水泥用量 10%～15%;

④ 提高了混凝土的耐久性。由于减水剂的掺入，显著地提高了混凝土的密实性，从而提高了混凝土的抗渗性、抗冻性和抗化学腐蚀性能等。

（3）减水剂的品种。目前常用的普通减水剂主要有：木质素磺酸盐系减水剂、羟基羧酸系减水剂、糖蜜类减水剂和腐殖酸类减水剂等。常用木质素磺酸盐系减水剂，如木钙有缓凝和引气作用，掺量 0.2%～0.3%，减水率约为 10%，用于夏季、滑模施工、大体积混凝土、泵送混凝土。

高效减水剂常用的品种是萘系减水剂，属芳香族磺酸盐类缩合物。掺量 0.5%～1.2%，减水率可达 15%～30%，属高效减水剂，多数为非引气型，可用于配制高强混凝土、早强混凝土、流态混凝土和蒸养混凝土等。

2）引气剂

引气剂是指在混凝土搅拌过程中能引入大量均匀分布、稳定而封闭的微小气泡的外加剂。引气剂有以下作用：

（1）改善混凝土拌合物的和易性。

引气剂为憎水性表面活性剂，大量微小封闭的球状气泡在混凝土拌合物内形成，如同滚珠一样，减少了颗粒间的摩擦阻力，减少了泌水和离析现象的产生，改善了混凝土拌合物的保水性、黏聚性。

（2）显著提高混凝土的抗渗性、抗冻性。

大量均匀分布的封闭气泡切断了混凝土中的毛细管渗水通道，改变了混凝土的内部结构，使混凝土抗渗性、抗冻性显著提高。

（3）降低混凝土强度。

由于大量气泡的存在，减少了混凝土的有效受力面积，使混凝土强度有所降低。一般混凝土的含气量每增加1%时，其抗压强度将降低4%～5%，抗折强度降低2%～3%。

引气剂按化学组成分类，主要有松香热聚物、松香皂、烷基苯磺酸盐等。引气剂可用于抗渗混凝土、抗冻混凝土、抗硫酸侵蚀混凝土、泌水严重的混凝土等，但引气剂不宜用于蒸养混凝土及预应力钢筋混凝土。近年来，引气剂逐渐被引气型减水剂所代替，因为其不但能减水而且有引气作用，提高混凝土强度，节约水泥。

3）缓凝剂

缓凝剂是指能延缓混凝土凝结时间，并对混凝土后期强度发展无不利影响的外加剂。缓凝剂具有缓凝、减水、降低水化热和增强作用，对钢筋也无锈蚀作用。主要适用于大体积混凝土、炎热气候下施工的混凝土、需长时间停放或长距离运输的混凝土。缓凝剂不宜用于日最低气温在5℃以下施工的混凝土，也不宜单独用于有早强要求的混凝土及蒸养混凝土。常用的缓凝剂有木质素磺酸钙和糖蜜等，其掺量一般为水泥质量的0.1%～0.3%。

4）早强剂

能提高混凝土早期强度，并对后期强度无显著影响的外加剂，称为早强剂。早强剂能加速水泥的水化和硬化，缩短养护周期，使混凝土在短期内即能达到拆模强度，从而提高模板和场地的周转率，加快施工进度，常用于混凝土在低温下的快速施工，特别适用于冬季施工或紧急抢修工程。

常用的早强剂有：氯化物系（如$CaCl_2$和NaCl）、硫酸盐系（如Na_2SO_4）等。但掺加了氯化钙早强剂，会加速钢筋的锈蚀，为此对氯化钙的掺加量应加以限制，通常对于配筋混凝土不得超过1%，无筋混凝土掺量亦不宜超过3%。为了防止氯化钙对钢筋的锈蚀，氯化钙早强剂一般与阻锈剂（$NaNO_2$）复合使用。

5）防冻剂

防冻剂是指在规定温度下，能显著降低混凝土冰点，使混凝土液相不冻结或仅部分冻结，以保证水泥的水化作用，并在一定时间内获得预期强度的外加剂。常用的防冻剂有氯盐类（$CaCl_2$、NaCl）；氯盐阻锈类（以氯盐与亚硝酸钠阻锈剂复合而成）；无氯盐类（以硝酸盐、亚硝酸盐、碳酸盐、乙酸钠或尿素复合而成）。

氯盐类防冻剂适用于无筋混凝土；氯盐阻锈类防冻剂适用于钢筋混凝土；无氯盐类防冻剂可用于钢筋混凝土工程和预应力钢筋混凝土工程。硝酸盐、亚硝酸盐、碳酸盐易引起钢筋应力消失，故不适用于预应力钢筋混凝土。

防冻剂用于负温条件下施工的混凝土。目前国产防冻剂适于在-15～0℃的气温下使用，当在更低气温下施工时，应增加相应的混凝土冬季施工措施，如暖棚法、原料（砂、石、水）预热法等。

4. 外加剂的选择和使用

在混凝土中掺入外加剂，可明显改善混凝土的技术性能，取得显著的技术经济效果。但若选择和使用不当，易造成事故。因此，在选择和使用外加剂时，应注意以下几点：

1）外加剂品种的选择

外加剂品种、品牌很多，效果各异，特别是对于不同品种的水泥，有不同效果。在选择外加剂时，应根据工程需要、现场的材料条件，并参考有关资料，通过试验确定。

2）外加剂掺量的确定

混凝土外加剂均有适宜掺量，掺量过小，往往达不到预期效果；掺量过大，则会影响混凝土质量，甚至造成质量事故。因此，应通过试验试配确定最佳掺量。

3）外加剂的掺加方法

外加剂的掺量很少，必须保证其均匀分散，一般不能直接加入混凝土搅拌机内。对于可溶于水的外加剂，应先配成一定浓度的溶液，随水加入搅拌机。对不溶于水的外加剂，应与适量水泥或砂混合均匀后再加入搅拌机内。另外，外加剂的掺入时间对其效果的发挥也有很大影响，为保证减水剂的减水效果，施工中可视工程的具体要求，选择同掺、后掺、分次掺入等掺加方法。

5.2　混凝土的主要技术性质

混凝土的主要技术性质包括：新拌混凝土的和易性（工作性）；硬化后混凝土的力学性质（包括强度和变形性能）和耐久性。

5.2.1　混凝土拌合物的和易性

混凝土拌合物的和易性（也称工作性），是指混凝土拌合物易于施工操作（搅拌、运输、浇筑、振捣）且能够获得质量均匀、成型密实的性能。

和易性是混凝土的一项综合技术指标，具体包括流动性、黏聚性、保水性。

（1）流动性：拌合物在自重或机械振捣作用下，易于产生流动并能均匀密实地填满模板的性能。流动性反映混凝土拌合物的稀稠程度，直接影响混凝土的施工难易程度和混凝土的质量。

（2）黏聚性：混凝土拌合物内部组成材料间有一定的黏聚力，在运输、浇筑过程中混凝土能保持整体均匀而不会产生分层和离析现象的性能。

（3）保水性：混凝土拌合物具有一定的保持内部水分的能力。在施工过程中，保水性差

的混凝土拌合物容易泌水，并在混凝土内形成贯通的泌水通道，不但影响混凝土的密实性、降低混凝土的强度，还会影响混凝土的抗渗性、抗冻性和耐久性。它反应混凝土拌合物的稳定性。

流动性、黏聚性、保水性三者之间既相互联系又相互矛盾。流动性过大，将影响黏聚性和保水性，反之亦然。因此，实际工程中应在流动性基本满足施工要求的条件下，力求保证黏聚性和保水性，从而得到和易性满足要求的混凝土拌合物。

1. 混凝土拌合物和易性的测定

在施工现场和试验室，通常采用测定混凝土拌合物流动性的同时，辅以直观经验来评定黏聚性和保水性。按《普通混凝土拌合物性能试验方法标准》（GB/T 50080—2016）规定，混凝土拌合物的流动性可采用坍落度法、扩展度法和维勃稠度法来测定。

试验 10 坍落度法测混凝土和易性

坍落度法适用于骨料最大粒径不大于 40 mm、坍落度值不小于 10 mm 的塑性和流动性混凝土拌合物稠度的测定，如图 5-7 所示。

1. 试验目的

通过测定混凝土拌合物的流动性，同时观察评定混凝土拌合物的黏聚性和保水性，以综合评定混凝土拌合物的和易性，为混凝土配合比设计、混凝土质量评定提供依据。

2. 主要仪器设备

主要仪器设备有坍落度筒、捣棒、直尺、小铲、漏斗等。

3. 试验步骤

（1）每次测定前，用湿布湿润坍落度筒、拌合钢板及其他用具，并把筒放在不吸水的钢板上，然后用脚踩住 2 个脚踏板，使坍落度筒在装料时保持位置固定。

（2）取拌好的混凝土拌合物 15 L，用小铲分 3 层均匀地装入筒内，使捣实后每层高度是筒高的 1/3 左右。每层用捣棒沿螺旋方向在截面上由外向中心均匀插捣 25 次。插捣筒边混凝土时，捣棒可以稍稍倾斜。插捣底层时，捣棒应贯穿整个深度，插捣第二层和顶层时，捣棒应插透本层至下一层的表面。浇灌顶层时，混凝土应灌到高出筒口，插捣过程中，如混凝土沉落到低于筒口，则应随时加料，顶层插捣完毕后，刮去多余混凝土，并用镘刀抹平。

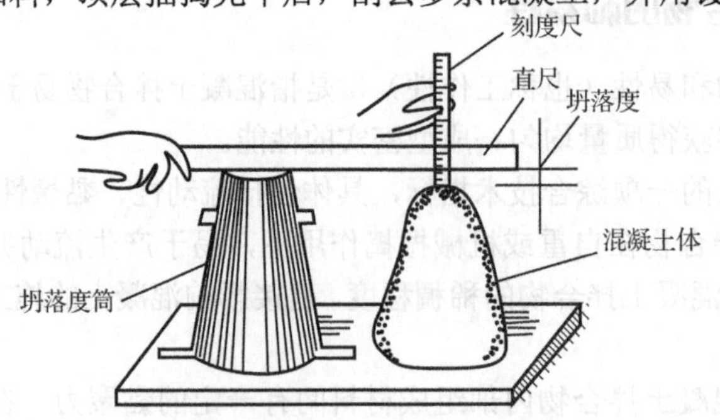

图 5-7 混凝土拌合物坍落度的测定

(3)清除筒边底板上的混凝土后，垂直平稳地提起坍落度筒。坍落度筒的提离过程应在 5～10 s 内完成。从开始装料到提起坍落度筒的整个过程应不间断地进行，并应在 150 s 内完成。

4. 试验结果评定

（1）提起坍落度筒后，立即量测筒高与坍落后混凝土试体最高点之间的高度差，即为该混凝土拌合物的坍落度值（混凝土拌合物坍落度以 mm 为单位，结果精确至 5mm）。

（2）坍落度筒提离后，如混凝土发生崩坍或一边剪坏现象，则应重新取样再测定。如第二次试验仍出现上述现象，则表示该混凝土拌合物和易性不好，应予记录备查。

（3）观察坍落后混凝土试体的黏聚性和保水性。黏聚性的检查方法是用捣棒在已坍落的混凝土锥体侧面轻轻敲打，此时，如果锥体逐渐下沉，则表示黏聚性良好，如果锥体倒塌、部分崩裂或出现离析现象，则表示黏聚性不好。保水性以混凝土拌合物中稀浆析出的程度来评定。如坍落度筒提起后无稀浆或仅有少量稀浆自底部析出，则表示此混凝土拌合物保水性良好；坍落度筒提起后如有较多的稀浆从底部析出且锥体部分的混凝土也因失浆而骨料外露，则表明此混凝土拌合物的保水性能不好。

（4）和易性的调整。

① 当坍落度低于设计要求时，可在保持水胶比不变的前提下，适当增加水泥浆量；

② 当坍落度高于设计要求时，可在保持砂率不变的条件下，增加骨料的用量；

③ 当出现含砂量不足，黏聚性、保水性不良时，可适当增加砂率，反之减小砂率。

试验 11 扩展度法测混凝土和易性

扩展度法适用于泵送高强混凝土和自密实混凝土。当混凝土拌合物的坍落度大于 220 mm 时，用钢尺测量混凝土扩展后最终的最大直径和最小直径。在最大直径和最小直径的差值小于 50 mm 时，取其算数平均值作为其扩展度值；否则，此次试验无效。如果发现粗骨料在中央堆积或边缘有水泥浆析出，表示此混凝土拌合物的抗离析性不好。

试验 12 维勃稠度法测混凝土和易性

维勃稠度法适用于骨料最大粒径不大于 40 mm、坍落度小于 10 mm、维勃稠度在 5～30 s 之间的干硬性混凝土拌合物稠度的测定。其测定方法是按坍落度试验方法，将新拌混凝土装入坍落度筒内，再提起坍落度筒，并在新拌混凝土顶上置一透明圆盘。开动振动台的同时，启动秒表并观察拌合物下沉情况。当透明圆盘底面布满水泥浆时，按停秒表，所经历的时间即为混凝土拌合物的维勃稠度（单位为 s）。如图 5-8 所示，为混凝土维勃稠度试验所用仪器（1 圆柱形容器；2 坍落度筒；3 漏斗；4 测杆；5 透明圆盘；6 振动台）。混凝土拌合物的维勃稠度值越大，说明混凝土拌合物的流动性越小。

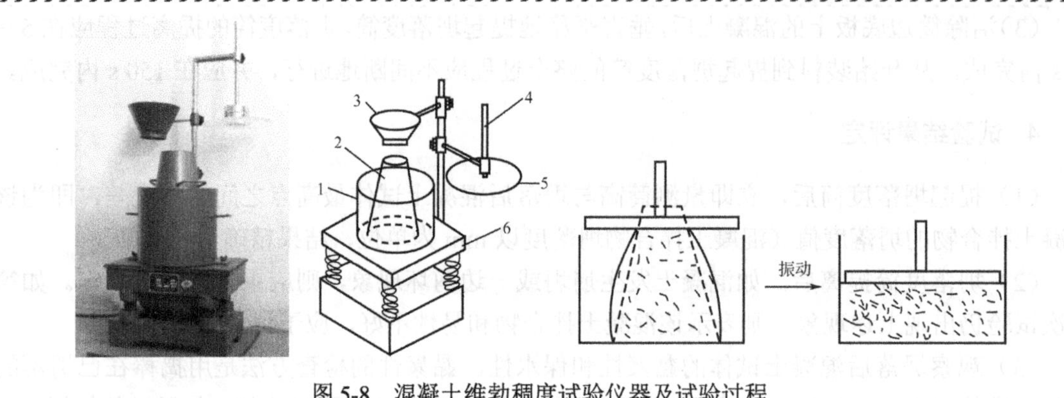

图 5-8 混凝土维勃稠度试验仪器及试验过程

根据《混凝土质量控制标准》（GB 50164—2011）的规定，混凝土拌合物流动性的分级见表 5-20、表 5-21、表 5-22、表 5-23。

表 5-20 混凝土拌合物稠度允许偏差

拌合物性能	允许偏差			
坍落度（mm）	设计值	≤40	50～90	≥100
	允许偏差	±10	±20	±30
维勃稠度（s）	设计值	≥11	10～6	≤5
	允许偏差	±3	±2	±1
扩展度（mm）	设计值	≥350		
	允许偏差	±30		

表 5-21 混凝土拌合物的坍落度分级

级别	名称	坍落度（mm）
S_1	低塑性混凝土	10～40
S_2	塑性混凝土	50～90
S_3	流动性混凝土	100～150
S_4	大流动性混凝土	160～210
S_5	超流动性混凝土	≥220

表 5-22 混凝土拌合物的维勃稠度分级

级别	名称	维勃稠度（s）
V_0	超干硬性混凝土	≥31
V_1	特干硬性混凝土	30～21
V_2	干硬性混凝土	20～11
V_3	半干硬性混凝土	10～6
V_4	低干硬性混凝土	5～3

表 5-23 混凝土拌合物的扩展度分级

等级	扩展度（mm）	等级	扩展度（mm）
F_1	≤340	F_4	490～550
F_2	350～410	F_5	560～620
F_3	420～480	F_6	≥630

2. 混凝土拌合物流动性的选择

混凝土拌合物流动性的选择原则，是在满足施工操作及混凝土成型密实的条件下，尽可能选用较小的坍落度，以节约水泥并获得较高质量的混凝土。工程中根据混凝土结构物的类型

及施工条件选择合理的坍落度值。具体应根据构件截面尺寸、钢筋疏密程度和捣实方法来确定。当构件断面尺寸较小、钢筋较密或人工捣实时，应选择较大的坍落度，以使浇捣密实，保证施工质量；反之，对于构件断面尺寸较大，钢筋配置稀疏，采用机械振捣时，尽可能选用较小的坍落度，以节约水泥。一般情况下，混凝土浇注时的坍落度可按表5-24选用。

表5-24 混凝土浇注时的坍落度

序号	结构种类	坍落度（mm）
1	基础或地面等的垫层、无配筋的大体积结构（挡土墙、基础等）或配筋稀疏的结构	10～30
2	板、梁或大型及中型截面的柱子等	30～50
3	配筋密列的结构（薄壁、斗仓、筒仓、细柱等）	50～70
4	配筋特密的结构	70～90

注：本表是指采用机械振捣的坍落度，当采用人工捣实时可适当增大。

生产预制构件时往往采用坍落度较小的干硬性混凝土，此时混凝土稠度应以维勃稠度（s）计量。混凝土所需的维勃稠度值应根据结构或构件的种类及振实条件，按生产经验或经过试验确定。

泵送混凝土拌合物的坍落度设计值不宜大于180 mm，泵送高强混凝土的扩展度不宜小于500 mm，自密实混凝土的扩展度不宜小于600 mm。

3. 影响混凝土拌合物和易性的因素

影响混凝土拌合物和易性的因素主要有：组成材料自身的性质、组成材料间的配合比例、环境条件、施工条件和外加剂等。

1）组成材料

（1）水泥。水泥的品种、细度、矿物组成及混合材料的掺量等都会影响混凝土拌合物的用水量。由于不同品种的水泥所需要的拌合用水量不同，混凝土在材料用量相同的条件下，混凝土拌合物的流动性就有所不同，需水量大者，其拌合物的流动性较小。一般情况下，矿渣水泥拌制的混凝土的流动性较小，易泌水离析；粉煤灰混凝土流动性、黏聚性和保水性都较好。

（2）骨料的种类、粗细程度、颗粒级配。河砂和卵石多呈卵圆形，表面光滑，拌制的混凝土比碎石混凝土流动性好。采用最大粒径较大、级配良好的砂石，因其总表面积和空隙率较小，包裹骨料表面和填充空隙用的水泥浆用量少，因此混凝土的流动性也较好。

2）组成材料的用量关系

（1）水胶比。水胶比是水的用量与水泥用量的质量比。水胶比的大小决定水泥浆的流动性，水胶比较小时，水泥浆与骨料用量一定的情况下，混凝土的流动性较小。当水胶比过小时，由于水泥浆干稠，会导致施工困难，影响混凝土的浇筑质量；反之，水胶比过大，水泥浆过稀，拌合物会产生离析现象。因此，水胶比不宜过小或过大，应根据混凝土的强度和耐久性要求合理地选用。

（2）水泥浆用量和单位用水量（单位用水量指一立方米混凝土中水的质量）。

水泥浆用量越多，则拌合物的流动性越大，但过多，则黏聚性变差，强度反而降低，且会产生较大的收缩。水泥浆用量过少，混凝土的流动性小，不便于施工，且黏聚性较差。

单位用水量越多，则混凝土拌合物的流动性增大，但强度降低，黏聚性和保水性变差。单位用水量减小，则施工困难，不密实。总之，对混凝土拌合物流动性的调整，应在保证水胶比不变的条件下，合理调整水泥浆的用量。

（3）砂率。砂率是混凝土中砂的质量占砂、石总质量的百分率。砂在混凝土拌合物中起着填充石子空隙的作用。

与石子相比，砂具有粒径小、比表面积大的特点。因而，砂率的改变会使骨料的总表面积和空隙率都有显著的变化。砂率和混凝土拌合物坍落度的关系如图 5-9（a）所示。从图中可以看出，当砂率过大时骨料的总表面积增大，在水泥浆用量一定的条件下，拌合物的流动性减小；而当砂率过小时，虽然骨料的总表面积减小，但不能保证粗骨料之间有足够的砂浆量，使拌合物的流动性降低，产生离析、崩塌、水泥浆流失等不良现象。当砂率适宜时，砂不但能够填满石子的空隙，而且能够保证粗骨料间有一定厚度的砂浆层，使混凝土有较好的流动性，此时的砂率称为合理砂率。采用合理砂率时，在用水量和水泥用量一定的情况下，能使混凝土拌合物获得最大的流动性、良好的黏聚性和保水性；或者在保证混凝土拌合物获得所要求的流动性及良好的黏聚性和保水性前提下，混凝土的水泥用量最小，如图 5-9（b）所示，也可通过试验确定。

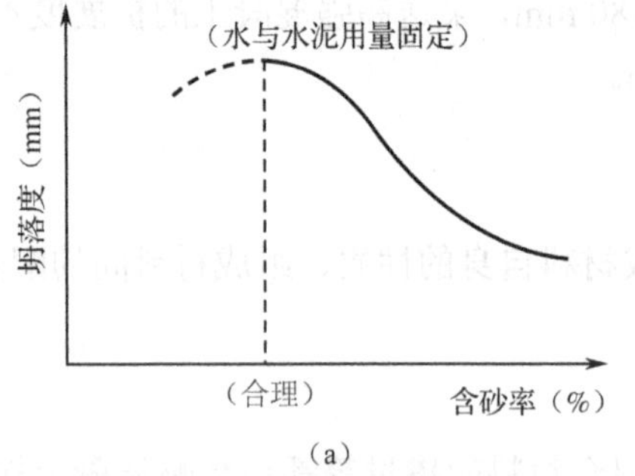

（a）

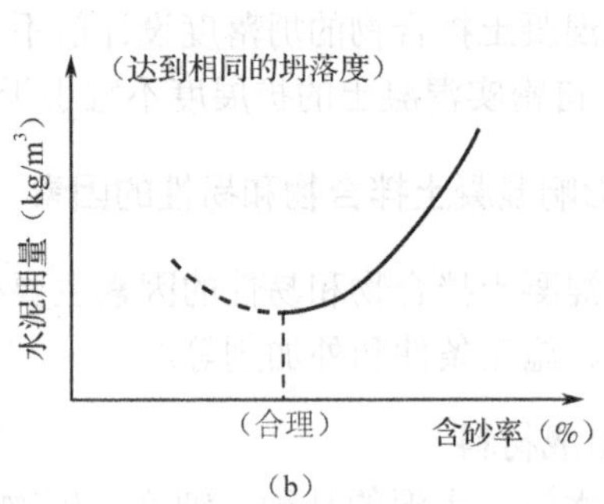

（b）

图 5-9　合理砂率

3）环境条件

影响混凝土拌合物和易性的环境因素主要是温度和湿度条件。

（1）温度。混凝土拌合物的流动性随着温度的升高而减小，温度升高 10℃，坍落度减小 20～40 mm，这是由于温度升高会加速水泥水化，增加水分的蒸发，夏季施工必须注意这一点。

（2）湿度。大气湿度会影响混凝土拌合物水分的蒸发，因而影响混凝土的坍落度。

4）施工条件

（1）拌合方法有人工拌合和机械搅拌。采用机械搅拌的混凝土拌合物的和易性比人工好。

（2）运输距离和运输时间。由于混凝土拌合后水泥立即水化，使水化产物不断增多、游离水逐渐减少，因此拌合物的流动性将随着时间的增加而不断降低。

实际施工中，运输距离过长，还会产生泌水离析现象，影响混凝土的质量。

5）外加剂

在拌制混凝土时，掺用外加剂（减水剂、引气剂）能够使混凝土拌合物在不增加水泥和用水量的条件下，显著提高混凝土的流动性，且具有良好的黏聚性和保水性。

4．改善新拌混凝土和易性的措施

1）调节混凝土的材料组成

（1）采用适宜的水泥品种。

（2）采用级配良好的砂、石材料，尽量采用较粗的骨料。

（3）采用合理砂率，尽可能降低砂率，有利于提高混凝土的质量和节约水泥。

（4）当混凝土拌合物坍落度偏小时，保持水胶比不变，适当增加水泥浆的用量，加入外加剂等；当拌合物坍落度偏大，但黏聚性良好时，可保持砂率不变，适当增加砂、石用量。

2）掺加外加剂

在拌合物中加入少量外加剂（如减水剂、引气剂等），能使混凝土拌合物在不增加水泥浆用量的条件下，有效地改善工作性，增大流动性，改善黏聚性，降低泌水性；并且由于改变了混凝土结构，还能提高混凝土的耐久性。

3）改进混凝土的施工工艺

采用机械搅拌，既可以改善拌合物的和易性，又可在较小的坍落度情况下获得较高的密实度。考虑到工程实际，在施工中因原材料（水泥、砂、石）已限定，砂率往往已采用合理砂率值，因此，在保证混凝土质量的前提下，采取水胶比不变，增加水泥浆用量或掺入外加剂的措施来改善混凝土拌合物的和易性。现代商品混凝土，在远距离运输时，为了减小坍落度损失，采用二次加水法，即在搅拌站拌合时只加入大部分的水，剩下少部分水在快到施工现场时再加入，然后迅速搅拌以获得较好的坍落度。

5.2.2　混凝土的强度及检测

1. 混凝土的强度

混凝土的强度是硬化后混凝土最重要的力学指标，通常用于评定和控制混凝土的质量，或者作为评价原材料、配合比、施工过程和养护条件等影响程度的指标。混凝土的强度包括抗压、抗拉、抗剪、抗折强度以及握裹强度等，工程中通常根据抗压强度的大小来估计其他强度值。

1）立方体抗压强度和强度等级

（1）立方体抗压强度（f_{cu}）。按照国家标准《普通混凝土力学性能试验方法标准》（GB/T 50081—2016）的规定，以边长为 150 mm 的立方体试件，在标准养护条件下［温度（20±2）℃，相对湿度大于 95%］养护 28 d，或在温度为（20±2）℃的不流动的 $Ca(OH)_2$ 饱和溶液中养护 28 d，用标准试验方法所测得的抗压强度值为混凝土立方体抗压强度，以 f_{cu} 表示（单位为 MPa）。

（2）强度等级。混凝土强度等级是混凝土结构设计强度计算取值的依据。混凝土的强度等级是根据立方体抗压强度标准值来确定的。混凝土强度等级用符号 C 和立方体抗压强度标准值表示，如“C30”表示混凝土立方体抗压强度标准值为 30 MPa。

《混凝土质量控制标准》（GB 50164—2011）规定：混凝土的强度等级按混凝土立方体抗压强度标准值划分为 C10、C15、C20、C25、C30、C35、C40、C45、C50、C55、C60、C65、C70、C75、C80、C85、C90、C95、C100 等 19 个等级。

2）轴心抗压强度（f_{cp}）

在实际工程中，钢筋混凝土构件极少是立方体的，大部分是棱柱体或圆柱体形状。为使所测得的混凝土强度更接近混凝土结构的实际情况，在实际结构设计中，采用混凝土的轴心抗压强度作为轴心受压构件设计强度的取值依据。

我国现行国家标准《普通混凝土力学性能试验方法标准》（GB/T 50081—2016）规定，采用 150 mm×150 mm×300 mm 的棱柱体作为标准试件，在标准养护 28 d 后测定轴心抗压强度，轴心抗压强度按下式计算：

$$f_{cp}=\frac{F}{A}$$

式中 f_{cp}——试件轴心抗压强度，单位为 MPa；

F——试件破坏荷载，单位为 N；

A——试件承压面积，单位为 mm²。

轴心抗压强度比同截面的立方体抗压强度小，并且棱柱体试件的高宽比越大，轴心抗压强度越小。当高宽比达到一定值之后，强度就不再降低。在立方体抗压强度在 10～55 MPa 范围内，轴心抗压强度与立方体抗压强度之间的关系为：

$$f_{cp}\approx(0.7\sim0.8)f_{cu}$$

2. 影响混凝土强度的因素

影响水泥混凝土强度的因素可归纳为：材料性质及其组成、施工条件、养护条件和试验条件四个方面。

1）材料性质及其组成

混凝土强度主要决定于水泥石的强度及其与骨料间的黏结强度，而水泥石强度及其与骨料的黏结强度又与水泥强度、水胶比及骨料的性质有关。

（1）水泥的强度。水泥是混凝土的胶结材料，水泥强度的大小直接影响着混凝土强度的高低。在配合比相同的条件下，水泥强度越高，水泥石的强度及其与骨料的黏结力越大，混凝土强度也越高。

（2）水胶比。在拌制混凝土时，为了获得必要的流动性，需要加入较多的水。水泥水化所需的结合水，一般只占水泥质量的 23%左右。当混凝土硬化后，多余的水分或残留在混凝土中，或蒸发并在混凝土内部形成各种不同形状的孔隙，使混凝土的密实度和强度大大降低。因此，在水泥强度和其他条件相同的情况下，混凝土强度主要取决于水胶比。水胶比越小，水泥石强度与骨料的黏结强度越大，混凝土强度越高。但水胶比太小，拌合物过于干硬，在一定的施工条件下，无法保证浇筑质量，混凝土中将出现较多的蜂窝、孔洞，强度反而会下降。试验表明，混凝土的强度随水胶比的增大而降低，而与胶水比呈直线关系，见图 5-10 和图 5-11。

（3）粗骨料的特征。粗骨料的形状与表面性质对混凝土强度有着直接的关系。碎石表面粗糙，与水泥石黏结力较大；而卵石表面光滑，与水泥石的黏结力较小。在混凝土流动性和其他材料相同的情况下，用碎石配制的混凝土比用卵石配制的混凝土强度高。

根据工程实践经验，胶水比（B/W）、水泥实际强度（f_{ce}）与混凝土 28 d 立方体抗压强度（$f_{cu,28}$）的经验公式（又称鲍罗米公式）：

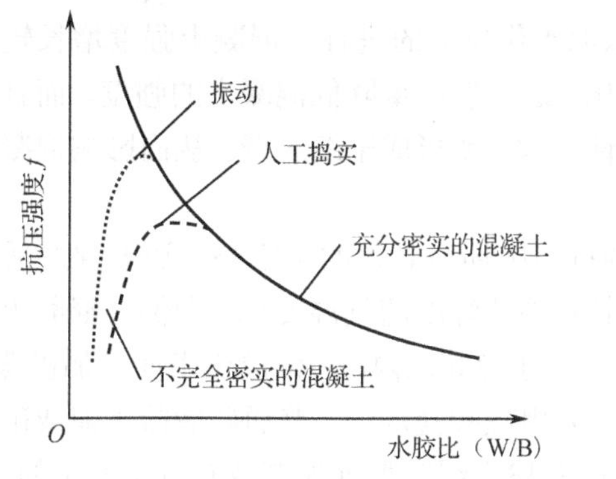

图 5-10　混凝土的抗压强度与水胶比的关系

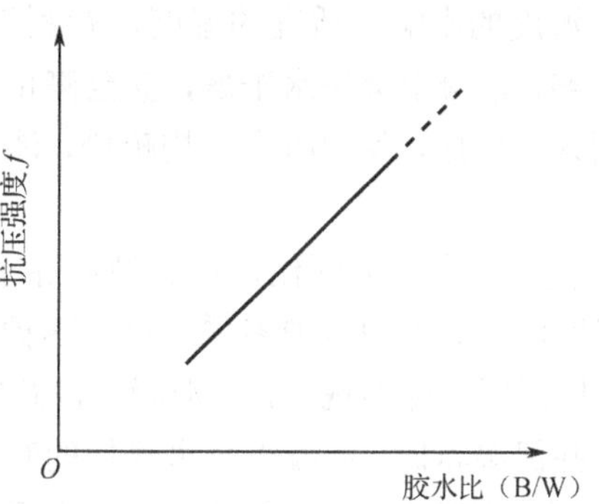

图 5-11　混凝土的抗压强度与胶水比的关系

$$f_{cu,28} = \alpha_a f_{ce}(B/W - \alpha_b)$$

式中　$f_{cu,28}$——混凝土 28 d 龄期的立方体抗压强度，单位为 MPa；

f_{ce}——水泥 28 d 的实际强度，单位为 MPa；

B/W——胶水比；

α_a、α_b——回归系数，与骨料的品种及水泥品种等因素有关，可通过试验确定。

《普通混凝土配合比设计规程》（JGJ 55—2011）规定，无试验统计资料时，混凝土强度回归系数取值如表 5-25 所示。

一般水泥厂为了保证水泥的出厂强度等级，其实际抗压强度往往比其强度等级要高一些，当无法确定水泥 28 d 实际抗压强度时，用下式计算：

$$f_{ce} = \gamma_c \cdot f_{ce,g}$$

式中　f_{ce}——水泥强度等级的标准值，单位为 MPa；

γ_c——水泥强度等级的富余系数，按各地区实际统计资料确定，可取 1.06～1.18；

$f_{ce,g}$——水泥强度等级值。

表 5-25　回归系数 α_a、α_b 取值表

骨料类别	回归系数	
	α_a	α_b
碎石	0.53	0.20
卵石	0.49	0.13

2）施工条件

施工条件是确保混凝土结构均匀密实、硬化正常、达到设计强度的基本条件。采用机械搅拌比人工搅拌的混凝土更均匀密实，特别是在拌制低流动性混凝土时效果会更明显。

3）养护条件

（1）温度。混凝土的养护温度提高，可以促进水泥的水化和凝结硬化，混凝土强度发展加快。养护温度过低，混凝土强度发展缓慢，当温度降至 0℃以下时，混凝土中的水分将结冰，水泥水化反应停止，这时不但混凝土强度停止增长，而且由于孔隙内水分结冰而引起体积膨胀，导致混凝土已获得的强度受到损失，严重时会引起混凝土的开裂。

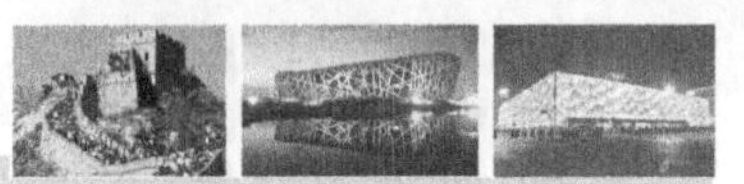

（2）湿度的影响。适宜的湿度，有利于水泥水化反应的进行，混凝土强度增长较快；如果湿度不够，混凝土会失水干燥，甚至停止水化。这不仅严重降低混凝土的强度，而且因水泥水化作用未能完成，使混凝土结构疏松，渗水性增大，或形成干缩裂缝，从而影响混凝土的耐久性。

为了使混凝土正常硬化，在成型后除了维持周围环境必须的温度外，还要保持适宜的湿度。施工现场混凝土的养护多采用自然养护，其养护的温度随气温变化，为保持混凝土处于潮湿状态，按照国家标准规定，在混凝土浇筑完毕后的 12 h 以内，对混凝土表面应加以覆盖（草袋等物）并保湿养护。混凝土浇水养护的时间：采用硅酸盐水泥、普通硅酸盐水泥或矿渣硅酸盐水泥拌制的混凝土，浇水养护应不得少于 7 d；对掺用缓凝型外加剂或有抗渗要求的混凝土，浇水养护应不得少于 14 d；浇水次数应能保持混凝土处于湿润状态；日平均气温低于 5℃时，不得浇水。混凝土养护用水应与拌制用水相同；混凝土表面不便浇水养护时，可采用塑料布覆盖或涂刷养护剂。

（3）龄期。在正常条件下养护，混凝土的强度随龄期增长而提高，最初 7～14 d 内，强度增长较快，28 d 以后混凝土强度增长缓慢并趋于平缓，所以混凝土强度以 28 d 强度作为设计强度的依据。混凝土强度的增长过程可延续数十年之久。

试验证明，采用普通水泥拌制的混凝土，在标准养护条件下，混凝土强度的发展大致与其龄期的常用对数成正比关系（养护龄期 n 不小于 3 d）。

$$\frac{f_n}{f_{28}}=\frac{\lg n}{\lg 28}$$

式中　f_n、f_{28}—— 分别表示混凝土 n d、28 d 的抗压强度，单位为 MPa。

4）试验条件

（1）试件的形状。试件受压面积相同而高度不同时，高宽比越大，抗压强度越小。这是由于试件受压面与试件承压板之间的约束作用，如图 5-12、图 5-13、图 5-14 所示。

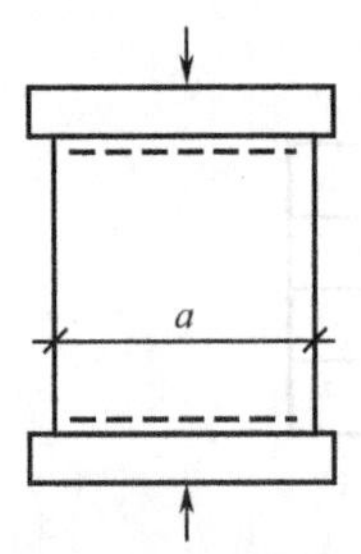

图 5-12　压力机承压板对试件的约束作用

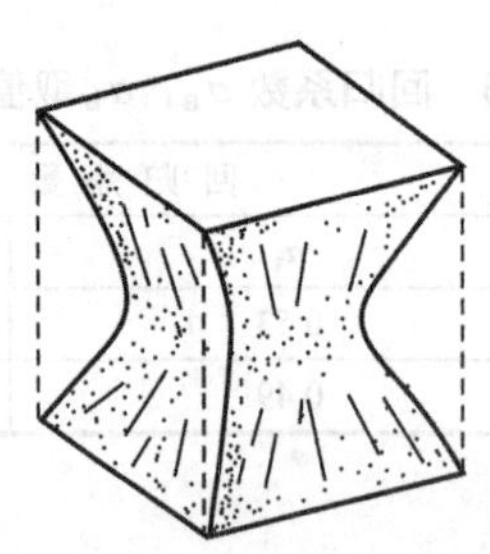

图 5-13　试件破坏后残存的棱柱体

图 5-14　不受压板约束时试件的破坏情况

（2）试件的尺寸。混凝土的配合比相同，试件尺寸越小，测得的强度越高。因为尺寸增大时，内部孔隙、缺陷等出现的几率也大，导致有效受力面积的减小和应力集中，引起混凝土强度降低。因此，混凝土立方体抗压强度的测定是以尺寸为 150 mm×150 mm×150 mm 的立方体试件作为标准试件。

（3）试件表面状态。表面光滑平整，压力值较小；当试件表面粗糙时，测得的强度值明

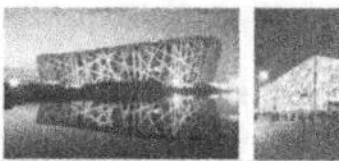

显提高。因此，我国标准规定以混凝土试件的侧面作为承压面。

（4）加荷速度。加荷速度越快，测得的强度值越大，当加荷速度超过 1.0 MPa/s 时，这种趋势更加显著。因此，我国标准规定混凝土抗压强度的加荷速度为 0.3～0.8 MPa/s，且应连续均匀地进行加荷。

3．提高混凝土强度的措施

实际施工中为了加快施工进度，提高模板的周转效率，常需提高混凝土的早期强度，可采取以下几种方法。

（1）采用高强度等级水泥和早强型水泥。硅酸盐水泥和普通水泥的早期强度较其他水泥高；对于紧急抢修工程、桥梁拼装接头、严寒的冬季施工及其他要求早期强度高的结构，则可优先选用早强型水泥配制混凝土。

（2）采用水胶比较小、用水量较少的干硬性混凝土。

（3）采用质量合格、级配良好的砂石材料及选用合理砂率。

（4）掺加外加剂和活性矿物掺合料。常用的外加剂有普通减水剂、高效减水剂、早强剂等。具有高活性的掺合料，如超细粉煤灰、硅灰等，可以与水泥的水化产物进一步发生反应，产生大量的凝胶物质，使混凝土更趋密实，强度得到进一步提高。

（5）改进施工工艺，提高混凝土的密实度。降低水胶比，采用机械振捣的方式，增加混凝土的密实度，提高混凝土强度。

（6）采用湿热处理。湿热处理就是提高水泥混凝土养护时的温度和湿度，以加快水泥的水化和凝结硬化，提高混凝土的早期强度。

试验 13 普通混凝土立方体抗压强度测定

1．试验目的

测定混凝土立方体抗压强度，根据测定结果确定混凝土的强度等级、校核混凝土配合比，并为控制施工质量提供依据。

2．主要仪器设备

主要仪器设备有压力试验机、混凝土搅拌机、振动台、试模（如图 5-15 所示）、标准养护室、捣棒、金属直尺等。

图 5-15　混凝土试模

3．试件制作

（1）制作试件前应检查试模，拧紧螺栓并清刷干净，在其内壁涂上一薄层矿物油脂。一

般以 3 个试件为一组。

（2）试件的成型方法应根据混凝土拌合物的稠度来确定。

① 坍落度大于 70 mm 的混凝土拌合物采用人工捣实成型。将搅拌好的混凝土拌合物分两层装入试模，每层装料的厚度大约相同。插捣时用钢制捣棒按螺旋方向从边缘向中心均匀进行。插捣底层时，捣棒应达到试模底面；插捣上层时，捣棒应贯穿下层深度约 20～30 mm，并用镘刀沿试模内侧插捣数次。每层的插捣次数应根据试件的截面而定，一般为每 100 cm^2 截面积不应少于 12 次。捣实后，刮去多余的混凝土，并用镘刀抹平。

② 坍落度小于 70 mm 的混凝土拌合物采用振动台成型。将搅拌好的混凝土拌合物一次装入试模，装料时用镘刀沿试模内壁略加插捣并使混凝土拌合物稍有富余，然后将试模放到振动台上，振动时应防止试模在振动台上自由跳动，直至混凝土表面出浆为止，刮去多余的混凝土，并用镘刀抹平。

4. 试件养护

采用标准养护的试件成型后应覆盖表面，以防止水分蒸发，并在温度（20±5）℃下静置一昼夜至两昼夜，然后拆模编号。再将拆模后的试件立即放在温度为（20±2）℃、湿度为 95%以上的标准养护室的架子上养护，彼此相隔 10～20 mm。

5. 试验步骤

（1）试件从养护室取出后，应尽快进行试验，以免试件内部的温湿度发生显著变化。

（2）先将试件擦拭干净，测量尺寸，并检查外观，试件尺寸测量精确到 1 mm，并据此计算试件的承压面积。

（3）将试件安放在试验机的下压板上，试件的承压面应与成型时的顶面垂直。试件的中心应与试验机下压板中心对准。开动试验机，当上板与试件接近时，调整球座，使接触均衡。

（4）混凝土试件的试验应连续而均匀地加荷，混凝土强度等级小于 C30 时，其加荷速度为 0.3～0.5 MPa/s；若混凝土强度等级大于或等于 C30 时，则为 0.5～0.8 MPa/s。当试件接近破坏而开始迅速变形时，停止调整试验机油门，直到试件破坏，并记录破坏荷载。

（5）试件受压完毕，应清除上下压板上黏附的杂物，继续进行下一次试验。

6. 试验结果计算与处理

（1）混凝土立方体试件抗压强度按下式计算，精确至 0.1 MPa。

$$f_{cu}=\frac{P}{A}$$

式中 f_{cu}——混凝土立方体试件 28 d 龄期的抗压强度值，单位为 MPa；

P——试件破坏荷载，单位为 N；

A——试件承压面积，单位为 mm^2。

（2）以 3 个试件测值的算术平均值作为该组试件的抗压强度值。如 3 个测值中最大值或最小值中有 1 个与中间值的差值超过中间值的 15%时，则把最大值或最小值舍去，取中间值作为该组试件的抗压强度值；如最大值和最小值与中间值的差均超过中间值的 15%，则该组试件的试验结果作废。

（3）混凝土立方体抗压强度的测定是以尺寸为 150 mm×150 mm×150 mm 的立方体试件作为标准试件。以 150 mm×150 mm×150 mm 的立方体试件，在标准条件下养护 28 d，用标准试验方法测得的抗压强度为混凝土立方体抗压强度标准值。

按照国家标准规定，混凝土立方体试件的最小尺寸应根据粗骨料的最大粒径确定，当采用非标准尺寸试件时，应将其抗压强度乘以尺寸换算系数，如表 5-26 所示。

表 5-26　混凝土试件不同尺寸的强度换算系数

骨料最大粒径（mm）	试件尺寸（mm）	换算系数
≤31.5	100×100×100	0.95
≤40	150×150×150	1.00
≤63.0	200×200×200	1.05

用立方体抗压强度标准值表征混凝土强度，对实际工程来说，大大提高了结构的安全性。

5.2.3　混凝土的耐久性

耐久性是指混凝土在使用过程中抵抗环境介质作用并长期保持其良好使用性能的能力。混凝土耐久性主要包括抗渗性、抗冻性、抗侵蚀性、抗碳化性和抗碱骨料反应等。

1. 抗冻性

抗冻性是指混凝土在吸水饱和状态下，能经受多次冻融循环作用不破坏，强度也不严重降低的性能。混凝土的抗冻性用抗冻等级表示，混凝土的抗冻等级有 F10、F15、F25、F50、F100、F150、F200、F250、F300、F350、F400 等，如 F50 表示混凝土所能经受的冻融循环次数是 50 次。

混凝土抗冻性主要取决于混凝土的密实度、混凝土的孔隙率、孔隙特征和孔隙充水程度等。较密实的或具有闭口孔隙的混凝土抗冻性较好，因此提高混凝土的密实度或改变混凝土的孔隙特征可提高混凝土的抗冻性。

2. 抗渗性

抗渗性是指混凝土抵抗有压液体（水、油等）渗透作用的能力。它直接影响混凝土的抗冻性和抗侵蚀性。

混凝土的抗渗性用抗渗等级表示。它是以 28 d 龄期的标准试件，在标准的试验条件下，以试件所能承受的最大静水压力来确定。混凝土的抗渗等级有 P4、P6、P8、P10、P12，如 P6 表示混凝土能抵抗 0.6 MPa 的静水压力而不渗水。

提高混凝土的抗渗性措施有合理选用水泥品种、降低水胶比、加强振捣和养护等以改善混凝土的孔隙结构，提高混凝土的密实度。

3. 抗侵蚀性

当混凝土所处环境中含有侵蚀性介质时，混凝土便会遭受侵蚀，通常有软水侵蚀、硫酸盐侵蚀、镁盐侵蚀、碳酸侵蚀、一般酸性侵蚀与强碱侵蚀等。在地下、海岸与海洋等环境中使

用的混凝土，混凝土的抗侵蚀性要求较高。

混凝土的抗侵蚀性与水泥品种、混凝土的密实度和孔隙特征等有关。密实和闭口孔隙较多的混凝土，环境水不易侵入，抗侵蚀性较强。

4. 抗碳化性

混凝土的碳化，是指混凝土内水泥石中的氢氧化钙与空气中的二氧化碳，在湿度适宜时发生化学反应，生成碳酸钙和水，也称中性化。混凝土的碳化，是二氧化碳由表及里逐渐向混凝内部扩散的过程。碳化引起水泥石化学组成及组织结构的变化，对混凝土的碱度、强度和收缩产生影响。

碳化对混凝土性能有不利的影响。首先是混凝土碱度降低，减弱了对钢筋的保护作用。这是因为混凝土中水泥水化生成大量的氢氧化钙，使钢筋处在碱性环境中而在表面生成一层钝化膜，保护钢筋不易腐蚀。但当碳化深度穿透混凝土保护层而到达钢筋表面时，钢筋钝化膜被破坏而发生锈蚀，此时产生体积膨胀，致使混凝土保护层产生开裂，开裂后的混凝土更有利于二氧化碳、水、氧气等有害介质的进入，加剧了碳化的进行和钢筋的锈蚀，最后导致混凝土产生顺着钢筋方向开裂而破坏。另外，碳化作用会增加混凝土的收缩，引起混凝土表面产生拉应力而出现微细裂缝，从而降低混凝土的抗拉、抗折强度及抗渗能力。

碳化作用对混凝土也有一些有利影响，即碳化作用产生的碳酸钙填充了水泥石的孔隙，以及碳化时放出的水分有助于未水化水泥颗粒的水化，从而提高混凝土碳化层的密实度，对提高抗压强度有利。混凝土预制桩往往利用碳化作用来提高桩的表面硬度。

影响混凝土碳化速度的主要因素，有环境中二氧化碳的浓度、水泥品种、水胶比、环境湿度等。二氧化碳浓度高（如铸造车间），碳化速度快；当环境中的相对湿度在 50%～75%时，碳化速度最快，当相对湿度小于 25%或大于 100%时碳化将停止；水胶比小的混凝土较密实，二氧化碳和水不易侵入，碳化速度减慢；掺混合材料的水泥碱度较低，碳化速度随混合材料掺量的增多而加快。

在实际工程中，为减少碳化作用对钢筋混凝土结构的不利影响，可采取以下措施：

（1）在钢筋混凝土结构中采用适当的保护层，使碳化深度在建筑物设计年限内达不到钢筋表面。

（2）根据工程所处环境及使用条件，合理选择水泥品种。

（3）使用减水剂，改善混凝土的和易性，提高混凝土的密实度。

（4）采用水胶比小，单位水泥用量较大的混凝土配合比。

（5）加强施工质量及养护控制，保证振捣质量，减少或避免混凝土出现蜂窝等质量事故。

（6）在混凝土表面涂刷保护层，防止二氧化碳侵入等。

5. 碱—骨料反应

碱-骨料反应是指在潮湿环境下水泥中的碱（Na_2O、K_2O）与骨料中的活性氧化硅（SiO_2）之间发生化学反应，在骨料表面生成碱-硅酸凝胶（Na_2SiO_3），此凝胶吸收水分而膨胀（体积约增大 3 倍以上），导致混凝土开裂破坏。

碱-骨料反应的产生必须具备三个条件：水泥中碱的含量高；骨料中含有活性氧化硅成分；有水存在。

碱-骨料反应缓慢，其引起的膨胀破坏往往经过若干年后才会出现。为防止碱—骨料反应的危害，采取的技术措施有：应限制水泥中（Na_2O+0.658K_2O）的含量小于 0.6%，采用低碱度水泥；选用非活性骨料；降低混凝土的单位水泥用量，以降低单位混凝土的含碱量；掺入活性混合材料，使反应分散而降低膨胀值；防止水分侵入混凝土内部。

6．提高混凝土耐久性的措施

（1）根据工程特点及要求，合理选用水泥品种。

（2）选用质量良好，技术条件合格的砂石骨料。

（3）控制混凝土的最大水胶比和最小胶凝材料用量，提高混凝土的密实度。混凝土的最大水胶比应符合国家标准《混凝土质量控制标准》(GB 50164—2011），混凝土的最小胶凝材料用量应符合《普通混凝土配合比设计规程》(JGJ 55—2011）的规定，如表 5-27 所示。

表 5-27　混凝土的最大水胶比和最小胶凝材料用量

环境类别	环境条件	最大水胶比	最低强度等级	最小胶凝材料用量(kg/m^3)		
				素混凝土	钢筋混凝土	预应力混凝土
一	室内干燥环境；无侵蚀性静水浸没环境	0.60	C20	250	280	300
二 a	室内潮湿环境；非严寒和非寒冷地区的露天环境；非严寒和非寒冷地区与无侵蚀性的水或土壤直接接触的环境；严寒和寒冷地区的冰冻线以下与无侵蚀性的水或土壤直接接触的环境	0.55	C25	280	300	300
二 b	干湿交替环境；水位频繁变动环境；严寒和寒冷地区的露天环境；严寒和寒冷地区的冰冻线以上与无侵蚀性的水或土壤直接接触的环境	0.50	C30	320	320	320
三 a	严寒和寒冷地区冬季水位变动区环境；受除冰盐影响环境；海风环境	0.45	C35	330	330	330
三 b	盐渍土环境；受除冰盐作用环境；海岸环境	0.40	C40	330	330	330

5.3　混凝土的配合比设计

混凝土的配合比即组成混凝土各种材料的用量比例。配合比设计就是通过计算、试验等方法和步骤确定混凝土中各种组分间用量比例的过程。

5.3.1　混凝土配合比的表示方法和设计要求

1．混凝土配合比的表示方法

混凝土配合比的表示方法有两种：

（1）单位用量表示法——以 1 m^3 混凝土中各种材料的用量（kg）表示；

（2）相对用量表示法——以水泥的质量为 1，其他材料的用量与水泥相比较，并按“水泥:细骨料:粗骨料:水”的顺序排列表示，见表 5-28。

2. 混凝土配合比设计的基本要求

1）施工要求

混凝土拌合物应满足拌合、运输、浇筑、捣实等操作要求，确定流动性时（坍落度或维勃稠度），要考虑结构物断面尺寸、形状、配筋的疏密及施工方法等。

表 5-28 水泥混凝土配合比表示方法

组成材料		水泥	砂	石	水
配合比表示方法	单位用量表示	300 kg/m³	720 kg/m³	1200 kg/m³	180 kg/m³
	相对用量表示	1	2.40	4.00	0.60

2）设计要求

硬化后的混凝土应满足结构设计或施工进度所要求的强度和其他有关力学性能的要求。设计时，要考虑到结构物的重要性、施工单位的施工水平等因素，采用一个适当的“配制强度”，以满足设计强度的要求。

3）耐久性要求

硬化后的混凝土必须满足抗冻性、抗渗性等耐久性的要求。为保证结构的耐久性，设计中应考虑允许的“最大水胶比”和“最小水泥用量”。

4）经济性要求

在全面保证混凝土质量的前提下，尽量节约水泥，合理利用原材料，降低混凝土的成本。

5.3.2 混凝土配合比设计步骤

根据各组成材料在混凝土中的作用及其对混凝土性能的影响，材料间用量的比例关系通常可用三个参数表示：①水胶比——水与水泥用量之比；②砂率——砂与砂石总量之比；③单位用水量——用 1 m^3 混凝土的用水量来表示。水胶比、砂率、单位用水量称为混凝土设计的三个基本参数。根据原始资料，按《普通混凝土配合比设计规程》（JGJ 55—2011）的规定进行混凝土的配合比设计。

混凝土配合比设计的方法：首先，根据配合比设计的基本要求和原材料技术条件，利用混凝土强度经验公式和图表进行计算，得出“初步配合比”；其次，通过试拌、检测，进行和易性调整，得出满足施工要求的“试拌配合比”；再次，通过对水胶比微量调整，得出既满足设计强度又比较经济合理的“设计配合比”；最后，根据现场砂、石的实际含水率，对试验配合比进行修正，得出“施工配合比”，具体步骤如下。

1. 通过计算，确定初步配合比

初步配合比，是指按原材料性能、混凝土技术要求和施工条件，利用混凝土强度经验公式和图表进行计算所得到的配合比。

1）确定混凝土配制强度（$f_{cu,0}$）

为了使混凝土的强度保证率达到 95%的要求，在进行配合比设计时，必须使混凝土的配制强度（$f_{cu,0}$）高于设计强度（$f_{cu,k}$）。《普通混凝土配合比设计规程》（JGJ 55—2011）要求，混凝土配制强度（$f_{cu,0}$）按下列规定确定：

（1）当混凝土的设计强度等级小于 C60 时，配制强度按下列计算：

$$f_{cu,0} \geqslant f_{cu,k}+1.645\sigma$$

式中 $f_{cu,0}$——混凝土配制强度，单位为 MPa；

$f_{cu,k}$——混凝土设计强度等级值，单位为 MPa；

σ——混凝土强度标准差，单位为 MPa。

混凝土强度标准差（σ）的确定方法如下：

① 当具有 1～3 个月的同一品种、同一强度等级混凝土的强度资料时，按下式计算：

$$\sigma=\sqrt{\frac{\sum_{i=1}^{n} f_{cu,i}^2 - n\bar{f}^2}{n-1}}$$

式中 n——试件组数（$n \geqslant 30$）；

$f_{cu,i}$——第 i 组试件的 28 d 龄期的抗压强度，单位为 MPa；

$\bar{f}$——n 组试件 28 d 龄期的抗压强度的算术平均值，单位为 MPa。

对于强度等级不大于 C30 的混凝土，当σ计算值不小于 3.0 MPa 时，应按计算结果取值，当σ计算值小于 3.0 MPa 时，σ应取 3.0 MPa；对于强度等级大于 C30 且小于 C60 的混凝土，当σ计算值不小于 4.0 MPa 时，应按计算结果取值，当σ计算值小于 4.0 MPa 时，σ应取 4.0 MPa。

② 当没有近期的同一品种、同一强度等级混凝土的强度资料时，σ按表 5-29 取用。

表 5-29 混凝土σ取值（JGJ 55—2011）

混凝土强度等级	≤C20	C25～C45	C50～C55
σ/MPa	4.0	5.0	6.0

（2）当混凝土的设计强度等级不小于 C60 时，配制强度按下式计算：

$$f_{cu,0} \geqslant 1.15 f_{cu,k}$$

2）确定水胶比（W/B）

《普通混凝土配合比设计规程》（JGJ 55—2011）规定，水胶比（W/B）按下列方式来确定：

（1）对于混凝土的设计强度等级大于 C60 的高强混凝土，水胶比应该由试验确定。在缺乏试验依据的情况下，高强混凝土配合比中的水胶比、胶凝材料用量和砂率等参数，宜按照《普通混凝土配合比设计规程》（JGJ 55—2011）要求选取。

（2）对于混凝土强度等级不大于 C60 的混凝土，其水胶比（W/B）宜根据强度公式按下式计算：

$$W/B=\frac{\alpha_a \cdot f_b}{f_{cu,0}+\alpha_a \cdot \alpha_b \cdot f_b}$$

式中 $f_{cu,0}$——混凝土 28 d 龄期的配制强度，单位为 MPa；

B——1 m^3 混凝土中胶凝材料（水泥和矿物掺合料按使用比例混合）用量，单位为 kg；

W——1 m^3 混凝土中水的用量，单位为 kg。

α_a、α_b——回归系数，应根据工程所使用的原材料，通过试验建立的水胶比与混凝土

强度关系式来确定。当不具备试验统计资料，则可按《普通混凝土配合比设计规程》(JGJ 55—2011) 提供的α_a、α_b系数取用，碎石：α_a=0.53，α_b=0.20；卵石：α_a=0.49，α_b=0.13。

f_b——胶凝材料（水泥和矿物掺合料按使用比例混合）28 d 龄期的水泥胶砂抗压强度实测值（MPa）。当无实测值时，按下式确定：$f_b=\gamma_f\cdot\gamma_s\cdot f_{ce}$，式中$\gamma_f$、$\gamma_s$为粉煤灰影响系数和粒化高炉矿渣影响系数，按照《普通混凝土配合比设计规程》(JGJ 55—2011) 选用；

f_{ce}——水泥 28 d 龄期的胶砂抗压强度，无实测值时，可按下式计算：$f_{ce}=\gamma_c f_{ce,g}$，式中$f_{ce,g}$为水泥强度等级值，单位为 MPa；γ_c为水泥强度等级值的富余系数，按表 5-30 选取。

表 5-30　水泥强度等级值的富余系数（JGJ 55—2011）

水泥强度等级值/MPa	32.5	42.5	52.5
富余系数（γ_c）	1.12	1.16	1.10

为保证混凝土的耐久性，计算所得的水胶比值不得超过表 5-27 中规定的最大水胶比值。如计算值大于表中规定的值，应取规定的最大水胶比值作为混凝土的水胶比值。

3）确定用水量（m_{w0}）

《普通混凝土配合比设计规程》(JGJ 55—2011) 规定，用水量（m_{w0}）按下面的方法来确定。

（1）每立方米塑性或干硬性混凝土的用水量（m_{w0}）应符合下列规定：

混凝土水胶比在 0.40～0.80 时，可按表 5-31 选取；混凝土水胶比小于 0.40 时，应通过试验确定。

（2）掺外加剂时，每立方米流动性或大流动性混凝土的用水量（m_{w0}）可按下式确定：

$$m_{w0}=m'_{w0}(1-\beta)$$

式中　m_{w0}——计算配合比每立方米混凝土的用水量，单位为 kg；

m'_{w0}——未掺外加剂时推定的满足实际坍落度要求的每立方米混凝土用水量，单位为 kg。以表 5-31 中坍落度为 90 mm 的用水量为基础，按坍落度每增大 20 mm 相应增加 5 kg 用水量来计算，当坍落度增大到 180 mm 以上时，随坍落度增加的用水量可减少；

β——外加剂的减水率（%），应经试验确定。

表 5-31　塑性和干硬性混凝土的单位用水量（JGJ 55—2011）（kg）

拌合物硬度		卵石最大粒径/mm				碎石最大粒径/mm			
项目	指标	10	20	31.5	40	16	20	31.5	40
坍落度/mm	10～30	190	170	160	150	200	185	175	165
	35～50	200	180	170	160	210	195	185	175
	55～70	210	190	180	170	220	205	195	185
	75～90	215	195	185	175	230	215	205	195
维勃稠度/s	16～20	175	160	-	145	180	170	-	155
	11～15	180	165	-	150	185	175	-	160
	5～10	185	170	-	155	190	180	-	165

注：①本表用水量采用中砂的平均取值。采用细砂时，每立方米混凝土用水量可增加 5～10 kg；采用细砂时，则可减少 5～10 kg;

② 掺用矿物掺合料和外加剂时，用水量应相应调整。

（3）混凝土中外加剂用量（m_{a0}）可按下式确定：

$$m_{a0} = m_{b0} \cdot \beta_a$$

式中　m_{a0}——每立方米混凝土中外加剂用量，单位为 kg/m^3；

m_{b0}——每立方米混凝土中胶凝材料用量，单位为 kg/m^3；

β_a——外加剂掺量，单位为%。

4）确定胶凝材料、矿物掺合料和水泥用量

（1）每立方米混凝土的胶凝材料用量（m_{b0}）按下式计算：

$$m_{b0} = \frac{m_{w0}}{W/B}$$

式中　m_{b0}——1 m^3 混凝土中胶凝材料用量，单位为 kg；

m_{w0}——1 m^3 混凝土的用水量，单位为 kg；

W/B——混凝土水胶比。

（2）每立方米混凝土的矿物掺合料用量（m_{f0}）按下式计算：

$$m_{f0}=m_{b0} \cdot \beta_f$$

式中　m_{f0}——1 m^3 混凝土中矿物掺合料用量，单位为 kg；

β_f——矿物掺合料掺量（%），按照《普通混凝土配合比设计规程》（JGJ 55—2011）选用。

（3）每立方米混凝土的水泥用量（m_{c0}）按下式计算：

$$m_{c0}=m_{b0}-m_{f0}$$

式中　m_{c0}——1m^3 混凝土中水泥用量，单位为 kg。

为保证混凝土的耐久性，计算所得的胶凝材料用量应不低于表 5-27 中规定的最小胶凝材料用量。如计算值小于规定值，应取表中规定的最小胶凝材料用量值。

5）确定砂率（β_s）

砂率（β_s）应根据集料的技术指标、混凝土拌合物性能和施工要求，参考既有历史资料确定。当缺乏砂率的历史资料时，混凝土砂率的确定应符合下列规定：

（1）坍落度小于 10 mm 的混凝土砂率，应经试验确定。

（2）坍落度为 10～60 mm 的混凝土砂率，可根据表 5-32 中粗集料种类、最大公称粒径及水胶比需求选取。

（3）坍落度大于 60 mm 的混凝土砂率，可经试验确定，也可在表 5-32 的基础上，按坍落度每增大 20 mm，砂率增大 1%的幅度予以调整。

表 5-32　混凝土的砂率（JGJ 55—2011）（%）

水胶比（W/B）	卵石最大粒径/mm			碎石最大粒径/mm		
	10	20	40	10	20	40
0.40	26～32	25～31	24～30	30～35	29～34	27～32
0.50	30～35	29～34	28～38	33～38	32～37	30～35
0.60	33～38	32～37	31～36	36～41	35～40	33～38
0.70	36～41	35～40	34～39	39～44	38～43	36～41

注：① 本表数值是中砂的选用砂率，对细砂或粗砂，可相应地减少或增加砂率；

② 采用人工砂配制混凝土时，砂率可适当增大；

③ 只用一个单粒级粗集料配制混凝土时，砂率应适当增大。

6）确定粗、细集料用量（m_{g0}、m_{s0}）

计算粗、细集料用量有质量法和体积法两种方法。

（1）质量法。当原材料情况比较稳定时，所配制的混凝土拌合物的体积密度将接近一个固定值，这样可以先假定一个混凝土拌合物的质量 m_{cp}，则有：

$$\begin{cases} m_{c0}+m_{g0}+m_{s0}+m_{w0}+m_{f0}=m_{cp} \\ \beta_s=\dfrac{m_{s0}}{m_{s0}+m_{g0}}\times 100\% \end{cases}$$

式中 m_{g0}、m_{c0}——1 m^3 混凝土中粗、细集料用量，单位为 kg；

m_{cp}——1 m^3 混凝土拌合物的假定质量，可取 2350～2450 kg/m^3。

由两式解出 m_{g0}、m_{s0}。

（2）体积法。假定混凝土拌合物的体积，等于各组成材料绝对体积和拌合物中所含空气体积的总和。按下式计算 1 m^3 混凝土中粗、细集料的用量：

$$\begin{cases} \dfrac{m_{c0}}{\rho_c}+\dfrac{m_{w0}}{\rho_w}+\dfrac{m_{s0}}{\rho_s}+\dfrac{m_{g0}}{\rho_g}+\dfrac{m_{f0}}{\rho_f}+0.01\alpha=1 \\ \beta_s=\dfrac{m_{s0}}{m_{s0}+m_{g0}}\times 100\% \end{cases}$$

式中 ρ_c、ρ_f、ρ_w——水泥、矿物掺合料和水的密度，单位为 kg/m^3，水的密度可取 1000 kg/m^3；

ρ_g、ρ_s——粗、细集料的表观密度，单位为 kg/m^3；

α——混凝土拌合物的含气量百分数，单位为%，在不使用引气型外加剂时，可取 α=1。

由两式解出 m_{g0}、m_{s0}。

通过以上六个步骤，可将胶凝材料、水和粗细集料的用量全部求出，得到初步配合比：

$$m_{c0}:m_{w0}:m_{s0}:m_{g0}:m_{f0}=1:\frac{m_{w0}}{m_{c0}}:\frac{m_{s0}}{m_{c0}}:\frac{m_{g0}}{m_{c0}}:\frac{m_{f0}}{m_{c0}}$$

2．检测和易性，确定试拌配合比

计算配合比是借助经验公式和数据计算或查阅经验资料得到的，不一定满足设计要求，必须进行试配和调整。通过试配和调整，达到施工和易性要求的配合比，即试拌配合比。

1）试配拌合量

试配时，应称取实际工程中使用的材料，搅拌方法宜与施工采用的方法相同。每盘混凝土的最小搅拌量应符合表 5-33 的规定，并不应小于搅拌机公称容量的 1/4，且不应大于搅拌机公称容量。

表 5-33 混凝土试配时的最小搅拌量（JGJ 55—2011）

粗集料最大公称粒径/mm	≤31.5	40
拌合物数量/L	20	25

2）调整和易性

根据试配拌合量，按计算配合比称取各组成材料进行试拌，搅拌均匀后测定其坍落度，并观察黏聚性和保水性。如果坍落度比设计值小，应保持水胶比不变，适当增加浆体用量，对于普通混凝土每增加或减少 10mm 坍落度，约需增加或减少 2%～5%的水泥浆；如果坍落度比设计值大，应保持砂率不变，调整砂石用量。随后再拌合均匀，重新测试，直至符合要求为止，最后测出试配拌合物的实际体积密度ρ_{oh}(kg/m^3)。

根据调整后拌合物中的胶凝材料（m_{bt}）、粗集料（m_{gt}）、细集料（m_{st}）、水（m_{wt}）的用量和实测体积密度（ρ_{oh}），按下式可计算出 1m^3 混凝土中的胶凝材料（m_{cb}）、粗集料（m_{gb}）、细集料（m_{sb}）、水（m_{wb}）的试拌用量：

$$m_{cb}=\frac{m_{bt}}{m_{bt}+m_{gt}+m_{st}+m_{wt}}\times\rho_{oh}$$

$$m_{sb}=\frac{m_{st}}{m_{bt}+m_{gt}+m_{st}+m_{wt}}\times\rho_{oh}$$

$$m_{gb}=\frac{m_{gt}}{m_{bt}+m_{gt}+m_{st}+m_{wt}}\times\rho_{oh}$$

$$m_{wb}=\frac{m_{wt}}{m_{bt}+m_{gt}+m_{st}+m_{wt}}\times\rho_{oh}$$

则试拌配合比为：

$$m_{cb}:m_{wb}:m_{sb}:m_{gb}=1:\frac{m_{wb}}{m_{cb}}:\frac{m_{sb}}{m_{cb}}:\frac{m_{gb}}{m_{cb}}$$

3．检验强度，确定设计配合比

经过和易性调整得出的试拌配合比，不一定满足强度要求，应进行强度检验，既满足设计强度又比较经济合理的配合比就称为设计配合比（试验室配合比）。

混凝土强度检验时，应至少采取三个不同的配合比：一个为试拌配合比，另外两个配合比的水胶比，较试拌配合比的水胶比分别增加和减少 0.05，用水量与试拌配合比相同，砂率可分别增加或减少 1%。

每个配合比至少应制作一组（3 块）试件，标准养护 28 d，测其立方体抗压强度值。制作混凝土试件时，应检验拌合物的和易性与实测体积密度（$\rho_{c,t}$），并以此结果代表这一配合比的混凝土拌合物的性能值。

根据测出的混凝土强度与相应的胶水比（B/W）关系，用作图法或计算法求出与混凝土配制强度（$f_{cu,0}$）相对应的水胶比（$\frac{m_w}{m_b}$）。

1）设计配合比的确定

按下列原则来确定 1 m^3 混凝土的材料用量，即为设计配合比：

（1）用水量（m_w）：取试拌配合比用水量，应在试拌配合比用水量 m_{wb} 的基础上，根据

（$\frac{m_b}{m_w}$）进行调整确定，$m_w = m'_{wb}$。

（2）胶凝材料用量（m_b）：以用水量乘以通过试验确定的、与配制强度相对应的水胶比得出，即 $m_b = m'_{wb}\frac{m_b}{m_w}$。

（3）粗、细集料用量（m_g、m_s）：根据用水量（m_w）和胶凝材料用量（m_b）进行调整确定，$m_g = m'_{gb}$，$m_s = m'_{sb}$。

2）设计配合比的校正

当混凝土体积密度实测值（$\rho_{c,t}$）与计算值（$\rho_{c,c}$）之差的绝对值不超过计算值的 2%时，以上定出的配合比即为确定的设计配合比。

当两者之差超过计算值的 2%时，应将配合比中的各项材料用量均乘以校正系数（δ）后，才为确定的混凝土设计配合比，校正系数为：

$$\delta = \frac{\rho_{c,t}}{\rho_{c,c}}$$

$$\rho_{c,c} = m_b + m_g + m_s + m_w + m_f$$

则，设计配合比为：

$$m_b = \delta m'_{wb}\frac{m_b}{m_w}\ ;\ m_w = \delta m'_{wb}\ ;\ m_g = \delta m'_{gb}\ ;\ m_s = \delta m'_{sb}$$

$$m_b : m_w : m_s : m_g : m_f = 1 : \frac{m_w}{m_b} : \frac{m_s}{m_b} : \frac{m_g}{m_b} : \frac{m_f}{m_b}$$

4．根据含水率，换算施工配合比

施工配合比是指根据施工现场集料含水情况，对干燥集料为基准的“设计配合比”进行修正后得出的配合比。

假定工地上测出砂的含水率为 a %、石子含水率为 b %，则施工配合比（单位为 kg）为：

胶凝材料：$m'_b = m_b$

粗集料：$m'_s = m_s(1 + a\%)$

细集料：$m'_g = m_g(1 + b\%)$

水：$m'_w = m_w - m_s \cdot a\% - m_g \cdot b\%$

实例 5.2 某教学楼工程现浇室内钢筋混凝土柱，混凝土设计强度等级为 C20，施工要求坍落度为 35～50 mm，用机械搅拌合振捣。施工单位无近期的混凝土强度资料。采用的原材料如下：

胶凝材料：新出厂的普通水泥，42.5 级，密度为 3100 kg/m^3；

粗集料：卵石，最大粒径为 20 mm，表观密度为 2730 kg/m^3，堆积密度为 1500 kg/m^3；

细集料：中砂，表观密度为 2650 kg/m^3，堆积密度为 1450 kg/m^3；

水：自来水。

试设计混凝土的配合比。若施工现场中砂含水率为 3%，卵石含水率 1%，求施工配合比。

解：1. 通过计算，确定计算配合比

（1）确定配制强度（$f_{cu,0}$）。施工单位无近期的混凝强度资料，查表 5-29 取σ=4.0 MPa，配制强度为：

$$f_{cu,0}=f_{cu,k}+1.645\sigma$$

$$f_{cu,0}=20+1.645\times4.0=26.58(\text{MPa})$$

（2）确定水胶比（W/B）。由于胶凝材料为 42.5 级的水泥，无矿物掺合料，取$\gamma_f=1.0$，$\gamma_s=1.0$，$\gamma_c=1.12$，可得：

$$f_b=\gamma_f\cdot\gamma_s\cdot f_c=\gamma_f\cdot\gamma_s\cdot\gamma_c$$

$$f_{ce,g}=1.0\times1.0\times1.12\times42.5=47.6\ (\text{MPa})$$

卵石的回归系数取$\alpha_a=0.49$，$\alpha_b=0.13$。利用强度经验公式计算水胶比为：

$$\text{W/B}=\frac{\alpha_a\cdot f_c}{f_{cu,o}+\alpha_a\cdot\alpha_b\cdot f_c}=\frac{0.49\times47.6}{26.58+0.49\times0.13\times47.6}=0.787$$

查表 5-27，复核耐久性。该结构物处于室内干燥环境，要求 W/B≤0.60，所以 W/B 取 0.60 才能满足耐久性要求。

（3）确定用水量（m_{w0}）。根据施工要求的坍落度 35～50 mm，卵石 D_{max}=20 mm，查表 5-31，取 m_{w0}=180 kg。

（4）确定胶凝材料（m_{b0}）和水泥用量（m_{c0}）。胶凝材料（m_{b0}）用量按下式计算为：

$$m_{b0}=\frac{m_{w0}}{\text{W/B}}=\frac{180}{0.60}=300(\text{kg})$$

因为没有掺加矿物掺合料，即 m_{f0}=0(kg)，则水泥的用量为：

$$m_{c0}=m_{c0}-m_{f0}=300-0=300(\text{kg})$$

查表 5-27，复核耐久性。该结构物处于室内干燥环境，最小胶凝材料用量为 280 kg，所以 m_{c0} 取 300 kg 能满足耐久性要求。

（5）确定合理砂率值（β_s）。查表 5-32，W/B=0.60，卵石 D_{max}=20 mm，可取砂率β_s=34%。

（6）确定粗、细集料用量（m_{g0}、m_{s0}）。采用体积法计算，取α=1，解下列方程组：

$$\begin{cases}\dfrac{300}{3100}+\dfrac{180}{1000}+\dfrac{m_{s0}}{2650}+\dfrac{m_{g0}}{2730}+0.01\times1=1\\ \beta_s=\dfrac{m_{s0}}{m_{s0}+m_{g0}}\times34\%\end{cases}$$

得：m_{g0}=1273(kg)；m_{s0}=656(kg)。

计算配合比为：

$$m_{c0}:m_{s0}:m_{g0}:m_{w0}=300:656:1273:180=1:2.17:4.24:0.60。$$

2．调整和易性，确定试拌配合比

查表 5-31，卵石 D_{max}=20 mm，按计算配合比试拌 20 L 混凝土，其材料用量为：

胶凝材料（水泥）：300×20/1000=6.00(kg)

砂子：656×20/1000=13.12(kg)

石子：1273×20/1000=25.46(kg)

水：180×20/1000=3.60(kg)

将称好的材料均匀拌合后，进行坍落度试验。假设测得坍落度为 25 mm，小于施工要求的 35～50 mm，须调整其和易性。在保持原水胶比不变的原则下，若增加 5%灰浆，再拌合，测其坍落度为 45 mm，黏聚性、保水性均良好，达到施工要求的 35～50 mm。调整后，拌合物中各项材料实际用量为：

胶凝材料（水泥）(m_{bt}): 6.00＋6.00×5%=6.30(kg)

砂(m_{st})：13.12(kg)

石子(m_{gt})：25.46(kg)

水(m_{wt})：3.60＋3.60×5%=3.78(kg)

混凝土拌合物的实测体积密度为ρ_{0h}=2380 kg/m^3。则 1m^3 混凝土中，各项材料的试拌用量为：

$$m_{cb}=\frac{m_{bt}}{m_{bt}+m_{gt}+m_{st}+m_{wt}}\times\rho_{0h}=\frac{6.30}{6.30+25.46+13.12+3.78}\times2380\times1=308(\text{kg})$$

$$m_{sb}=\frac{m_{st}}{m_{bt}+m_{gt}+m_{st}+m_{wt}}\times\rho_{0h}=\frac{13.12}{6.30+25.46+13.12+3.78}\times2380\times1=642(\text{kg})$$

$$m_{gb}=\frac{m_{gt}}{m_{bt}+m_{gt}+m_{st}+m_{wt}}\times\rho_{0h}=\frac{25.46}{6.30+25.46+13.12+3.78}\times2380\times1=1245(\text{kg})$$

$$m_{wb}=\frac{m_{wt}}{m_{bt}+m_{gt}+m_{st}+m_{wt}}\times\rho_{0h}=\frac{3.78}{6.30+25.46+13.12+3.78}\times2380\times1=185(\text{kg})$$

试拌配合比为：

$m_{cb}:m_{sb}:m_{gb}:m_{wb}$=308:642:1245:185=1:2.08:4.04:0.60

3．检验强度，确定设计配合比

在试拌配合比基础上，拌制三个不同水胶比的混凝土。一个为试拌配合比的水胶比为 0.60，另外两个配合比的水胶比分别为 0.65 和 0.55。经试拌调整已满足和易性的要求。测其体积密度，W/B=0.65 时，ρ_{0h}=2370 kg/m^3；W/B=0.55 时，ρ_{0h}=2390 kg/m^3。

每种配合比制作一组（三块）设计，标准养护 28 d，测得抗压强度如表 5-34 所示。

表 5-34　试块抗压强度实测值

水胶比（W/B）	抗压强度（MPa）
0.55	29.2
0.60	26.8
0.65	23.7

作出 f_{cu} 与 B/W 的关系图，如图 5-16 所示。

由抗压强度试验结果可知，水胶比为 0.60 的试拌配合比的混凝土强度能满足配制强度 $f_{cu,0}$ 的要求，并且混凝土体积密度实测值（$\rho_{c,t}$）与计算值（$\rho_{c,c}$）相吻合，各项材料的用量不需要校正。故设计配合比为：

$$m_c:m_s:m_g:m_w=308:642:1245:185=1:2.08:4.04:0.60$$

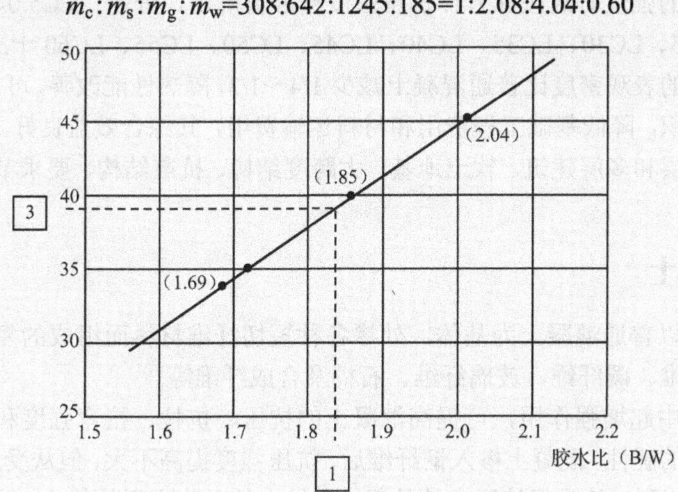

图 5-16　实测抗压强度与胶水比关系图

4．根据含水率，换算施工配合比

将设计配合比换算成现场施工配合比：

$$m_s' = m_s(1+a\%) = 642\times(1+3\%) = 661(\text{kg})$$
$$m_g' = m_g(1+b\%)$$
$$m_w' = m_w - m_s\cdot a\% - m_g\cdot b\% = 185 - 642\times 3\% - 1245\times 1\% = 153(\text{kg})$$

5.4　其他混凝土的特点

5.4.1　商品混凝土

商品混凝土又称预拌混凝土，由水泥、骨料、水、外加剂、矿物掺合料等组分按比例在搅拌站经计量、拌制后出售的并采用运输车在规定时间内运输至施工现场的混凝土拌合物。

施工现场普遍使用预拌混凝土，是由于预拌混凝土由搅拌站集中制作，能够确保工程质量，并且对节省施工用地、改善劳动条件、提高施工速度等起到重要作用。

预拌混凝土的标记由预拌混凝土的种类、强度等级、坍落度、粗骨料的最大粒径和水泥品种五部分组成。例如，AC20—150—GD20—P · S 是指预拌混凝土强度等级为 C20；坍落度为 150 mm；粗骨料的最大粒径为 20 mm；采用矿渣硅酸盐水泥；A 是指通用品，无其他特殊要求。BC30P8—180—GD25—P · O 是指预拌混凝土强度等级为 C25；坍落度为 180 mm；粗骨料的最大粒径为 25 mm；采用普通硅酸盐水泥；B 是指特制品，抗渗要求为 P8。

5.4.2　轻骨料混凝土

轻骨料混凝土是指用轻粗骨料、轻砂（或普通砂）、水泥和水配制而成的混凝土，其中表观密度不大于 1950 kg/m^3。骨料通常选用工业废料，如粉煤灰陶粒、膨胀矿渣、煤炉渣等；也可选用天然轻骨料，如浮石、火山渣及轻砂；人造轻骨料，如膨胀珍珠岩、页岩陶粒、黏土陶粒等。

轻骨料混凝土的强度等级按立方体抗压强度标准值确定，分为：LC5.0、LC7.5、LC10、LC15、LC20、LC25、LC30、LC35、LC40、LC45、LC50、LC55、LC60 十三个强度等级。

轻骨料混凝土的表观密度比普通混凝土减少 1/4～1/3，隔热性能改善，可使结构尺寸减小，增加建筑物使用面积，降低基础工程费用和材料运输费用，其综合效益良好。因此，轻骨料混凝土主要适用于高层和多层建筑、软土地基、大跨度结构、抗震结构、要求节能的建筑和旧建筑的加层等。

5.4.3 纤维混凝土

纤维混凝土是以普通混凝土为基体，外掺各种短切纤维材料而组成的复合材料。纤维材料按材质分有钢纤维、碳纤维、玻璃纤维、石棉及合成纤维等。

纤维在混凝土中起增强作用，可提高混凝土的抗压、抗拉、抗弯强度和冲击韧性，并能有效地改善混凝土的脆性。混凝土掺入钢纤维后，抗压强度提高不大，但从受压破坏形式来看，破坏时无碎块、不崩裂，基本保持原来的外形，有较大的吸收变形的能力，也改善了韧性，是一种良好的抗冲击材料。

目前，纤维混凝土主要用于飞机跑道、高速公路、桥面、水坝覆面、桩头、屋面板、墙板、军事工程等要求高耐磨性、高抗冲击性和抗裂的部位及构件。

复习思考题 5

一、填空题

1．为保证混凝土施工质量，并节约水泥，应选择________的砂。

2．混凝土拌合物的和易性包括________、________、________。

3．某钢筋混凝土梁的工程，为了加速硬化，缩短工期，最好采用________。

4．混凝土的强度等级是根据混凝土________划分的。

5．在保证混凝土拌合物流动性及水泥用量不变的条件下，掺入减水剂，可________。

6．混凝土强度等级的确定采用的标准试件尺寸是________。

7．在保持混凝土拌合物的坍落度和水胶比不变的情况下，掺入减水剂可________。

8．确定混凝土配合比中的水胶比时，必须从混凝土的________考虑。

9．混凝土用粗骨料的最大粒径，不得________的 1/4。

10．用________来表示混凝土拌合物的流动性大小。

11．为提高混凝土的密实性与强度，节约水泥，配制混凝土用砂应使其________。

12．砂率是指混凝土中________。

13．压碎指标值是________强度的指标。

14．普通混凝土的强度等级是以具有 95%保证率的________天的立方体抗压强度代表值来确定的。

15．当混凝土拌合物流动性偏小时，应采取________的办法来调整。

二、简答题

1．现场浇筑混凝土时，为什么严禁施工人员随意向混凝土拌合物中加水？

2．影响混凝土强度的主要因素有哪些？提高混凝土强度的主要措施有哪些？

3．混凝土的耐久性包括哪些方面？提高耐久性的措施有哪些？

4．什么是混凝土拌合物的和易性？如何评定？影响和易性的因素有哪些？

三、计算题

1．某砂筛分析试验结果见下表所示，试评定此砂的颗粒级配和粗细程度。

筛孔尺寸/mm	4.75	2.36	1.18	0.6	0.3	0.15	<0.15
筛余量/g	25	50	100	125	100	75	25

2．某混凝土试拌调整后，各材料用量分别为：水泥 3.1 kg、水 1.86 kg、砂 6.24 kg、碎石 12.84 kg，并测得拌合物体积密度为 2450 kg/m^3。采用自来水。试求 1 m^3 混凝土的各材料实际用量。

3．某工程现浇室内钢筋混凝土梁，混凝土设计强度等级为 C30，施工要求坍落度为 35～50 mm，采用机械搅拌和振捣。施工单位无近期的混凝土强度资料，采用原材料如下：

胶凝材料：普通水泥，强度等级为 42.5，p_c=3000 kg/m^3；

细集料：中砂，级配 2 区合格，p_s=2650 kg/m^3；

粗集料：卵石粒径为 5～20mm，p_g=2650 kg/m^3；

水：自来水，p_w=1000 kg/m^3。

试设计混凝土的计算配合比。

第6章 建筑钢材

教学导航

知识目标	专业能力目标	社会和方法能力目标
1. 了解钢材的基本知识； 2. 掌握钢材的主要技术性能、化学成分和冷、热加工对钢材性能的影响； 3. 熟悉建筑钢材的腐蚀及防护措施； 4. 掌握建筑钢材的腐蚀及防护	1. 会对钢材的外观质量检查和合格判定； 2. 会检测钢材的主要技术性能； 3. 会根据工程的特点，能正确合理地选用建筑钢材	培养学生规范操作习惯、分析问题和解决问题的能力、语言表达能力、实际操作能力
重难点： 钢材的物理性能、力学性能、防腐措施		

建筑钢材包括用于钢结构的各种型钢（如角钢、工字钢、槽钢、H 型钢和 T 型钢等）、钢板、钢管和用于钢筋混凝土结构中的钢筋、钢铰线、钢绞线以及钢纤维等。钢材是工业化生产的具有组织均匀，抗拉、抗压、抗冲击性能好，可切割、焊接和螺栓连接等加工性能好，装配方便的一种建材，在土木工程中应用十分广泛。建筑上由各种型钢装配而成的钢结构抗震性能好，自重较轻，特别适用于大跨度和高层结构；同时结合钢材易于锈蚀，耐火性差的特点，将钢材埋置在混凝土中构成的钢筋混凝土结构，目前已经成为我国最为常见的一种建筑结构。

6.1　钢材的生产与分类

钢（又称灰口铁）是由生铁（又称白口铁）冶炼而成。生铁是由铁矿石、熔剂（石灰石）、燃料（焦炭）在高炉中经过还原反应和造渣反应而得到的一种铁碳合金。生铁中的碳、磷和硫等杂质的含量较高，性能上质脆、强度低、塑性和韧性差，不能用于焊接、锻造、轧制等加工。

生铁冶炼要使用大量铁矿石，常见的铁矿石主要有赤铁矿（Fe_2O_3）、磁铁矿（Fe_3O_4）、菱铁矿（$FeCO_3$）、褐铁矿［$Fe_2O_3 \cdot 2Fe(OH)_3$］和黄铁矿（FeS_2）等。生铁的冶炼是将铁矿石、焦炭、石灰石（助熔剂）、少量锰矿石按一定比例混合，在高温条件下，焦炭中的碳与矿石中的氧化铁发生反应，将矿石中的铁还原出来，生成的一氧化碳和二氧化碳由炉顶排出，使矿石中的铁和氧分离，从而得到的一种铁碳合金，即生铁（又称白口铁）。

$$Fe_2O_3 + 3CO = 2Fe + 3CO_2$$

通过这种冶炼过程得到的铁仍含有较多的碳和杂质，故性能既硬又脆，往往不能达到相应的使用要求。

6.1.1　钢材的冶炼

1. 冶炼过程

将冶炼熔融的生铁进行氧化，把生铁中的碳和其他杂质转化成气体或炉渣，使碳含量和其他杂质降低到允许范围，此过程称为炼钢，大致可以分为以下四个过程：

（1）氧化剂的形成：$2Fe+O_2=2FeO$。

（2）除硅、锰、碳等杂质：

$$Si + 2FeO = SiO_2 + 2Fe$$
$$Mn + FeO = MnO + Fe$$
$$C + FeO = CO + Fe$$

（3）造渣：$CaO+SiO_2=CaSiO_3$，硫、磷杂质与生石灰作用形成炉渣被除去。

（4）脱氧：$Si+2FeO=SiO_2+2Fe$，脱氧剂（硅铁、锰铁）调节合金元素。

2. 炼钢方法

在炼钢的过程中，采用的炼钢方法不同，除掉杂质的速度就不同，所得钢的质量也有差别。目前国内主要有转炉炼钢法、平炉炼钢法和电炉炼钢法三种炼钢方法。

1）氧气转炉法

氧气转炉法以熔融铁水为原料（不需使用燃料），向炉内吹入高压氧气，除去碳、硫、磷

等杂质，冶炼速度快，钢质好，是目前最主要的炼钢方法。

2）平炉法

平炉法以生铁、废钢铁、适量铁矿石为原料，以煤油或重油为燃料，冶炼时间长，质量稳定，用于生产优质碳素钢、合金钢。

3）电炉法

电炉法以废钢铁为原料，利用电能加热，进行高温冶炼。其熔炼温度高，而且温度可以自由调节，清除杂质比较容易。因此电炉钢的质量最好，但是成本高。

6.1.2 化学成分对钢材性能的影响

钢是铁碳合金，由于原料、燃料、冶炼过程等因素使钢材中存在大量的其他元素，如硅、锰、硫、磷、氧、氮等。为了改善钢材的技术性能，常常加入一些合金元素，如锰、硅、矾、钛等。这些元素的添加、减少或不均匀分布，对钢材的性能有不同的影响。

1．碳（C）

碳是影响钢材技术性质的主要元素。当含碳量低于 0.8%时，随着含碳量的增加，钢材的抗拉强度和硬度提高，而塑性及韧性降低。同时，还将使钢材的冷弯、焊接及抗腐蚀等性能降低，并增加钢的冷脆性和时效敏感性。

2．磷、硫

磷、硫是钢材中的有害元素。磷与碳相似，能使钢的塑性和韧性下降，特别是低温下的冲击韧性，常把这种现象称为冷脆性。磷还会使钢材的冷弯性能降低，可焊性变差，但磷可使钢材的强度、耐蚀性提高。

硫在钢材中以 FeS 形式存在，钢材热加工时易引起钢的脆裂，称为热脆性。硫的存在还使钢的冲击韧性、疲劳强度、可焊性及耐蚀性降低。

3．氧、氮

氧、氮也是钢材中的有害元素，显著降低钢的塑性、韧性、冷弯性能和可焊性。

4．硅、锰

硅和锰在炼钢时的作用是脱氧去硫。硅是钢材的主要合金元素，含量在 1%以内，可提高钢的强度，对塑性和韧性没有明显影响，但含硅量超过 1%时，钢的冷脆性增加，可焊性变差。

锰能消除钢材的热脆性，改善热加工性能，显著提高钢材的强度，但其含量不得大于 1%，否则会降低钢材的塑性及韧性，导致可焊性变差。

5．铝、钛、钡、铌

铝、钛、钡、铌元素均是炼钢时的脱氧剂，适当加入钢中，可改善钢的组织，细化晶粒，显著提高钢的强度，改善韧性。

6. 钢的化学偏析现象

钢水脱氧后浇铸成钢锭，在钢锭冷却过程中，由于钢内某些元素在铁水中的溶解度高于固相，使这些元素向凝固较迟的钢锭中集中，导致化学成分在钢锭截面上分布不均匀。这种现象称为化学偏析，其中以磷、硫等元素的偏析最为严重。化学偏析现象对钢的质量影响很大。

6.1.3 钢材的分类

（1）根据《钢分类 第 1 部分：按化学成分分类》（GB/T 13304.1—2008），钢按化学成分分为非合钢、低合金钢、合金钢三类，并规定了合金元素含量的基本界限值，如表 6-1 所示。

表 6-1 非合金钢、低合金钢和合金钢合金元素规定含量界限值

合金元素	合金元素规定含量界限值（质量分数）/%		
	非合金钢	低合金钢	合金钢
Al	<0.10	—	≥0.10
B	<0.005	—	≥0.0005
Bi	<0.10	—	≥0.10
Cr	<0.30	0.30～<0.50	≥0.50
Co	<0.10	—	≥0.10
Cu	<0.10	0.10～<0.50	≥0.50
Mn	<1.00	1.00～1.40	≥1.40
Mo	<0.05	0.05～<0.10	≥0.10
Ni	<0.30	0.30～<0.50	≥0.50
Nb	<0.02	0.02～<0.06	≥0.06
Pb	<0.40	—	≥0.40
Se	<0.10	—	≥0.10
Si	<0.50	0.50～0.90	≥0.90
Te	<0.10	—	≥0.10
Ti	<0.05	0.05～0.13	≥0.13
W	<0.10	—	≥0.10
V	<0.04	0.04～0.12	≥0.12
Zr	<0.05	0.05～0.12	≥0.12
La 系（每一种元素）	<0.02	0.02～0.05	≥0.05
其他规定元素（S、P、C、N 除外）	<0.05	—	≥0.05
因为海关关税的目的而区分非合金钢、低合金钢和合金钢时，除非合同或订单中另有协议，表中 Bi、Pb、Se、Te、La 系和其他规定元素（S、P、C 和 N 除外）的规定界限值可不予考虑。 注 1：La 系元素含量，也可作为混合稀土含量总量。 注 2：表中“—”表示不规定，不作为划分依据。			

表 6-1 中所列的任一元素，按标准中确定的每个元素规定含量的质量分数，处于表 6-1 中所列非合金钢、低合金钢或合金钢相应元素的界限值范围内时，这些多分别为非合金钢、低合金钢和合金钢。

（2）根据《钢分类 第 2 部分：按主要质量等级和主要性能或使用特性的分类》（GB/T

13304.2—2008），按钢的主要质量等级，将非合金钢和低合金钢分为普通质量、优质和特殊质量三个等级；将合金钢分为优质和特殊质量两个等级。

非合金钢按其主要性能或使用特性分类如下：

① 以规定最高强度（或硬度）为主要特性的非合金钢，例如冷成型用薄钢板；

② 以规定最低强度为主要特性的非合金钢，例如造船、压力容器、管道等用的结构钢；

③ 以限制碳含 量为主要特性的非合金钢（但下述④、⑤项包括的钢除外），例如线材、调质用钢等；

④ 非合金易切削钢，钢中硫含量最低值、熔炼分析值不小于0.070%，并（或）加入Pb、Bi、Te、Se、Sn、Ca或P等元素；

⑤ 非合金工具钢；

⑥ 具有专门规定磁性或电性能的非合金钢，例如电磁纯铁；

⑦ 其他非合金钢，例如原料纯铁等。

低合金钢按其主要性能或使用特性分类如下：

① 可焊接的低合金高强度结构钢；

② 低合金耐候钢；

③ 低合金混凝土用钢及预应力用钢；

④ 铁道用低合金钢；

⑤ 矿用低合金钢；

⑥ 其他低合金钢，如焊接用钢。

合金钢按其主要性能或使用特性分类如下：

① 工程结构用合金钢，包括一般工程结构用合鑫钢，供冷成型用的热轧或冷轧扁平产品用合金钢（压力容器用钢、汽车用钢和输送管线用钢），预应力用合金钢、矿用合金钢、高锰耐磨钢等；

② 机械结构用合金钢，包括调质处理合金结构钢、表面硬化合金结构钢、冷塑性成型（冷顶锻、冷挤压）合金结构钢、合金弹簧钢等，但不锈、耐蚀和耐热钢，轴承钢除外；

③ 不锈、耐蚀和耐热钢，包括不锈钢、耐酸钢、抗氧化钢和热强钢等，按其金相组织可分为马氏体型钢、铁素体型钢、奥氏体型钢、奥氏体-铁素体型钢、沉淀硬化型钢等；

④ 工具钢，包括合金工具钢、高速工具钢。合金工具钢分为量具刃具用钢、耐冲击工具用钢、冷作模具钢、热作模具钢、无磁模具钢、塑料模具钢等；高速工具钢分为钨钼系高速工具钢、钨系高速工具钢和钴系高速工具钢等；

⑤ 轴承钢，包括高碳铬轴承钢、渗碳轴承钢、不锈轴承钢、高温轴承钢等；

⑥ 特殊物理性能钢，包括软磁钢、永磁钢、无磁钢及高电阻钢和合金等；

⑦ 其他，如焊接用合金钢等。

6.2 建筑钢材的主要技术性能

钢材的主要技术性能包括力学性能和工艺性能。

力学性能包括拉伸性能、塑性、硬度、冲击韧性、疲劳强度等。工艺性能反映钢材在加工制造过程中所表现出来的性质，如冷弯性能、焊接性能、热处理性能等。只有了解、掌握钢材的各种性能，才能正确、经济、合理地选择和使用钢材。

6.2.1　钢材的力学性能

1. 拉伸性能检测

拉伸性能是建筑钢材最重要的力学性能。

试验 14　钢筋拉伸性能检测

如图 6-1、图 6-2 所示，用低碳钢（软钢）加工的标准试件，或不经过加工，直接在钢筋线材上切取的非标准试件，进行拉伸试验。

（a）低碳钢（软钢）加工的标准试件　　（b）钢筋线材上切取的非标准试件

图 6-1　钢筋拉伸试件

1. 检测目的

测定钢材的屈服强度、抗拉强度和伸长率三个指标，作为检验和评定钢筋强度等级的主要技术依据。

2. 检测仪器设备

检测仪器设备为万能试验机［示值误差不大于 1%，测力系统应按照《静力单轴试验机的检验 第一部分：拉力和（或）压力试验机测力系统的检验与校准》（GB/T 16825.1—2008）进行校准，准确度应为 1 级或优于 1 级］，钢筋打点机或画线机，钢板尺、游标卡尺、千分尺等。

3. 实验步骤

1）试件制备

（1）应按照相关产品标准或《钢及钢产品力学性能试验取样位置及试样制备》（GB/T 2975—1998）的要求制备试件。抗拉试验用的钢筋试件一般不经过车削加工，可以用两个或一系列等分小冲点或细画线标出原始标距（标记不应影响试样断裂）。

（2）试件原始尺寸的测定。测量原标距长度 L_0，精确到 0.1 mm；圆形试件横断面直径应在标距的两端及中间处两个相互垂直的方向上各测一次，取其算术平均值，选用三处测得的横截面积中最小值，横截面积按下式计算：

$$A_0 = \frac{1}{4}\pi \cdot d_0^2$$

式中　A_0——试件的横截面面积，单位为 mm^2；

d_0——圆形试件原始横断面直径，单位为 mm。

2）屈服强度与抗拉强度的测定

（1）调整试验机测力度盘的指针，使主指针与副指针重合并对准零点。

（2）将试件固定在试验机夹头内，应尽力确保夹持的试件受轴向拉力作用，尽量减小弯曲。开动试验机进行拉伸，拉伸速度为：屈服前，应增加速度为 10 MPa/s；屈服后，试验机活动夹头在荷载下的移动速度为每分钟不大于 $0.5L_c$（不经车削试件 $L_c=l_0+2h$）。

其中，拉伸试件长度：

$$L = l_0 + 2h + 2h_1$$

式中 L —— 分别为拉伸试件的长度，单位为 mm；

l_0 —— 拉伸试件的标距，$l_0 = 5a$ 或 $l_0 = 10a$，单位为 mm；

h、h_1 —— 分别为夹具长度和预留长度，单位为 mm，h_1=（0.5～1）a，如图 6-2 所示；

a —— 钢筋的公称直径，单位为 mm。

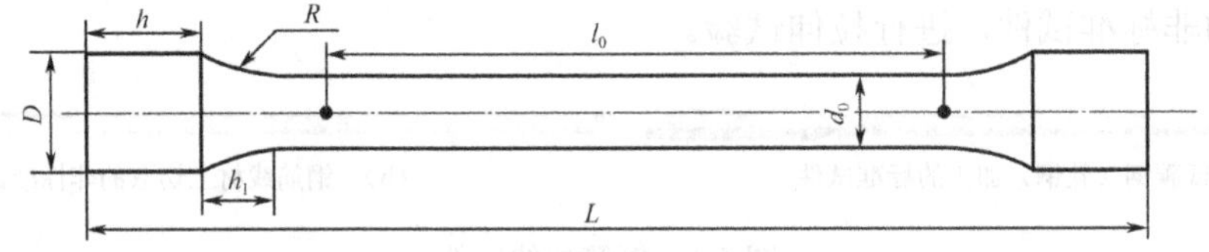

图 6-2　低碳钢拉伸试验试件参数示意

（3）拉伸中，测力度盘的指针停止转动时的恒定荷载，或不计初始瞬时效应时的最小荷载，即为屈服点荷载（σ_S）。

（4）向试件连续施加荷载直至拉断，由测力度盘读出最大荷载，即为抗拉极限荷载（σ_b）。

3）伸长率的测定

（1）将已拉断试件的两端在断裂处对齐，尽量使其轴线位于同一条直线上。如拉断处由于各种原因形成缝隙，则此缝隙应计入试件拉断后的标距部分长度内，图 6-3 所示为拉伸试验件断裂展示。

图 6-3　低碳钢拉伸试验试件断裂展示

（2）如拉断处距离邻近标距端点大于 $l_0/3$ 时，可用游标卡尺直接量出 l_1（mm）；如拉断处距离邻近标距端点小于或等于 $l_0/3$ 时，可按移位法确定 l_1（mm）。如果直接测量所求得的伸长率能达到技术条件要求的规定值，则可不采用移位法。

（3）如试件在标距端点上或标距处断裂，则实验结果无效，应重新实验。

4．结果处理

（1）屈服强度按下式计算：

$$\sigma_s = \frac{F_s}{A_0}$$

式中 σ_s —— 屈服强度，单位为 MPa；

F_s —— 屈服时的荷载，单位为 N；

A_0 —— 试件原横截面面积，单位为 mm²。

（2）抗拉强度按下式计算：

$$\sigma_b = \frac{F_b}{A_0}$$

式中　σ_b —— 屈服强度，单位为 MPa；

F_b —— 最大荷载，单位为 N；

A_0 —— 试件原横截面面积，单位为 mm²。

（3）伸长率按下式计算（精确至 1%）：

$$\delta_{10}(\delta_5) = \frac{l_1 - l_0}{l_0} \times 100\%$$

式中　$\delta_{10}(\delta_5)$ —— $l_0 = 5a$ 或 $l_0 = 10a$（mm）时的伸长率；

l_0 —— 试件原始标距长度，单位为 mm；

l_1 —— 试件拉断后直接量出或按移位法确定的标距部分长度，单位为 mm，测量精确至 0.1mm。

当实验结果有一项不合格时，应另取双倍数量的试件重做实验，如仍有不合格项目，则该批钢材的拉伸性能判为不合格。

由拉伸试验可以绘出如图 6-4 所示的应力—应变关系曲线，钢材的拉伸性能可以通过该图来表示。从图中可以看出，低碳钢受拉至拉断，全过程可划分为四个阶段：弹性阶段（O—B）、屈服阶段（B—C）、强化阶段（C—D）和颈缩阶段（D—E）。

① 弹性阶段。曲线中 O–B 段是一条直线，应力与应变成正比。如卸去外力，试件能恢复原来的形状，这种性质即为弹性，此阶段的变形为弹性变形。与点 B 对应的应力称为弹性极限，以σ_p表示。应力与应变的比值为常数，即弹性模量 E，$E=\sigma/\varepsilon$，单位为 MPa。弹性模量反映钢材抵抗弹性变形的能力，是钢材在受力条件下计算钢材结构变形的重要指标。

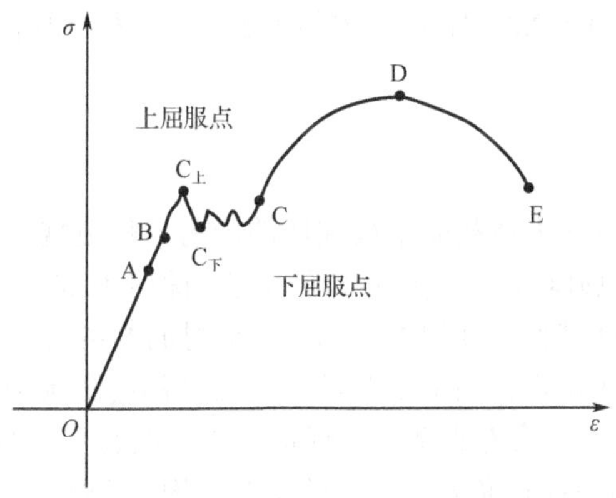

图 6-4　钢材拉伸过程的应力与应变关系

② 屈服阶段。加载超过 B 点后，应力、应变不再是正比关系，开始出现塑性变形，应力的增长滞后于应变的增长，当应力达 C上点后（上屈服点），瞬时下降至 C下（下屈服点），变形迅速增加，此时外力则大致在恒定的位置上波动，直到 C 点，这就是所谓的“屈服现象”，似乎钢材不能承受外力而屈服，所以 A–B 段称为屈服阶段。C下对应的应力称为屈服点（屈服强度），用σ_s表示。由于钢材受力达到屈服点后将产生较大的塑性变形，已不能满足正常使用要

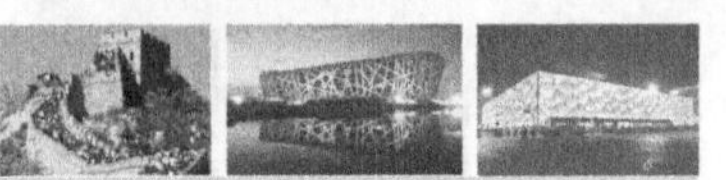

求，因此屈服强度σ_s是结构设计中钢材强度取值的依据，是工程结构计算中非常重要的一个参数。

③ 强化阶段。当应力超过屈服强度后，由于钢材内部组织结构发生了改变，所以钢材抵抗塑性变形的能力又重新提高，C–D 段呈上升曲线，称为强化阶段。对应于最高点 D 的应力值（σ_b）称为极限抗拉强度，简称抗拉强度。

显然，σ_b是钢材受拉时所能承受的最大应力值，屈服强度和抗拉强度之比（即屈强比$=\sigma_s/\sigma_b$），屈强比是反映钢材的利用率和结构安全可靠程度的指标。屈强比越小，钢材的安全可靠程度越高，但屈强比过小，又说明钢材强度的利用率偏低，造成钢材浪费。建筑结构合理的屈强比一般为 0.60～0.75。

《混凝土结构工程施工质量验收规范》（GB 50204—2015）规定：钢筋的抗拉强度实测值与屈服强度实测值的比值不应小于1.25，钢筋的屈服强度实测值与强度标准值的比值不应大于1.3。

④ 颈缩阶段。试件受力达到最高点 D 点后，其抵抗变形的能力明显降低，变形迅速发展，应力逐渐下降，试件被拉长，在有杂质或缺陷处，断面急剧缩小，直至断裂，故 D–E 段称为颈缩阶段。

将拉断后的试件拼合起来，测定出标距范围内的长度l_1(mm)，l_1与试件原标距l_0(mm)之差为塑性变形值，此差值与l_0之比称为伸长率（δ）。

伸长率δ是衡量钢材塑性的一个重要指标，δ越大，说明钢材的塑性越好。而一定的塑性变形能力，可保证应力重新分布，避免应力集中，从而使钢材的结构安全性越大。

通常以δ_5和δ_{10}分别表示$l_0=5d_0$和$l_0=10d_0$时的伸长率，对于同一种钢材，其δ_5大于δ_{10}。

高碳钢（硬钢）的拉伸曲线与低碳钢不同，屈服现象不明显，难以测定屈服点，则规定产生残余变形为原标距长度的 0.2%时所对应的应力值，作为硬钢的屈服强度，也称条件屈服点，用$\sigma_{0.2}$表示。

2．冲击韧性

冲击韧性是指钢材抵抗冲击荷载而不被破坏的能力。规范规定是以刻槽的标准试件，在冲击试验的摆锤冲击下，以破坏后，试件缺口处单位面积上所消耗的功α_K (J/cm^2)来表示，如图 6-5 所示。α_K越大，冲断试件消耗的能量越多，钢材的冲击韧性越好。

钢材的化学成分、内在缺陷、加工工艺及环境温度都会影响钢材的冲击韧性。当钢材中的硫（S）、磷（P）含量较高，含有夹杂物及焊接形成的微裂纹，都会使冲击韧性显著降低。对于直接承受动荷载，而且可能在负温下工作的重要结构，必须按照有关规范要求进行钢材的冲击韧性检验。

3．疲劳强度

钢材在交变荷载反复作用下，可能在远小于其屈服强度的情况下突然破坏，此破坏称为疲劳破坏。疲劳破坏的危险应力用疲劳强度表示。疲劳强度是指钢材在交变荷载作用下，在规定周期内不发生疲劳破坏所能承受的最大应力值。一般把钢材承受交变荷载 10^6～10^7 次时不

发生破坏的最大应力值作为疲劳强度。在设计承受反复荷载且须进行疲劳验算的结构时，应当了解所用钢材的疲劳强度。

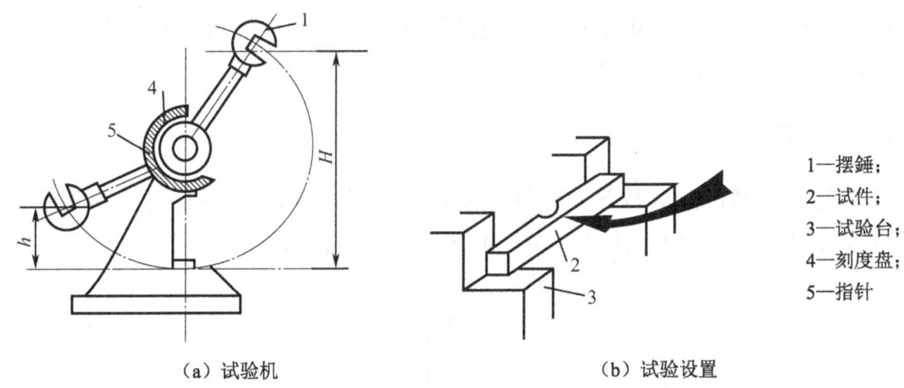

（a）试验机　　（b）试验设置

图 6-5　钢材的冲击韧性检测

研究表明，钢材的疲劳破坏是拉应力引起的，首先在局部开始形成微细裂纹，其后由于裂纹尖端处产生应力集中而使裂纹迅速扩展直至钢材断裂。因此，钢材的内部成分、夹杂物及最大应力处的表面光洁程度、加工损伤等，都是影响钢材疲劳强度的因素。疲劳破坏经常是突然发生的，因而具有很大的危险性，往往造成严重事故。

4. 硬度

硬度是指钢材表面抵抗硬物压入产生塑性变形的能力，即以一定的静荷载把一定的压头压在金属表面，然后测定压痕的面积或深度，如图 6-6 所示。

硬度的测定方法常采用布氏法和洛氏法。建筑钢材常用的硬度指标为布氏硬度值，其代号为 HB。利用硬度和抗拉强度间的关系，可以通过测定硬度值来推知钢材的抗拉强度。各类钢材的布氏硬度 HB 与抗拉强度之间有如下近似关系。

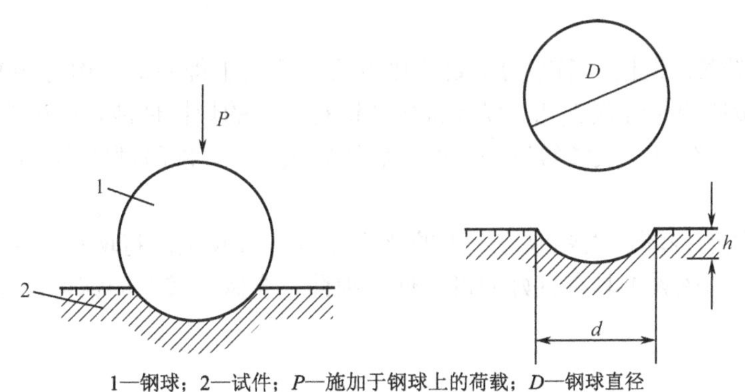

1—钢球；2—试件；P—施加于钢球上的荷载；D—钢球直径

图 6-6　布氏硬度检测

HB＜175 时，其抗拉强度与布氏硬度的经验关系式为σ_b=0.36 HB；HB＞175 时，其抗拉强度与布氏硬度的经验关系式为σ_b=0.35 HB。

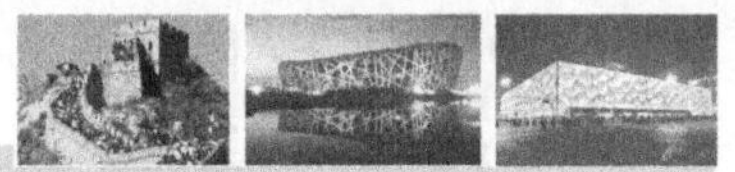

6.2.2 钢材的工艺性能

良好的工艺性能，可以保证钢材顺利通过各种加工，而使钢材制品的质量不受影响。冷弯、冷拉、冷拔及焊接性能均是建筑钢材的重要工艺性能。

1. 冷弯性能检测

冷弯性能是反映钢材在常温下受弯曲变形的能力。其指标是以试件弯曲的角度α和弯心直径d对试件厚度d_a（或直径）的比值（d/d_a）来表示，如图6-7所示。

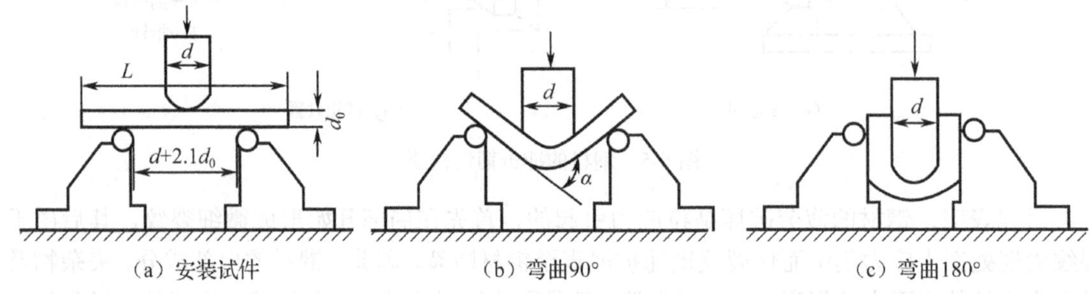

图6-7 钢材冷弯性能检测

钢材冷弯时的弯曲角度越大，弯心直径越小，则表示其冷弯性能越好。冷弯检验是按规定的弯曲角度和弯心直径进行试验，试件的弯曲处不发生裂缝、裂断或起层，即认为冷弯性能合格。

相对于伸长率而言，冷弯是对钢材塑性更严格的检验，它能反映钢材是否存在内部组织不均匀、内应力和夹杂物等缺陷，并且能揭示焊件在受弯表面存在未熔合、微裂纹及夹杂物等缺陷。

2. 焊接性能

焊接是各种型钢、钢板、钢筋的重要连接方式。建筑工程的钢结构有 90%以上是焊接结构。焊接结构质量取决于焊接工艺、焊接材料及钢材本身的焊接性能，焊接性能好的钢材，焊口处不易形成裂纹、气孔、夹渣等缺陷；焊接后的焊头牢固，硬脆倾向小，强度不低于原有钢材。

钢材可焊性能的好坏，主要取决于钢的化学成分。含碳量高将增加焊接接头的硬脆性，含碳量小于0.25%的碳素钢具有良好的可焊性。因此，含碳量较低的钢可焊性较好。

3. 冷加工

将钢材在常温下进行冷拉、冷拔或冷轧等，使之产生塑性变形，从而提高屈服强度，节约钢材，这个过程称为冷加工。经冷加工处理后的钢材塑性和韧性会降低。

1）冷拉

冷拉是将热轧钢筋用冷拉设备进行强力拉伸，钢筋经冷拉后屈服强度提高，弹性模量提高，材质变硬。

2）冷拔

将光圆钢筋通过硬质合金拔丝模孔强行拉拔。每次拉拔断面缩小应在 10%以下。钢筋在冷拔过程中，不仅受拉，同时还受到挤压作用，因而冷拔的作用比冷拉作用强烈。经过一次或多次冷拔后的钢筋，表面光洁度高，屈服强度提高，但塑性降低，具有硬钢的性质。

3）时效

钢材经冷加工后，在常温下存放 15～20 d 使其屈服强度进一步提高，而塑性及韧性也进一步降低，这个过程称为自然时效。或者通电加热至 100～200℃，保持 2 h 左右，使其屈服强度进一步提高，而塑性及韧性也进一步降低，这个过程称为人工时效。经时效处理后弹性模量可基本恢复。

因时效而导致钢材性能改变的程度称为时效敏感性。时效敏感性大的钢材，经时效后，其韧性、塑性改变较大。因此，承受振动、冲击荷载作用的重要结构（如吊车梁、桥梁），应选用时效敏感性小的钢材。

4．钢材的热处理

按照一定方法将钢材加热至一定的温度，保持一定的时间，再以一定的速度和方式冷却，使内部晶体组织和显微结构按要求改变，或者消除钢中的内应力，获得所需力学性能的过程。例如，钢材淬火后随即进行高温回火处理，称为调质处理，使钢材的强度、塑性、韧性等性能均得以改善。钢材热处理的基本方法：

（1）正火。加热到某一温度，并保持一定时间，然后在空气中缓慢冷却，可得到均匀细小的显微组织。钢材正火处理后强度和硬度提高，塑性降低。

（2）退火。加热至某一温度，保持一定时间后，在退火炉中缓慢冷却。退火能消除钢材中的内应力，细化晶粒，均匀组织，使钢材硬度降低，塑性和韧性提高。

（3）淬火。将钢材加热至某一温度，保持一定时间后，迅速置于水中或机油中冷却。钢材经淬火后，强度和硬度提高，脆性增大，塑性和韧性明显降低。

（4）回火。淬火后的钢材重新加热到某一温度，保温一定时间后再缓慢地或较快地冷却至室温。回火可消除钢材淬火时产生的内应力，使其硬度降低，恢复其塑性和韧性。

6.3　建筑钢材的技术标准及选用

建筑钢材可分为钢结构用钢（各种型钢、钢板、钢管等）和钢筋混凝土结构用钢（各种钢筋、钢铰线等）两大类，它们的性能主要取决于所用的钢种及其加工方式。

6.3.1　钢结构用钢

钢结构用钢主要包括碳素结构钢和低合金高强度结构钢。

1．碳素结构钢

1）碳素结构钢牌号的表示方法

根据《碳素结构钢》（GB/T 700—2006）的规定，碳素结构钢牌号由代表屈服强度的字母 Q、屈服强度数值、质量等级代号、脱氧方法四个部分按顺序组成。

碳素结构钢按屈服强度的数值，分为 195、215、235、275 四种；按硫、磷杂质的含量由多到少，分为 A、B、C、D 四个质量等级；按脱氧方法不同，分别用 F 表示沸腾钢、Z 表示镇静钢、TZ 表示特殊镇静钢。例如，Q235-A・F 表示屈服强度为 235 MPa、质量等级为 A 的沸腾钢。

2）技术指标

碳素结构钢的技术要求包括化学成分、冶炼方法、力学性能、交货状态和表面质量五个方面。碳素结构钢的化学成分、冷弯试验、力学性能指标应符合表 6-1、表 6-2 和表 6-3 的规定。

表 6-1　碳素结构钢的化学成分（GB/T 700—2006）

牌号	统一数字代号	质量等级	厚度或直径/mm	脱氧方法	化学成分（质量分数/%），不大于				
					C	Si	Mn	P	S
Q195	U11952	-	-	F、Z	0.12	0.30	0.50	0.035	0.040
Q215	U12152	A	-	F、Z	0.15	0.35	1.20	0.045	0.050
	U12155	B							0.045
Q235	U12352	A	-	F、Z	0.22	0.35	1.40	0.045	0.050
	U12355	B			0.22				0.045
	U12358	C		Z	0.17			0.040	0.040
	U12359	D		TZ				0.035	0.035
Q275	U12752	A	-	F、Z	0.24	0.35	1.50	0.045	0.050
	U12755	B	≤40	Z	0.21			0.045	0.045
			＞40		0.22				
	U12758	C	-	Z	0.20			0.040	0.040
	U12759	D		TZ				0.035	0.035

表 6-2　碳素结构钢的冷弯试验指标（GB/T 700—2006）

牌号	试样方向	冷弯试验（180°，B=2a①）	
		钢材厚度②（或直径）/mm	
		≤60	60～200
		弯心直径 d	
Q195	纵	0	-
	横	0.5a	
Q215	纵	0.5a	1.5a
	横	a	2a
Q235	纵	A	2a
	横	1.5a	2.5a
Q275	纵	1.5a	2.5a
	横	2a	3a

注：①B 为试样宽度，a 为试样厚度（或直径）；

②钢材厚度（或直径）大于 100 mm 时，弯曲试验由双方协商确定。

表 6-3　碳素结构钢的力学性能（GB/T 700—2006）

牌号	等级	拉伸试验												冲击试验温度（℃）	V 形冲击功（纵向）(J)
		屈服点 σ_s (MPa)						抗拉强度 σ_b/MPa	断后伸长率 δ(%)						
		钢材厚度(直径)/mm							钢材厚度(直径)/mm						
		≤16	16～40	40～60	60～100	100～150	150～200		≤40	40～60	60～100	100～150	150～200		
		不小于							不小于						不小于
Q195	—	195	185	—	—	—	—	315～430	33	—	—	—	—	—	—
Q215	A	215	205	195	185	175	165	335～450	31	30	29	27	26	—	—
	B													+20	27
Q235	A	235	225	215	215	195	185	370～500	26	25	24	22	21	—	—
	B													+20	27
	C													0	
	D													-20	
Q275	A	275	265	255	245	225	215	410～540	22	21	20	18	17	—	—
	B													+20	27
	C													0	
	D													-20	

3）碳素结构钢的性能和应用

碳素结构钢各牌号中 Q195、Q215 强度较低、塑性韧性较好、易于冷加工和焊接，常用作铆钉、螺丝、铁丝等；Q235 强度较高，塑性韧性也较好，可焊性较好，是建筑工程中主要的牌号；Q275 强度高、塑性韧性较低，可焊性较差且不易冷弯，多用于机械零件，或制作螺栓，极少数用于混凝土配筋及钢结构中。同时，应根据工程结构的荷载情况、焊接情况及环境温度等因素，来选择钢的质量等级和脱氧程度。

2．低合金高强度结构钢

低合金高强度结构钢是在碳素结构钢的基础上添加少量的一种或几种合金元素（总含量小于 5%）的一种结构钢。所加元素主要有锰（Mn）、硅（Si）、钛（Ti）、铌（Nb）、铬（Cr）、镍（Ni）及稀土元素，其目的是提高钢材的屈服强度、抗拉强度、耐磨性、耐蚀性及耐低温性能等。低合金高强度结构钢是综合性能较为理想的建筑钢材，尤其是在大跨度、承受动荷载和冲击荷载的结构中应用更适用。

1）牌号表示方法

根据《低合金高强度结构钢》（GB/T 1591—2008）规定，低合金高强度结构钢的牌号是由代表屈服点的字母 Q、屈服点数值、质量等级代号三个部分组成，按硫、磷等杂质含量由多到少，分为 A、B、C、D、E 五个质量等级。例如，Q345D 表示屈服强度为 345 MPa，质量等级为 D 的结构钢。

2）技术指标

低合金高强度结构钢的技术要求包括化学成分、冶炼方法、力学性能、交货状态及表面质量五个方面。低合金高强度结构钢的拉伸性能和弯曲试验应符合表 6-4 和表 6-5 的规定。

表 6-4　低合金高强度结构钢的拉伸性能（GB/T 1591—2008）

牌号	质量等级	屈服强度/MPa 厚度（直径，边长）/mm ≤16	16～40	40～63	63～80	抗拉强度/MPa 厚度(直径，边长)≤40 mm	伸长率 δ/% 厚度（直径，边长）/mm ≤40	40～63	63～100
		不小于					不小于		
Q345	A	345	335	325	315	470～630	20	19	19
	B								
	C								
	D						21	20	20
	E								
Q390	A	390	370	350	330	490～650	20	19	19
	B								
	C								
	D								
	E								
Q420	A	420	400	380	360	520～680	19	18	18
	B								
	C								
	D								
	E								
Q460	C	460	440	420	400	550～720	17	16	16
	D								
	E								
Q500	C	500	480	470	450	610～770	17	17	17
	D								
	E								
Q550	C	550	530	520	500	670～830	16	16	16
	D								
	E								
Q620	C	620	600	590	570	710～880	15	15	15
	D								
	E								
Q690	C	690	670	660	640	770～940	14	14	14
	D								
	E								

表 6-5　低合金高强度结构钢的弯曲试验（GB/T 1591—2008）

编号	试样方向	180° 弯曲试验 [d=弯心直径，a=试样厚度（直径）] 钢材厚度（直径，边长）/mm ≤16	16～100
Q345 Q390 Q420 Q460	宽度不小于 600 mm 扁平材，拉伸试验取横向试样；宽度小于 600 mm 的扁平材、型材及棒材取纵向试样	2*a*	3*a*

3）低合金高强度结构钢的应用

在钢结构中采用低合金高强度结构钢轧制型钢、钢板来建造桥梁、高层及大跨度建筑。

在重要的钢筋混凝土结构或预应力钢筋混凝土结构中，低合金高强度结构钢常用于加工热轧带肋钢筋。

4）品种及规格

钢结构采用的型材有热轧成型的钢板、型钢以及冷弯（或冷压）成型的薄壁型材。

（1）热轧钢板。热轧钢板分厚板、薄板和扁钢。厚板的厚度为 3～60 mm，宽为 0.7～3 m，长为 4～12 m。薄板厚度为 0.35～3 mm，宽为 0.5～1.5 m，长为 0.5～4 m。扁钢厚度为 3～60 mm，宽为 30～200 mm，长为 3～9 m。厚钢板广泛用于组成焊接构件和连接钢板，薄钢板是冷弯薄壁型钢的原料。

钢板用符号“-”后加“厚×宽×长”（单位为 mm）的方法表示，如-12×800×2100，表示钢板厚为 12 mm，宽为 800 mm，长为 2100 mm。

（2）热轧型钢 。热轧型钢有角钢、工字钢、槽钢、H 型钢、剖分 T 型钢、钢管（如图 6-8 所示）。

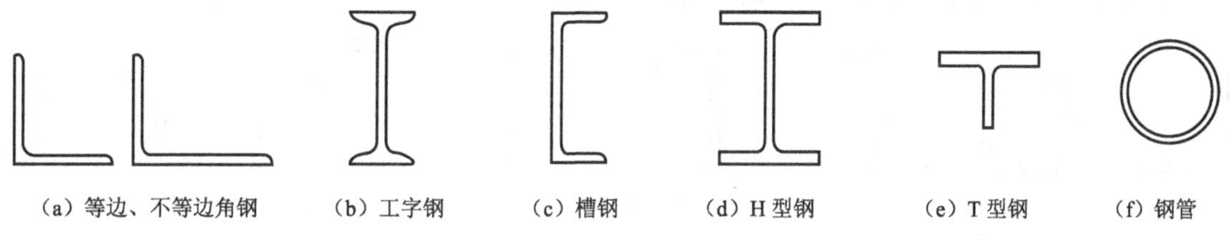

图 6-8 热轧型钢截面

角钢有等边和不等边两种。等边角钢也称等肢角钢，以符号“∟”后加“边宽×厚度”（单位为 mm）表示，如 ∟100×10 表示肢宽为 100 mm、厚度为 10 mm 的等边角钢。不等边角钢（也叫不等肢角钢）则以符号“L”后加“长边宽×短边宽。我国目前生产的等边角钢，其肢宽为 20～200 mm，不等边角钢的肢宽为 25 mm×16 mm～200 mm×125 mm。

槽钢有热轧普通槽钢与热轧轻型槽钢。普通槽钢以符号“［”后加截面高度（单位为 cm）表示，并以 a、b、c 区分同一截面高度中的不同腹板厚度，如［30a 指槽钢截面高度为 30 cm 且腹板厚度为最薄的一种。轻型槽钢以符号“Q［”后加截面高度（单位为 cm）表示，如 Q［25，其中 Q 是汉语拼音“轻”的拼音字首。同样型号的槽钢，轻型槽钢由于腹板薄及翼缘宽而薄，因而截面小但回转半径大，能节约钢材、减少自重。

工字钢分普通工字钢和轻型工字钢。普通工字钢以符号“Ⅰ”后加截面高度（单位为 cm）表示，如Ⅰ16。20 号以上的工字钢，同一截面高度有 3 种腹板厚度，以 a、b、c 区分（其中 a 类腹板最薄），如Ⅰ30b。轻型工字钢以符号“QⅠ”后加截面高度（单位为 cm）表示，如 QⅠ25。我国生产的普通工字钢规格有 10～63 号，轻型工字钢规格有 10～70 号。工程中不宜使用轻型工字钢。

H 型钢是一种经工字钢发展而来的经济断面型材，其翼缘内外表面平行，内表面无斜度，翼缘端部为直角，便于与其他构件联结。热轧 H 型钢分为宽翼缘 H 型钢、中翼缘 H 型钢和窄翼缘 H 型钢三类，其代号分别为 HW、HM、HN。H 型钢的规格以代号后加“高度×宽度×腹板厚度×翼缘厚度”（单位为 mm）表示，如 HW340×250×9×14。此外工程中 HP 型钢也有使用，其腹板与翼缘厚度相同，常用作柱子构件。

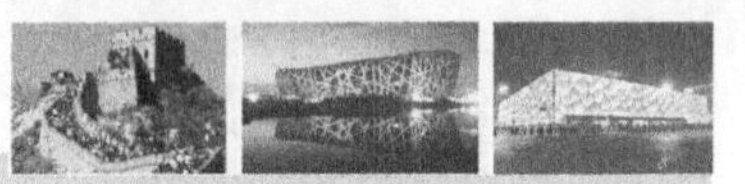

剖分T型钢是由对应的H型钢沿腹板中部对等剖分而成。其代号与H型钢相对应，采用TW、TM、TN分别表示宽翼缘T型钢、中翼缘T型钢和窄翼缘T型钢，其规格和表示方法也与H型钢相同，如TN225×200×12表示截面高度为225 mm、翼缘宽度为200 mm、腹板厚度为12 mm的窄翼缘剖分T型钢。用剖分T型钢代替由双角钢组成的T型截面，其截面力学性能更为优越，且制作方便。

钢管分为无缝钢管和焊接钢管。以符号“Φ”后加“外径×厚度”（单位为 mm）表示，如Φ400×6。

（3）冷弯薄壁型钢。冷弯薄壁型钢是由2～6 mm的薄钢板经冷弯或模压而成型的，其截面各部分厚度相同，转角处均呈圆弧形（见图 6-9）。因其壁薄，截面几何形状开展，因而与面积相同的热轧型钢相比，其截面惯性矩大，是一种高效经济的截面。其缺点是因为壁薄，对锈蚀影响较为敏感，故多用于跨度小，荷载轻的轻型钢结构中。

压型钢板［图 6-9（k）］是近年来开始使用的薄壁型材，所用钢板厚度为0.4～2 mm。其优缺点同冷弯薄壁型钢，主要用于围护结构、屋面、楼板等。

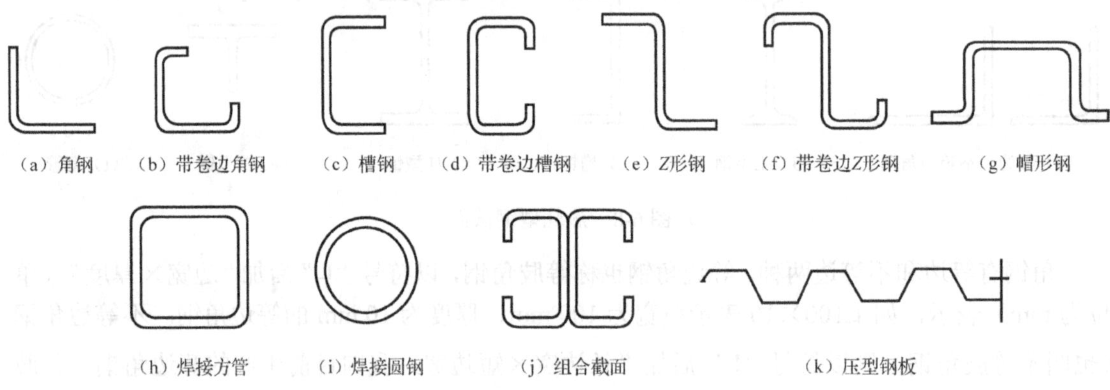

图 6-9　冷弯薄壁型材的截面形式

6.3.2 钢筋混凝土结构钢材

钢筋混凝土结构用的钢筋和钢铰线，主要是由碳素结构钢和低合金结构钢轧制而成。其主要品种有热轧钢筋、冷轧带肋钢筋、低碳钢热轧圆盘条、预应力混凝土用钢铰线和钢绞线。钢筋按直条或盘条供货。

1．热轧钢筋

用加热钢坯轧制条形成品钢筋，称为热轧钢筋。热轧钢筋是建筑工程中用量最大的钢材品种之一，主要用于钢筋混凝土和预应力混凝土结构的配筋。

1）热轧钢筋的分类

按轧制外形分类，可分为热轧光圆钢筋和热轧带肋钢筋两类，如图 6-10 所示。

热压光圆钢筋表面平整光滑，横截面为圆形。其强度较低，但塑性好，伸长率大，便于折弯成型，可焊性好，可用于中小型构件的受力筋及构造筋。

热轧带肋钢筋表面常带有两条纵肋和沿长度方向均匀分布的横肋。热轧带肋钢筋按肋纹的形状可分为月牙肋和等高肋。月牙肋和纵横肋不相交，等高肋则纵横相交。月牙肋筋有生产

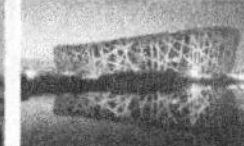

简便、强度高、应力集中、敏感性小、抗疲劳性能好等优点，但其与混凝土的黏结锚固性能稍逊于等高肋钢筋。

（a）热轧光圆钢筋

（b）热轧带肋钢筋

图 6-10　月牙肋和等高肋钢筋

根据《钢筋混凝土用钢 第 1 部分：热轧光圆钢筋》（GB 1499.1—2008）和《钢筋混凝土用钢 第二部分：热轧带肋钢筋》（GB 1499.2—2008）规定，按屈服强度特征值，热轧光圆钢筋分为 235 级、300 级；热轧带肋钢筋分为 335 级、400 级、500 级。热轧钢筋的牌号分别为 HPB325、HPB300、HRB335、HRBF335、HRB400、HRBF400、HRB500、HRBF500，其中 H、P、R、F 分别为热轧、光圆、带肋、细晶粒四个词的英文首字母，数值为屈服强度的最小值。热轧钢筋的力学和工艺性能应符合表 6-6 规定。

表 6-6　热轧钢筋的性能

牌号	公称直径 *a*/mm	屈服确定/MPa	抗拉强度/MPa	断后伸长率 δ/%	冷弯试验 180° *d*=弯心直径 *a*=公称直径
HPB235	6 ～22	235	370	25	*d*=*a*
HPB300		300	420		
HRB335 HRBF335	6 ～25	335	455	17	*d*=3*a*
	28 ～40				*d*=4*a*
	40 ～50				*d*=5*a*
HRB400 HRBF400	6 ～25	400	540	16	*d*=4*a*
	28 ～40				*d*=5*a*
	40 ～50				*d*=6*a*
HRB500 HRBF500	6 ～25	500	630	15	*d*=6*a*
	28 ～40				*d*=7*a*
	40 ～50				*d*=8*a*

2）热轧钢筋的性能和应用

HPB300 级钢筋：用碳素结构钢轧制而成的光圆钢筋，也称为一级钢，工程中常用符号“ф”表示。其强度较低，但具有塑性好、伸长率高、便于折弯成型、容易焊接等特点，可用作中、小型钢筋混凝土的主要受力筋，构件的箍筋，钢、木结构的拉杆等。过去生产的 HPB235 系列光圆钢筋已经逐步退出市场。

HRB335、HRB400 级钢筋：用低合金镇静钢和半镇静钢轧制，也称为二、三级钢，工程中常用符号“⊈”“⊈”表示。其强度较高，塑性及可焊性较好，适用于大、中型钢筋混凝土结构的受力筋，冷拉后也可作预应力筋。

HRB500 级钢筋：用中碳低合金镇静钢轧制而成，以硅、锰为主要合金元素，也称为四级钢，工程中常用符号“⊈”表示。HRB500 级钢筋在强度、延性、耐高温、低温性能、抗震性

能和疲劳性能等方面均比 HRB400 有很大的提高，主要用于高层、超高层建筑、大跨度桥梁等高标准建筑工程，是国际工程标准积极推荐并已在发达国家广泛使用的产品。HRB500 钢筋工程应用实践表明，采用 HRB500 级钢筋可节省大量钢材，具有明显的经济效益和社会效益。

2．冷轧带肋钢筋

1）冷轧带肋钢筋的牌号

热轧圆盘条经冷轧后，在其表面带有沿长度方向均匀分布的三面或两面横肋的钢筋，称为冷轧带肋钢筋。《冷轧带肋钢筋》（GB 13788—2017）规定，冷轧带肋钢筋的牌号由 C、R、B 和抗拉强度最小值表示，其中 C、R、B 分别为冷轧、带肋、钢筋三个词的英文首位字母。冷轧带肋钢筋分为 CRB550、CRB650、CRB800、CRB600H、CRB680H、CRB800H 六个牌号。冷轧带肋钢筋的力学性能及工艺性能应符合表 6-7 的规定。

表 6-7　冷轧带肋钢筋力学性能和工艺性能（GB 13788—2017）

牌号	塑性延伸强度 $R_{p0.2}$ /MPa，不小于	抗拉强度 R_m /MPa，不小于	伸长率 δ/%，不小于		弯曲试验（180°）	反复弯曲次数	松弛率（初始应力，$\sigma_{con}=0.7\sigma_b$）（1000 h，%）不大于
			A	$A_{100\ m}$			
CRB550	500	550	11.0	-	$D=3d$	-	-
CRB650	585	650	-	4.0	-	3	8
CRB800	720	800	-	4.0	-	3	8
CRB600H	540	600	14.0	-	$D=3d$	-	-
CRB680H	600	680	14.0	-	$D=3d$	4	5
CRB800H	720	800	-	7.0	-	4	5

2）冷轧带肋钢筋的性能及应用

与冷拔低碳钢铰线相比，冷轧带肋钢筋具有强度高、塑性好、与混凝土黏结牢固、节约钢材、质量稳定等优点。CRB550 宜用作普通钢筋混凝土结构，其他牌号宜用在预应力混凝土结构中。

3．预应力混凝土用钢铰线和钢绞线

1）预应力混凝土用钢铰线

预应力混凝土用钢铰线采用优质碳素结构钢制成，抗拉强度高。根据《预应力混凝土用钢铰线》（GB/T 5224—2014），按钢铰线加工状态分为冷拉钢铰线和消除应力钢铰线两类。冷拉钢铰线代号为 WCD；光圆钢铰线代号为 P；螺旋肋钢铰线代号为 H；刻痕钢铰线代号为 I。消除应力钢铰线的塑性比冷拉钢铰线好，刻痕钢铰线和螺旋肋钢铰线与混凝土的黏结力好。

对于预应力混凝土用钢铰线，其产品标记按预应力钢铰线、公称直径、抗拉强度等级、加工状态代号、外形代号和标准号的顺序编写。例如，公称直径为 6.00 mm，抗拉强度为 1570 MPa 的冷拉螺旋肋钢铰线，其标记为：预应力钢铰线 6.00—1570—WCD—H—GB/T5223—2014。

2）预应力混凝土用钢绞线

预应力混凝土用钢绞线是以数根优质碳素钢铰线经绞捻和消除内应力的热处理后制成的。根据《预应力混凝土用钢铰线》（GB/T 5224—2014），钢绞线按原材料和制作方法不同，有标准型钢绞线、刻痕钢绞线和模拔型钢绞线三种。标准型钢绞线是由冷拉圆钢铰线捻制成的钢绞线；刻痕钢绞线是由刻痕钢铰线捻制成的钢绞线（代号 I）；模拔型钢绞线是捻制后再经冷拔而成的钢绞线（代号 C）。按捻制结构不同，钢绞线分为五种结构类型，如表 6-8 所示。

表 6-8　预应力钢绞线的结构类型与代号

结 构 类 型	代号
用 2 根钢铰线捻制的钢绞线	1×2
用 3 根钢铰线捻制的钢绞线	1×3
用 3 根刻痕钢铰线捻制的钢绞线	1×3 I
用 7 根钢铰线捻制的钢绞线	1×7
用 6 根刻痕钢丝和 1 根光圆中心钢丝捻制的钢绞线	1×7 I
用 7 根钢铰线捻制又经模拔的钢绞线	（1×7）C
用 19 根钢丝捻制的 1+9+9 西鲁式钢绞线	1×19 S
用 19 根钢丝捻制的 1+6+6/6 瓦林吞式钢绞线	1×19 W

预应力钢铰线和钢绞线具有强度高、柔韧性好、无接头、质量稳定、施工简便等优点，使用时可按要求的长度切割，主要用于大跨度、大荷载、曲线配筋的预应力混凝土结构，如桥梁、电杆、轨枕、屋架、大跨度吊车梁等。

6.4　钢材的锈蚀、防护与保管

6.4.1　钢材的锈蚀

钢材的锈蚀，指其表面与周围介质发生化学反应或电化学作用而遭到侵蚀破坏的过程。钢材在存放中严重锈蚀，不仅截面积减小，而且局部锈蚀的产生，可造成应力集中，促使结构破坏。尤其在冲击荷载、循环交变荷载的作用下，将产生锈蚀疲劳破坏，使疲劳强度大为降低，出现脆性破坏。根据钢材表面与周围介质的不同作用，锈蚀可分为化学锈蚀和电化学锈蚀两类。

1．化学锈蚀

指钢材表面与周围介质直接发生化学反应而产生的锈蚀。这种腐蚀多数是氧化作用，在钢材的表面形成疏松的氧化物。在常温下，钢材表面被氧化，形成一层薄薄的、钝化能力很弱的氧化保护膜，在干燥环境下化学腐蚀进展缓慢，对保护钢筋是有利的，但在湿度和温度较高的条件下，这种腐蚀进展很快。

2．电化学锈蚀

建筑钢材在存放和使用过程中发生的锈蚀主要属于这一类。例如，存放在湿润空气中的钢材，表面被一层电解质水膜所覆盖，由于表面成分、晶体组织、受力变形、平整度差别等的

不均匀性，使邻近局部产生电极电位的差别，构成许多微电池，在阳极区，铁被氧化成 Fe^{2+} 离子进入水膜中。由于水中溶有来自空气的氧，故在阴极区氧将被还原为 OH^-离子。两者结合成为不溶于水的 $Fe(OH)_2$，并进一步氧化成为疏松易剥落的红棕色铁锈 $Fe(OH)_3$。因为水膜离子浓度提高，阴极放电快，锈蚀进行较快，故在工业大气的条件下，钢材较容易锈蚀。如水膜中溶有酸，则阴极被还原成为 H^+离子。由于所形成的 H^+离子结合成水而使阴极去极化，故锈蚀能继续进行。钢材锈蚀时，伴随体积增大，最严重的可达原体积的 6 倍。在钢筋混凝土中，会使周围的混凝土胀裂。

埋于混凝土中的钢筋，因处于碱性介质的条件（新浇混凝土的 pH 值约为 12.5 或更高），而形成碱性氧化保护膜，故不致锈蚀。但应注意，当混凝土保护层受损后碱度降低，或锈蚀反应将强烈地被一些卤素离子，特别是氧离子所促进，对保护钢筋是不利的，它们能破坏保护膜，使锈蚀迅速发展。

6.4.2 钢材的锈蚀防护措施

1. 保护层法

在钢材表面施加保护层，使钢与周围介质隔离，从而防止生锈。保护层可分为金属保护层和非金属保护层。金属保护层是用耐蚀性较强的金属，以电镀或喷镀的方法覆盖钢材表面，如镀锌、镀锡、镀铬等。非金属保护层是用有机或无机物质作保护层。常用的是在钢材表面涂刷各种防锈涂料。此外还可采用塑料保护层、沥青保护层及搪瓷保护层等，薄壁钢材可采用热浸镀锌或镀锌后加涂塑料涂层，这种方法效果最好，但价格较高。

涂刷保护层之前，应先将钢材表面的铁锈清除干净，目前一般的除锈方法有三种：钢铰线刷除锈、酸洗除锈及喷砂除锈。

2. 制成合金钢

钢材的化学性能对耐锈蚀性有很大影响，如在钢中加入合金元素铬、镍、钛、铜等，制成不锈钢，可以提高耐锈蚀能力。

6.4.3 钢材的保管

钢材与周围环境发生化学、电化学和物理作用等，极易产生锈蚀。按环境条件的不同，可分为大气锈蚀、海水锈蚀、淡水锈蚀、生物锈蚀、工业介质锈蚀等。

在保管工作中，消除或减少介质中的有害组分，如去湿、防尘，以消除空气中所含的水蒸气、二氧化硫、尘土等有害组分，对于防止钢材的锈蚀，是做好保管工作的核心。

1. 选择适宜的存放场所

风吹、日晒、雨淋等自然因素，对钢材的性能有较大影响，应入库存放；对只怕雨淋，但对风吹、日晒、潮湿不十分敏感的钢材，可入棚存放；自然因素对其性能影响轻微，或使用前可通过加工措施消除影响的钢材可露天存放。

存放处所，应尽量远离有害气体和粉尘的污染，避免受酸、盐及其他腐蚀性气体的侵蚀。

2. 保持库房干燥通风

库、棚地面的类型，影响钢材的锈蚀速度。土地面和砖地面都易返潮，加上通风不良，库棚内会比露天料场还要潮湿。因此库房内存放应保持通风与干燥。

3. 合理码垛

进场的钢材应分类、分牌号分别堆放，以防用混。料垛应稳固，垛位的质量不应超过地面的承载力，垛底要垫高 30～50 cm。有条件的要采用料架。根据钢材的形状、大小和多少，确定平放、坡度等堆码参数，保持垛形整齐，便于后期出库清点工作。

4. 加强计划管理

制定合理的库存周期计划和储备定额，制定严格的库存锈蚀检查计划。

复习思考题 6

一、填空题

1. 钢材的主要技术指标：屈服极限、__________、伸长率是通过__________试验来确定的。
2. 钢材中的有害元素有___________。
3. $\sigma_{0.2}$ 表示钢材的________，作为硬钢的屈服强度。
4. __________组织不够致密，气泡含量较多，化学偏析较大，成分不均匀，质量较差，但成本较低。
5. 钢材经冷加工和时效处理后，其____________性能改变。
6. 在结构设计中，一般以钢材的____________作为强度取值的依据。
7. 碳素钢中___________含量过高，会造成在加热中出现热脆性，降低钢的焊接性能。
8. Q235—A·F 表示___________。
9. 为提高钢材的屈服强度，对钢筋进行冷拉时的控制应力 σ 应__________。
10. 热轧钢筋分等级的技术指标是__________。
11. 钢材的屈强比能反映钢材的__________。
12. 预应力结构中，常采用的钢材有__________、__________、________。

二、简答题

1. 通过拉伸试验，可以确定钢材的主要技术指标有哪些？
2. 钢材按脱氧程度分，有哪几种钢？
3. 低碳钢受拉至拉断，经历了哪几个阶段？
4. 钢材性能试验中，钢材的力学性能包含哪些技术性能？
5. 碳素结构钢的牌号是如何划分的？为什么 Q235 号钢广泛用于建筑工程中？
6. 什么是钢材的冷弯性能和冲击韧性？有何实际意义？
7. 什么是钢材的屈强比？其在工程中的实际意义是什么？
8. 钢材腐蚀的主要原因是什么？常见的预防措施都有哪些？

第7章 防水材料

教学导航

知识目标	专业能力目标	社会和方法能力目标
1．了解建筑防水材料的种类和应用； 2．掌握石油沥青的组分与结构，掌握石油沥青的主要技术性质及其检测方法，掌握石油沥青的技术标准及其选用； 3．掌握防水卷材的性能及其应用，掌握防水涂料的性能要求及其应用； 4．了解其他建筑防水材料的特点及其应用	会测定石油沥青的针入度、延度、软化点，并会对试验数据进行处理，会根据结果判断沥青材料是否合格，会设计沥青混合料的配合比	培养学生观察能力、锻炼科学思维、动手能力及团队协作能力，提升学生实际操作和语言表达能力
重难点：沥青主要性质及检测方法、涂料的性能及其应用		

建筑工程防水技术按其构造做法可分为构件自防水和防水层防水两大类。防水层的做法又可分为刚性防水和柔性防水。刚性防水是采用涂抹防水砂浆、浇筑掺有防水剂的混凝土或预应力混凝土等的做法，柔性防水是采用铺设防水卷材、涂抹防水涂料等的做法。多数建筑物采用柔性材料防水做法。生产柔性防水材料的基本材料有石油沥青、煤沥青、改性沥青及合成高分子材料等。

沥青材料是一些极其复杂的高分子碳氢化合物和这些碳氢化合物的非金属（氧、硫、氮）的衍生物所组成的混合物。沥青也是一种有机胶凝材料，广泛用于路面、屋面、防水、耐腐蚀等工程材料。土木工程建筑主要应用石油沥青作为防水材料。

沥青可分为地沥青和焦油沥青两大类。地沥青包括天然沥青和石油沥青；焦油沥青包括煤沥青和页岩沥青等。

（1）天然沥青：是沥青湖等含沥青的砂岩提炼加工而成。

（2）石油沥青：是指石油原油经蒸馏等工艺提炼出各种轻质油及润滑油后的残留物再进一步加工得到的产物。

（3）煤沥青：是炼焦炭或生产煤气的副产品。

（4）页岩沥青：页岩炼油工业的副产品。

在建筑工程中使用最多的是石油沥青和煤沥青。石油沥青的质量好于煤沥青，煤沥青的防腐性能优于石油沥青。

7.1　沥青

7.1.1　石油沥青

石油沥青是由石油原油或石油衍生物经过常压或减压蒸馏，提炼出汽油、煤油、柴油、润滑油等轻质油分后的残渣，经加工制成的一种褐色或黑褐色的黏稠状液体、半固体或固体的混合物。其略有松香味，能溶于多种有机溶剂，如三氯甲烷、四氯化碳等。石油沥青具有结构致密、黏结力良好、不导电、不吸水，耐酸、耐碱、耐腐蚀等性能。

1．石油沥青的组分与结构

1）石油沥青的组分

石油沥青的成分非常复杂，在研究石油沥青的组成时，将其中化学成分相近、物理性质相似并且具有相似特征的部分分为若干组，即组分。各组分含量的多少会直接影响沥青的性能。石油沥青一般分为油分、树脂和地沥青质三大组分。各组分的特征和作用如表 7-1 所示。

表 7-1　石油沥青各组分的特征和作用

组分	形　态	作　用
油分	黏性透明液体	赋予沥青流动性
树脂	黏稠半固体	赋予沥青良好的黏性和塑性
地沥青质	粉末状固体	决定沥青的温度稳定性

2）石油沥青的结构

石油沥青的油分和树脂可以互溶，树脂能浸润地沥青质，在地沥青质表面形成树脂薄膜。

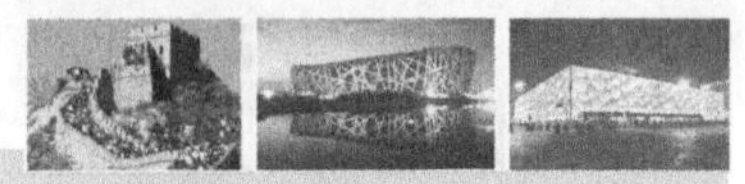

石油沥青的结构是以地沥青质为核心，周围吸附部分树脂和油分的互溶物，构成胶团，无数胶团分散在油分中形成胶体结构。根据沥青各组分的比例不同，胶体结构可分为溶胶型、凝胶型和溶胶—凝胶型三种类型，如图 7-1 所示。

（1）溶胶结构。地沥青质含量相对较少，油分和树脂含量相对较高，具有溶胶结构的石油沥青黏性小、流动性大、温度稳定性较差。

（2）凝胶结构。地沥青质含量较多而油分和树脂较少，具有凝胶结构的石油沥青黏性较大、温度稳定性较好，但塑性较差。

（3）溶胶—凝胶结构。地沥青质含量适当，有较多的树脂，溶胶—凝胶型石油沥青的性质介于溶胶型和凝胶型两者之间，又称弹性溶胶，综合技术性能较好。

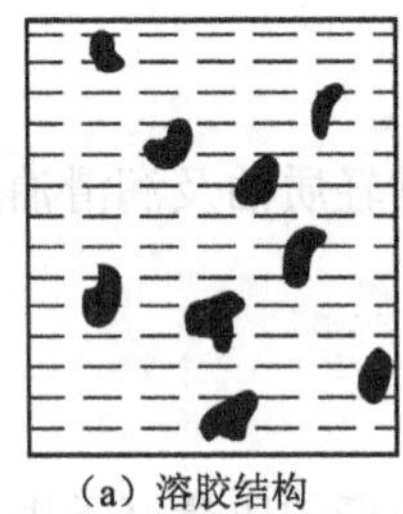

（a）溶胶结构

（b）凝胶结构

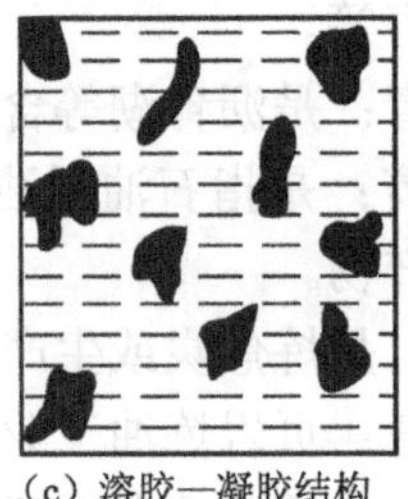

（c）溶胶—凝胶结构

图 7-1　石油沥青的结构

2. 石油沥青的技术性能检测

1）黏滞性

黏滞性，又称黏性，是指在外力作用下，沥青材料内部阻碍其产生相对流动（即抵抗变形）的能力。液体沥青的黏滞性用黏滞度表示，半固体或固体沥青的黏滞性用针入度表示。黏滞度和针入度是沥青划分牌号的主要指标。

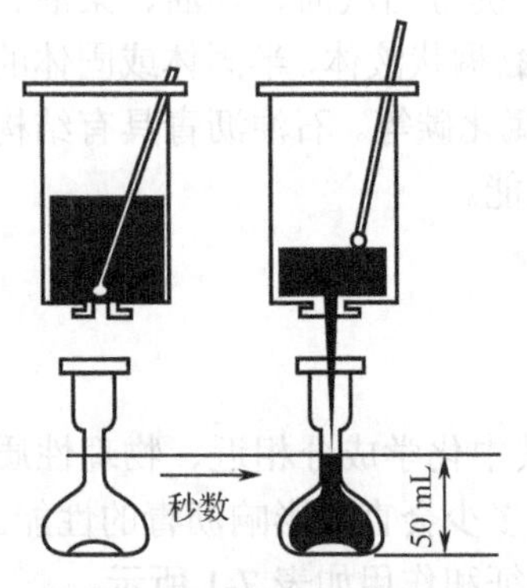

图 7-2　沥青黏滞度的测定

黏滞度是指液体沥青在规定温度（25℃或 60℃）下，经规定直径（10 mm、5 mm、3 mm）的小孔，流出 50 mL 沥青所需的时间（单位为 s）。黏滞度测定如图 7-2 所示。黏滞度常以符号 $C_t^d T$ 表示，d 为流出口孔径，t 为试样规定温度，T 为流出 50 mL 沥青所需的时间。

半固体或固体沥青的黏滞性用针入度表示。沥青的针入度是以规定质量的标准针在规定的荷载、时间及温度条件下垂直穿入沥青试样的深度，单位为 1/10 mm。其中，标准针、针连杆及附加砝码的总质量为（100±0.05）g，温度为（25±0.1）℃，时间为 5s，针入度测定如图 7-3 所示。针入度越大，沥青的流动性越大，黏性越小。针入度是划分沥青牌号的主要依据。

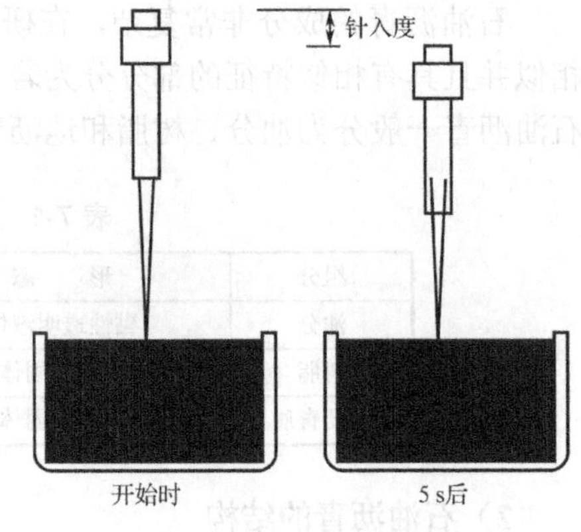

图 7-3　沥青针入度的测定

沥青的黏滞性与组分和温度等因素有关。地沥青质含量较多，呈凝胶结构，黏滞性较大。在一定温度范围内，温度升高，黏滞性降低；反之，黏滞性提高。黏滞度越大，或针入度越小，沥青的黏滞性越大，在一定的外力作用下抵抗变形的能力就越大。

试验 15　沥青针入度测定法

1．试验目的

针入度反映沥青的黏滞性，测定针入度，为沥青划分牌号提供依据。

2．试验仪器设备

针入度（针和针连杆质量为（50±0.05）g，针长约 50 mm，直径 1.00～1.02 mm，如图 7-3 所示）、试样皿（金属或玻璃制的圆柱形平底皿，当针入度<200 时，内径为 55 mm，深 35 mm；当针入度为 200～350 时，内径为 55 mm，深 45～70 mm；当针入度为 350～500，内径为 55 mm，深 70 mm）、恒温水浴与温度计、平底玻璃皿、金属皿、秒表等。

3．试验步骤

（1）试验准备。小心加热样品，不断搅拌以防局部过热，加热到使样品能够流动。加热温度不超过软化点的 90℃，加热时间在保证样品充分流动的基础上尽量减少。加热搅拌过程中避免试样中进入气泡。将试样倒入试样皿，在 15～30℃的空气中冷却 1～2 h，然后将盛样品的试样皿侵入（25±0.5）℃的水浴中，恒温 1～2 h，水浴中水面应高于试样表面 10 mm。

（2）试验测定。①调节针入度仪水平（调平螺丝）。②将已恒温的试样皿取出，放入水温为 25℃的平底玻璃皿中，试样表面以上的水层高度应不小于 10 mm，将玻璃皿放于圆形平台上，调整标准针，使针尖与试样表面恰好接触，拉下活杆，使其与连杆顶端接触，并将刻度盘的指针指在“0”上或记下指针初始值。试验测定温度条件为 25℃，标准针、连杆及砝码合重 100 g。③用手压紧按钮，使标准针自由穿入沥青 5 s，停止按压，使指针停止下沉。④再拉下活杆与标准杆连杆顶端接触，读出读数，即为针入度值或与初始值之差。⑤同一试样至少测定 3 次，各测定点及测定点与试样皿边缘之间的距离不小于 10 mm。每次测定前应将平底玻璃皿放入恒温水浴。每次测定后应将标准针取下用溶剂擦净擦干。

4．结果评定

（1）平行测定的 3 个值的最大与最小值之差不超过表 7-2 中的数值，否则重做。

表 7-2　针入度测定允许最大差值

针入度（1/10 mm）	0～49	50～149	150～249	250～350	350～500
最大差值	2	4	6	8	20

（2）每个试样取 3 个结果的平均值作为试样的针入度。

2）塑性

塑性是指沥青在外力作用下产生变形而不破坏，除去外力后仍能保持变形后的形状不变的性质。沥青的塑性用延伸度表示，即按标准试验方法，将沥青制成“8”字形试模，在 25℃温度条件下，以 5 cm/min 的速度对其进行拉伸，延伸度以试件拉细而断裂时的长度表示，如图 7-4 所示，常用沥青延伸度自动测定仪如图 7-5 所示。

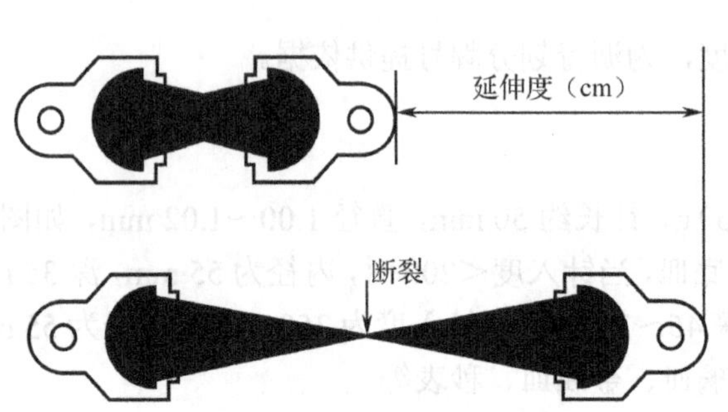

图 7-4　沥青延伸度的测定

图 7-5　沥青延伸度自动测定仪

试验 16　沥青延伸度测定法

1. 试验目的

延伸度反映沥青塑性，简称延度，测定延度为沥青划分牌号提供依据。

2. 试验仪器设备

延度仪［拉伸速度为（5±0.25）cm/min］，“8”字形试模、温度计（0～50℃，分度 0.1℃和 0.5℃各一支）、恒温水浴、金属皿或瓷皿、筛（孔径 0.3～0.5 mm）、甘油、滑石粉隔离剂。

3. 试验步骤

1）试验准备

（1）组装模具于金属板上，在底板和侧模的内侧面涂隔离剂。

（2）小心加热样品，不断搅拌以防局部过热，直到样品容易倾倒。石油沥青加热温度不超过预计石油沥青软化点 90℃，煤焦油沥青加热温度不超过煤焦油沥青预计软化点 60℃，样品加热时间在不影响样品性质和保证样品充分流动的基础上尽量短。将熔化后的样品充分搅拌后倒入模具中，组装模具要小心，不要弄乱了配件。倒样时，试件呈细流状，自模的一端至另一端往返倒入，使试样略高于模具，将试样在空气中冷却 30～40 min，然后放在规定水浴中保持 30 min 取出。用热的直刀或铲将高出模具的沥青刮去，使试样与模具齐平。

（3）将支撑板、模具和试件一起放入水浴中，在试验温度下保持 85～95 min，取下试件，拆掉侧模，立即进行拉伸试验。

2）试验测定

（1）调整延度仪使指针正对标尺的零点。

（2）试件恒温 85～95 min 后，将模具两端的孔分别套在滑板及槽端的金属柱上，以一定的速度拉伸，拉伸速度允许误差在±5%以内，测量试件从拉伸到断裂所经过的距离。试验时，试件距水面和水底的距离不小于 2.5 cm，并保持在规定温度［水温（25±0.5）℃］范围内。

（3）如发现沥青浮于水面或沉入槽底，则应在水中加入乙醇或食盐水调整水的密度直至与试样密度相近后再测定。

（4）试样拉断时，指针所指读数即为试样的延度，以 cm 计。

4. 结果评定

（1）若三个试件测定值在其平均值的 5%内，取平行测定 3 个结果的算术平均值作为测定结果。如其中两个较高值在平均值 5%之内，而最低值不在平均值 5%之内，则弃去最低值，取两个较高值的平均值作为测定结果，否则重新测定。

（2）重复性：同一操作者在同一试验室使用同一仪器，在不同时间同一样品进行试验得到的结果不超过平均值的 10%（置信度 95%）。

（3）再现性：不同操作者在不同试验室使用同一仪器，对同一样品进行试验得到的结果不超过平均值的 20%（置信度 95%）。

沥青测得的延度值越大，则沥青的塑性越好，越不易开裂。沥青的塑性与组分和温度有关，沥青中树脂含量越多，塑性越大。沥青延度越大，塑性变形越大，柔性和抗断裂性能越好，有利于低温变形。

3）温度稳定性

温度稳定性是指石油沥青的黏滞性和塑性随温度升降而变化的性能。温度稳定性常用软化点来表示，软化点是沥青材料由固态转变为具有一定流动性膏体时的温度，软化点越高，则常温下越稳定。软化点是以规定质量的钢球放在规定尺寸金属环的试样盘上，以恒定的加热速度加热，当沥青软化下垂至规定距离（25.4 mm）时的温度即为其软化点，以摄氏度（℃）计。软化点越高，则常温下越稳定，说明沥青的耐热性能好，但沥青软化点高不易加工。

试验 17　沥青软化点测定法（环球法）

1. 试验目的

软化点表示沥青温度稳定性，测定软化点，了解沥青的黏性和塑性随温度升高而改变的程度，为评定沥青牌号提供依据。

2. 试验仪器设备

软化点测定仪［钢球直径为 9.5 mm，质量为（3.50±0.05）g，试样环为铜制锥环或肩环，支架由上、中及下承板和定位套组成，如图 7-6 所示］、电炉或加热器、温度计（30～180℃，分度值 0.5℃）、金属板或玻璃板、刀、筛（0.3～0.5 mm）、甘油、滑石粉、隔离剂等。

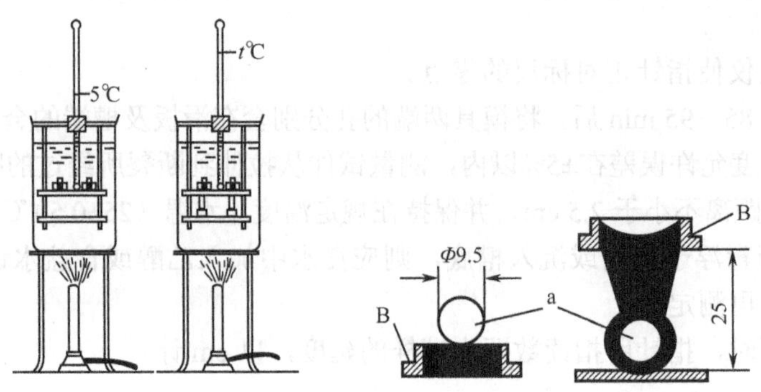

图 7-6　沥青软化点的测定（环球法）

3. 试验步骤

1）试验准备

（1）小心加热样品，不断搅拌以防局部过热，加热到使样品能够流动。加热温度不超过预计软化点 110℃，加热时间不超过 120 min。加热搅拌过程中避免试样中进入气泡。将铜环置于涂有隔离剂的金属板或玻璃板上，试样过筛后注入铜环内并略高于环面，如估计软化点在 120℃以上，应将铜环加热至 80～100℃。

（2）将试样在空气中冷却 30 min 后，用热刀刮去高于环面的试样，使其与环面齐平。

2）试验测定

（1）将试样环水平地安在环架中层板的圆孔上，然后放入烧杯中，恒温 15 min。烧杯中事先放入温度（5±1）℃的水（估计软化点低于 80℃）或（30±1）℃的甘油（估计软化点高于 80℃）。

（2）将钢珠放在试样上表面之中，调整水面或甘油液面至标记深度。将温度计由上层板中心孔垂直插入，使水银球与铜环下面齐平。

（3）将烧杯移放至有石棉网的三脚架上或电炉上，立即加热，升温速度为（5±0.5）℃/min。

（4）试样受热软化下坠至与下承板接触时的温度即为试样的软化点。

4. 结果评定

（1）平行测定两个结果之间的差值不应大于 1.2℃。

（2）取平行测定两个结果的算术平均值作为测定结果。

沥青中地沥青质含量较多时，其温度敏感性较小。建筑工程中要求选用温度敏感性较小的沥青材料，因而在工程使用沥青时往往加入滑石粉、石灰石粉或其他矿物填料来减小其温度敏感性。

4）大气稳定性

大气稳定性是指石油沥青在空气、温度、阳光、水等因素的长期作用下，抵抗老化的能力。大气稳定性好的沥青，耐久性好。

在大气综合因素的作用下，石油沥青中油分和树脂逐渐减少，地沥青质逐渐增多。石油沥青的流动性和塑性逐渐减小，硬脆性逐渐增大，直至脆裂。这一过程称为“老化”。石油沥青的大气稳定性以“蒸发损失百分率”或“针入度比”表示。《石油沥青蒸发损失测定法》（GB/T 11964—2008）规定，蒸发损失百分率是将石油沥青试样加热到 163℃，恒温 5h，测得蒸发前后的质量损失百分率。针入度比是指蒸发后针入度与蒸发前针入度的比值。标准规定，石油沥青蒸发损失率不超过 1%，建筑石油沥青的针入度比不小于 65%，道路石油沥青的针入度比不小于 50%～70%。

5）溶解度、闪点和燃点

（1）溶解度是指石油沥青在溶剂（如三氯乙烯、苯等）中溶解的百分率。用它的大小来限制有害不溶物（如沥青碳或似碳物）的含量。因为不溶物会降低沥青的黏性。

（2）闪点是指加热沥青产生的气体和空气的混合物，在规定条件下与火焰接触，初次产生蓝色闪光时沥青的温度。闪点是加热沥青时，根据防火要求提出的指标。建筑石油沥青的闪点不低于 230℃，施工现场熬制沥青的温度不得超过闪点。若按规定继续加热至沥青试样表面发生燃烧火焰，并持续 5 s 以上，此时的温度称为燃点。

3．石油沥青的技术标准

《建筑石油沥青》（GB/T 494—2010）、《道路石油沥青》（NB/SH/T 0522−2010）等规定，石油沥青的技术指标包括针入度、延度、软化点、溶解度、蒸发损失、蒸发后针入度比和闪点等项目，各种石油沥青的技术标准如表 7-3 所示。

表 7-3　石油沥青的技术标准

项　目	建筑石油沥青			普通石油沥青			道路石油沥青				
	40 号	30 号	10 号	75 号	65 号	55 号	200 号	180 号	140 号	100 号	60 号
针入度/1/10 mm	36～50	26～35	10～25	75	65	55	200～300	150～200	110～150	80～110	50～80
延度≥	3.5	2.5	1.5	2	1.5	1	20	100		90	70
软化点（环球法）/℃	≥60	≥75	≥95	≥60	≥80	≥100	30～48	35～48	38～48	42～55	45～58
溶解度（三氯乙烯，%），≥	99.0			98.0			99.0				
蒸发损失/%，≤	1			-	-	-	1.3			1.2	1.0
蒸发后针入度比/%，≥	65			-	-	-	报告				
闪点（开口）/℃，≥	260			230			180	200	230		

石油沥青的牌号主要根据其针入度、延度和软化点等技术指标划分，以针入度表示。建筑石油沥青分 40 号、30 号和 10 号三个牌号；普通石油沥青分 75 号、65 号和 55 号三个牌号；道路石油沥青分 200 号、180 号、140 号、100 号和 60 号五个牌号。在同一品种石油沥青材料中，牌号越小，相应的针入度越大，沥青越软。随着牌号的增加，针入度增大，沥青的黏滞性越小，塑性提高，延度增大，而温度稳定性降低，软化点降低。

4．石油沥青的选用

在选用沥青材料时，应根据工程类别（房屋、道路、防腐）、当地气候条件和所处工程部位（屋面、地下）来选择不同牌号的沥青（或选取两种不同牌号的沥青调配使用）。在满足使用要求的前提下，尽量选用较大牌号的沥青品种，以保证正常使用条件下具有较长的使用年限。

道路石油沥青主要用于道路路面和车间地面等工程，一般拌制沥青混凝土或沥青砂浆使用。此外，道路石油沥青还可以用作密封材料、胶结料以及沥青涂料等。

建筑石油沥青针入度较小，黏性较大，软化点较高，但延伸度较小，主要用作制造防水卷材、防水涂料和沥青嵌缝膏。它们绝大部分用于地下及屋面防水、沟槽防水、防腐蚀及管道防腐等工程。为避免夏季流淌，一般屋面用沥青材料的软化点应比本地区屋面最高温度高 20℃以上。但若过高，冬季低温时易硬脆，甚至开裂。

普通石油沥青由于含有较多的蜡，温度敏感性大，在建筑工程中不宜直接使用，常与建筑石油沥青掺配使用。可以采用氧化的方法改善其性能，氧化处理过程以沥青达到要求的软化点和针入度为止，即为改性。

当两种牌号的沥青掺配时，参照下式计算：

$$\text{较软沥青掺量}=\frac{\text{较硬沥青软化点}-\text{配制沥青软化点}}{\text{较硬沥青软化点}-\text{较软沥青软化点}}\times 100\%$$

$$\text{较硬沥青掺量}=100\%-\text{较软沥青掺量}$$

7.1.2 煤沥青

将煤在隔绝空气的条件下，高温加热，干馏得到的黏稠状煤焦油后，再经分馏制取轻油、中油、重油、蒽油，所得的残渣为煤沥青，又称煤焦油沥青或柏油。

1．煤沥青特点

（1）易老化、脆性大、塑性差，不宜用于屋面防水工程。

（2）含有蒽油、苯等有毒物质，有臭味，抗腐蚀性能好，适用于防腐要求的表面涂刷，如木材的防腐。

（3）含酸碱物质，表面活性大，与集料的黏结力大。

（4）不能溶于油类溶剂中（如汽油、煤油等），但能溶于苯中。

（5）含有较多易挥发的化学成分，温度稳定性较差，耐久性差。

建筑工程中煤沥青主要用于地下防水、防腐工程，常用于配置防腐涂料、胶黏剂、防水涂料、油膏及制作油毡等。

2．煤沥青与石油沥青的鉴别方法

与石油沥青相比，煤沥青在技术性质上存在诸多缺点，在使用时必须认真鉴别，不能混淆。两者简易鉴别方法可参考表 7-4。

表 7-4　石油沥青和煤沥青的鉴别方法

鉴别方法	石油沥青	煤沥青
密度（g/cm^3）	近于 1.0	1.25～1.28
燃烧	烟少、无色、有松香味、无毒	烟多、黄色、臭味大、有毒
捶击	韧性好，音哑	韧性差，音脆
颜色	呈辉亮褐色	呈浓黑色
溶解	易溶于煤油与汽油中，呈棕黑色	难溶于煤油与汽油中，呈黄绿色

7.1.3 改性沥青

通常，普通石油沥青的性能不一定能满足使用要求，为此，常采取措施对沥青进行改性，性能得到不同程度改善后的新沥青，称为改性沥青。改性沥青可分为橡胶改性沥青、树脂改性沥青、橡胶—树脂改性沥青、再生橡胶改性沥青和矿物填充料改性沥青等。

1. 橡胶改性沥青

用橡胶改性石油沥青，可以改善沥青气密性、低温柔性、耐化学腐蚀性、耐光性、耐候性、耐燃烧性，使其具有一定的橡胶特性。所用的橡胶有天然橡胶、丁基橡胶、氯丁橡胶、丁苯橡胶（SBS）、再生橡胶等，可制作防水卷材、密封材料或防水涂料。

2. 树脂改性沥青

用树脂改性石油沥青，可以改善沥青的耐寒性、耐热性、黏结性和不透气性。常用的树脂沥青有无规聚丙烯树脂沥青、聚乙烯树脂沥青、酚醛树脂沥青等，可制作防水卷材、密封材料或防水涂料。

3. 橡胶—树脂改性沥青

同时加入树脂和橡胶，可使沥青同时具备橡胶和树脂的特性，性能更加优良，主要用于制作片材、卷材、密封材料和防水涂料等。

4. 矿物填充料改性沥青

矿物填充料改性沥青是指为了提高沥青的黏结力和耐热性，提高沥青的温度稳定性，加入一定量的矿物填充料（如滑石粉、石灰石粉、云母粉、硅藻土等）的沥青，主要用于生产沥青胶。

7.2 防水卷材

防水卷材是一种可以卷曲的片状防水材料。根据其组成材料分为沥青防水卷材、改性沥青防水卷材和合成高分子防水卷材三大类。

各类防水卷材应具有良好的耐水性、温度稳定性和抗老化性，并应具备必要的机械强度、延伸性、柔韧性和抗断裂能力。

7.2.1 沥青防水卷材

沥青防水卷材是在基胎（如原纸或纤维植物等）上浸渍沥青后，再在表面撒布粉状或片状的隔离材料而制成的可卷曲的片状防水卷材。其品种较多，有石油沥青油毡、煤沥青油毡等，产量较大。

（1）纸胎沥青防水卷材主要用于简易防水、临时性建筑防水、防潮及包装、屋面工程和地下工程的多层防水。

（2）玻纤布沥青防水卷材是以玻纤布为胎体，浸涂石油沥青，再在表面涂撒矿物粉状隔离材料或覆盖聚乙烯薄膜等隔离材料所制成。其特点是柔性好、拉力大、耐腐蚀，适用于强度高及耐霉菌性好的防水工程，易于在复杂部位粘贴和密封。主要用于铺设地下防水、防潮层、金属管道的防腐保护层。

（3）铝箔面沥青防水卷材是采用玻璃纤维毡为胎体，浸涂氧化沥青，在其表面用压纹铝箔贴面，底层撒布细颗粒矿物材料或覆盖聚乙烯（PE）膜制成。主要用于多层防水构造层次的面层和隔汽层。

7.2.2 改性沥青防水卷材

改性沥青防水卷材是以高聚物改性沥青为涂盖层，以纤维织物或纤维毡为胎基，粉状、粒状、片状或薄膜材料为防黏隔离层而制成的防水卷材。具有高温不流淌、低温不脆裂、拉伸强度高、延伸率较大等优异性能。高聚物改性沥青的主要品种是AAP改性沥青防水卷材和SBS改性沥青防水卷材。

1. 塑性体改性沥青防水卷材（APP卷材）

塑性体改性沥青防水卷材，是以聚酯毡或玻纤毡为胎基，以无规聚丙烯（APP）或聚烯烃类聚合物作改性剂的改性沥青为涂盖层，两面覆以隔离材料所制成的建筑防水卷材，统称APP卷材。

APP 卷材按胎基分为聚酯胎（PY）和玻纤胎（G）两种；按上表面隔离材料分为聚乙烯膜（PE）、细砂（S）和矿物粒（片）料（M）三种。

塑性体改性沥青防水卷材主要适用于工业与民用建筑的屋面及地下防水工程，以及道路、桥梁等建筑物的防水，尤其适用于较高气温环境的建筑防水。

《塑性体改性沥青防水卷材》（GB 18243—2008）规定，APP 卷材的各性能指标应符合表7-5的要求。

表7-5 APP改性沥青防水卷材性能指标（GB 18243—2008）

序号	项目		I		II	
			PY	G	PY	G
1	可溶物量/(g·m^{-2})，≥	3 mm	2100			
		4 mm	2900			
		5 mm	3500			
		试验现象	—	胎基不燃	—	胎基不燃

续表

序号	项 目		I		II	
2	耐热性	℃	110		130	
		mm，≤	2			
		试验现象	无流淌、滴落			
3	低温柔性/℃		−7		−15	
			无裂缝			
4	不透水性（30 min）		0.3 MPa	0.2 MPa	0.3 MPa	
5	拉力	最大峰值拉力(N/50 mm)，≥	500	350	800	500
		试验现象	拉伸过程中，试件中部无沥青涂盖层开裂或与胎基分离现象			
6	延伸率	最大峰值延伸率(%)，≥	25	—	40	—
7	接缝剥离强度/(N·mm^{-2})，≥		1.0			
8	人工气候加速老化	外观	无滑动、滴落、流淌			
		拉力保持率(%)，≥	80			
		低温柔性/℃	−2		−10	
			无裂纹			

2. 弹性体改性沥青防水卷材（SBS 卷材）

弹性体改性沥青防水卷材，是以聚酯毡或玻纤毡为胎基，苯乙烯-丁二烯-苯乙烯（SBS）热塑性弹性体作改性剂的改性沥青为涂盖层，两面覆以隔离材料所制成的建筑防水卷材，简称 SBS 卷材。

SBS 卷材按胎基也分为聚酯胎（PY）和玻纤胎（G）两种；按上表面隔离材料分为聚乙烯膜（PE）、细砂（S）和矿物粒（片）料（M）三种。

弹性体改性沥青防水卷材主要适用于工业与民用建筑的屋面及地下防水工程，尤其适用于较低气温环境的建筑防水。

《弹性体改性沥青防水卷材》（GB 18242－2008）规定，SBS 卷材的各性能指标应符合表 7-6 的要求。SBS 卷材属于高性能防水材料，具有高温不流淌、低温柔韧度好、耐疲劳、抗撕裂、柔韧强、弹性好、防水性能优异、施工操作简单、环境适应性强、造价低、维修量小且施工方便等优点，主要用于屋面及地下防水工程，尤其适用于低温寒冷地区工业与民用建筑屋面的防水工程。

表 7-6 SBS 改性沥青防水卷材性能指标（GB 18242－2008）

序号	项 目		I		II	
			PY	G	PY	G
1	可溶物含量/(g·m^{-2})，≥	3 mm	2100			
		4 mm	2900			
		5 mm	3500			
		试验现象	—	胎基不燃	—	胎基不燃
2	耐热性	℃	90		105	
		mm，≤	2			
		试验现象	无滴落、流淌			

续表

序号	项目		Ⅰ		Ⅱ	
			PY	G	PY	G
3	低温柔性/℃		−20		−25	
			无裂缝			
4	不透水性（30 min）		0.3MPa	0.2MPa	0.3MPa	
5	拉力	最大峰值拉力(N/50 mm)，≥	500	350	800	500
		试验现象	拉伸过程中，试件中部无沥青涂盖层开裂或与胎基分离现象			
6	延伸率	最大峰值延伸率/%，≥	30	—	40	—
7	接缝剥离强度/(N·mm^{-2})，≥		1.5			
8	人工气候加速老化	外观	无滑动、滴落、流淌			
		拉力保持率/%，≥	80			
		低温柔性/℃	−15		−20	
			无裂纹			

7.2.3 合成高分子防水卷材

合成高分子防水卷材是以合成橡胶、合成树脂或两者的共混体为基料，加上适量的化学助剂和填充料等，经不同工序（混炼、压延或挤出等）加工而成的可卷曲的片状防水材料。

合成高分子防水卷材具有拉伸强度和抗撕裂强度高，断裂伸长率高，耐热性和低温柔性好，耐腐蚀、耐老化等优异性能，适宜冷粘法或自粘法施工，主要用于屋面防水工程。

1. 聚氯乙烯（PVC）防水卷材

聚氯乙烯（PVC）防水卷材是以聚氯乙烯树脂为主要原料，掺加填充料和适量的改性剂、增塑剂，经混炼、压延或挤出成型、分类包装而成的防水卷材。PVC 防水卷材根据基料不同，分为 S 型和 P 型两种。S 型是以煤焦油与聚氯乙烯树脂混溶料为基料的柔性卷材；P 型是以增塑聚氯乙烯为基料的塑性卷材。

2. 三元乙丙橡胶（EPDM）防水卷材

三元乙丙橡胶（EPDM）防水卷材是以三元乙丙橡胶为基料，掺入适量的丁基橡胶、硫化剂、软化剂、补强剂等，经混炼、拉片、过滤、挤出成型、硫化处理等工序加工制成。三元乙丙橡胶防水卷材是目前防水性能最优的防水卷材，广泛适用于防水要求高，耐用年限长的工业与民用建筑的防水工程，特别适用于屋面工程单层外露防水。

3. 氯化聚乙烯－橡胶共混防水卷材

氯化聚乙烯－橡胶共混防水卷材是以氯化聚乙烯树脂和丁苯橡胶共混体为基料，加入各种适量的硫化剂、促进剂、稳定剂、软化剂和填料剂等，经混炼、过滤、压延或挤出等工序加工制成的防水卷材。

氯化聚乙烯－橡胶共混防水卷材兼有塑料和橡胶的特点，具有高强度和优异的耐臭氧性、

耐老化性、高弹性、高延伸性和良好的耐低温性，适用于屋面防水工程和地下防水工程。

7.3　防水涂料和密封材料

防水涂料是以合成高分子材料、沥青等为主体，在常温下呈无定型流态或半流态，经涂布能在结构物表面形成坚韧防水膜物质的总称。防水涂料同时又有黏结剂的作用。

防水涂料按液态类型可分为溶剂型、水乳型和反应型三类；按主要成膜物质分为沥青类、高聚物改性沥青类和合成高分子类。

7.3.1　沥青类防水涂料

沥青类防水卷材使用时常用沥青胶黏结，为了提高与基层的黏结，常在基层表面涂刷一层冷底子油。

1. 冷底子油

冷底子油是用建筑石油沥青加入汽油、柴油、轻柴油或者软化点为 50～70℃的煤沥青加入苯溶解合成的沥青溶液。冷底子油的流动性好，便于涂刷，主要用于涂刷在水泥砂浆或混凝土基层，也可用于金属配件的基层处理，提高沥青类防水卷材与基层的黏结能力。

2. 沥青胶

沥青胶又称沥青玛蹄脂，在沥青中加入适量的粉状或纤维状填充料配制而成的一种胶结材料。它具有良好的耐热性、黏结力和柔韧性，其应用范围很广，普遍用于黏结防水卷材。

7.3.2　高聚物改性沥青防水涂料

高聚物改性沥青防水涂料是以沥青为基料，用合成高分子聚合物进行改性，制成的水乳型或溶剂型的防水涂料，主要用于屋面、地面、混凝土地下室和卫生间等。

水乳型沥青防水涂料即水性沥青防水涂料，是以乳化沥青为基料的防水涂料。溶剂型聚合物改性沥青防水涂料根据其改性剂的类别可分为溶剂型橡胶改性沥青防水涂料和溶剂型树脂改性沥青防水涂料两类。具体品种主要有氯丁橡胶改性沥青防水涂料、SBS 改性沥青防水涂料、丁基橡胶改性沥青防水涂料、APP 改性沥青防水涂料等。

7.3.3　合成高分子防水涂料

合成高分子防水涂料是以合成橡胶或合成树脂为主要成膜物质，加入其他辅料配制而成的防水涂料。主要有聚氨酯防水涂料、丙烯酸酯防水涂料和硅橡胶防水涂料等。

（1）聚氨酯防水涂料与混凝土、马赛克、大理石、木材、钢材、铝合金黏结良好，且耐久性较好。其主要用于中高级建筑的屋面、外墙、地下室、卫生间、贮水池及屋顶花园等防水工程。

（2）丙烯酸酯防水涂料具有耐高低温性好、不透水性强、无毒、无味、无污染、操作简单等优点，可在各种复杂的基层表面上施工，广泛应用于外墙防水装饰及各种彩色防水层。

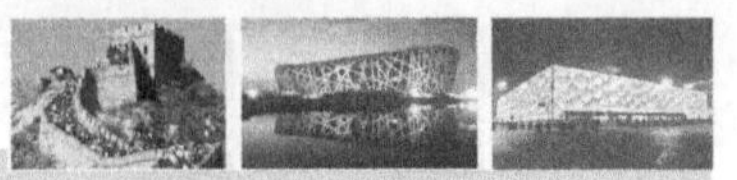

（3）硅橡胶防水涂料具有良好的防水性、渗透性、成膜性、弹性、黏结性、延伸性、耐高低温性、抗裂性、耐氧化性和耐候性，并且无毒、无味、不燃、使用安全。适用于地下室、卫生间、屋面以及地上地下构筑物的防水、防渗和渗漏水修补等工程。

7.3.4 密封材料

密封材料是嵌入建筑物缝隙中，能承受位移且能起防水密封作用的材料，又称嵌缝材料。密封材料具有弹塑性、黏结性、施工性、延伸性、水密性、气密性、贮存及耐化学侵蚀性，并能长期经受拉伸、压缩或振动的作用而保持黏附性。

防水密封材料分为定型密封（密封带、密封条止水带等）材料与不定型密封材料（密封膏）。工程中常用的不定型密封材料有沥青嵌缝油膏、聚氨酯密封膏、聚氯乙烯接缝膏、丙烯酸酯密封膏和硅酮密封膏等；定型密封材料有聚氯乙烯胶泥防水和塑料止水带等。

复习思考题 7

一、单选题

1．表示石油沥青温度敏感性的指标是__________。

A．针入度　　B．黏滞度　　C．延伸度　　D．软化点

2．石油沥青的塑性是用__________指标来表示的。

A．延伸度　　B．针入度　　C．软化点　　D．黏滞度

3．煤沥青与石油沥青相比，其__________较好。

A．温度敏感性　　B．防腐性　　C．大气稳定性　　D．韧性

4．赋予石油沥青以流动性的组分是__________。

A．油分　　B．树脂　　C．沥青脂胶　　D．地沥青质

5．石油沥青牌号越大，则其__________。

二、简答题

1．石油沥青有哪些主要技术性质？各用什么指标表示？

2. 石油沥青的牌号如何划分？牌号大小与性质有什么关系？

三、计算题

某屋面工程需要使用软化点为 80℃的石油沥青，现场仅有 10 号和 60 号石油沥青，经检测它们的软化点为 95℃和 50℃。试求这两种沥青的掺配比例。

四、案例分析

某屋面防水材料选用彩色焦油聚氨酯，涂膜厚度 2 mm。施工时因进货渠道不同，底层与面层涂料分别为两家不同生产厂的产品。施工后发现三个质量问题：一是大面积涂膜呈龟裂状，部分涂膜表面不结膜；二是整个屋面颜色不均，面层厚度普遍不足；三是局部（约 3%）涂膜有皱折、剥离现象。试分析原因并给出防治措施。

第8章 建筑砂浆

教学导航

知识目标	专业能力目标	社会和方法能力目标
1. 了解建筑砂浆的种类和应用； 2. 掌握建筑砂浆的组成材料、技术性质和砌筑砂浆的配合比设计	具有检测砂浆技术性能的试验操作能力，结合施工过程能够合理使用砂浆进行施工	培养学生的观察能力，锻炼学生的科学思维、动手能力及团队协作能力，提升学生的实际操作、信息处理和语言表达能力
重难点： 建筑砂浆组成材料、技术性能和砌筑砂浆的配合比		

建筑砂浆是由胶凝材料、细骨料和水按一定比例配制而成的建筑材料。它与混凝土的主要区别是组成材料中没有粗骨料，因此建筑砂浆也称为细骨料混凝土。

建筑砂浆主要用于：在结构工程中用于把单块砖、石、砌块等胶结成砌体，砖墙的勾缝、大中型墙板及各种构件的接缝；在装饰工程中用于墙面、地面及梁、柱等结构表面的抹灰，镶嵌天然石材、人造石材、瓷砖、陶瓷锦砖、马赛克等。

根据所用胶凝材料的不同，建筑砂浆分为水泥砂浆、石灰砂浆和混合砂浆等，根据用途又分为砌筑砂浆、抹灰砂浆、防水砂浆、装饰砂浆及特种砂浆。

8.1 砌筑砂浆

将砖、石、砌块等黏结为砌体的砂浆称为砌筑砂浆。砌筑砂浆的作用主要有：把分散的块状材料胶结为坚固的整体，提高砌体的强度、稳定性，使上层块状材料所受的荷载能够均匀地传递到下一层，填充块状材料之间的缝隙，提高建筑物的保温、隔声、防潮等性能。

砌筑砂浆分为现场配制砂浆（包括水泥砂浆和混合砂浆）和预拌砂浆（专业生产厂生产的湿拌砂浆或干拌砂浆）。

8.1.1 砌筑砂浆的组成材料

1．水泥

砌筑砂浆用水泥宜采用硅酸盐水泥或砌筑水泥。水泥强度等级应根据砂浆品种及强度等级的要求进行选择。M15 及以下强度等级的砌筑砂浆宜选用 32.5 级的通用硅酸盐水泥或砌筑水泥；M15 级以上强度等级的砌筑砂浆宜选用 42.5 级通用硅酸盐水泥。

2．砂

砂宜选用中砂，并应符合现行行业标准《普通混凝土用砂、石质量及检验方法标准》（JGJ 52—2006）的规定，且应全部通过 4.75 mm 的筛孔。

3．水

配制砂浆用水应符合现行行业标准《混凝土用水标准》（JGJ 63—2006）的规定。应选用不含有害杂质的洁净水来拌制。

4．掺合料和外加剂

为了改善砂浆的和易性和节约水泥，可在砂浆中加入一些无机掺合料，如石灰膏、黏土膏、粉煤灰等。掺合料加入前都应经过一定的加工处理或检验。

（1）生石灰熟化成石灰膏时，应用孔径不大于 3 mm×3 mm 的网过滤，熟化时间不得少于 15 h；磨细生石灰粉的熟化时间不得小于 2 d。贮存的石灰膏，应采取措施防止干燥、冻结和污染，严禁使用脱水硬化的石灰膏。

（2）制作电石膏的电石渣应用孔径不大于 3 mm×3 mm 的网过滤，检验时应加热至 70℃并保持 20 min，没有乙炔气味后方可使用。

（3）消石灰粉不得直接用水砌筑砂浆。

（4）石灰膏、电石膏试配时的稠度，应为（120±5）mm。
（5）粉煤灰、粒化高炉矿渣、硅灰、天然沸石粉应分别符合国家现行行业标准的规定。
（6）采用保水增稠材料时，应在使用前进行试验验证，并应有完整的检验报告。
（7）外加剂应符合国家现行行业标准的规定，引气型外加剂还应有完整的检验报告。

8.1.2 砌筑砂浆的主要性质

1．砂浆拌合物的表观密度

水泥砂浆拌合物的表观密度不宜小于 1900 kg/m^3；预拌砂浆和水泥混合砂浆拌合物的表观密度不宜小于 1800 kg/m^3。

2．砂浆拌合物的和易性

砂浆拌合物的和易性是指砂浆易于施工并能保证质量的综合性质。砂浆拌合物的和易性包括流动性和保水性两个方面，和易性好的砂浆不仅在运输过程和施工过程中不易产生分层、离析、泌水，而且能在粗糙的砖面上摊铺成均匀的薄层，与底面保持良好的黏结，便于施工操作。

1）流动性

砂浆的流动性（又称稠度），是指砂浆在自重或外力作用下流动的性能。流动性的大小用“沉入度”表示，通常用砂浆稠度测定仪测定。沉入度越大，表示砂浆的流动性越好。

砂浆流动性的选择与砌体种类、施工方法及天气情况有关。流动性过大，说明砂浆太稀，过稀的砂浆不仅铺砌困难，而且硬化后强度降低；流动性过小，砂浆太稠，难于铺平。一般情况下多孔吸水的砌体材料、干热的天气时，砂浆的流动性大一些；而密实不吸水的材料、湿冷的天气时，其流动性小些。砌筑砂浆的施工稠度可按表 8-1 选用。

表 8-1　砌筑砂浆的施工稠度

砌 体 种 类	砂浆稠度（mm）
烧结普通砖砌体、粉煤灰砖砌体	70～90
混凝土砖砌体、普通混凝土小型空心砌块砌体、灰砂砖砌体	50～70
烧结多孔砖砌体、烧结空心砖砌体、轻集料混凝土小型空心砌块砌体、蒸压加气混凝土砌块砌体	60～80
石砌体	30～50

2）保水性

保水性是指砂浆保持水分的能力，即搅拌好的砂浆在运输、存放、使用的过程中，水与胶凝材料及骨料分离快慢的性质。保水性良好的砂浆水分不易流失，易于摊铺成均匀密实的砂浆层；反之，保水性差的砂浆，在施工过程中容易泌水、分层离析，使流动性变差；同时由于水分易被砌体吸收，影响胶凝材料的硬化，从而降低砂浆的黏结强度。

砌筑砂浆的保水性用“保水率”表示。水泥砂浆的保水率应不小于 80%，水泥混合砂浆的保水率应不小于 84%。

3. 砂浆的强度和强度等级

砂浆的强度是以 3 块 70.7 mm×70.7 mm×70.7 mm 的立方体试块，在标准条件下养护 28 d 后，用标准试验方法测得的抗压强度平均值来评定。

水泥砂浆及预拌砂浆的强度等级划分为 M5.0、M7.5、M10、M15、M20、M25、M30 七个强度等级；水泥混合砂浆等级划分为 M5.0、M7.5、M10、M15 四个强度等级。

4. 砂浆的黏结力

砌筑砂浆应该具有足够的黏结力，以便将块状材料黏结为坚固的整体。一般来说，砂浆的抗压强度越高，其黏结力越强。砌筑前，保持基层材料一定的湿润程度也有利于提高砂浆的黏结力。此外，黏结力大小还与砖石表面状态、清洁程度及养护条件等因素有关。粗糙的、洁净的、湿润的表面黏结力好。

5. 抗冻性

有抗冻性要求的砌体工程，砌筑砂浆应进行冻融试验。砌筑砂浆的抗冻性应符合表 8-2 的规定，且当设计对抗冻性有明确要求时，砌筑砂浆应符合设计规定。

表 8-2 砌筑砂浆的抗冻性

使用条件	抗冻指标	质量损失率（%）	强度损失率（%）
夏热冬暖地区	F15	≤5	≤25
夏热冬冷地区	F25		
寒冷地区	F35		
严寒地区	F50		

8.1.3 砌筑砂浆的配合比设计

1. 水泥混合砂浆配合比设计

（1）计算试配强度：

$$f_{mo} = k \cdot f_2$$

式中 f_{mo}——砂浆的试配强度，精确至 0.1 MPa；

f_2——砂浆的强度等级值，精确至 0.1 MPa；

k——砂浆的生产（拌制）质量水平系数，取 1.15～1.25。

注：砂浆生产（拌制）质量水平分为优良、一般、较差，其 k 值分别取为 1.15、1.20、1.25。

（2）每立方米砂浆中的水泥用量，应按下式计算：

$$Q_C = \frac{1000(f_{mo} - \beta)}{\alpha \cdot f_{ce}}$$

式中 Q_C——每立方米砂浆中的水泥用量，精确至 1 kg；

f_{ce}——水泥的实测强度，精确至 0.1 MPa；

α、β——砂浆的特征系数，其中 α=3.03，β=−15.09。

注：各地区也可用本地区试验资料确定 α、β 值，统计用的试验组数不得少于 30 组。

在无法取得水泥的实测强度时，可按下式计算：

$$f_{ce}=\gamma_c \cdot f_{ce,k}$$

式中　$f_{ce,k}$——水泥强度等级对应的强度值，单位为 MPa；

γ_c——水泥强度等级富余系数，应按实际统计资料确定，无统计资料时取 1.0。

（3）确定 1 m^3 水泥混合砂浆的石灰膏用量：

$$Q_D=Q_A-Q_C$$

式中　Q_D——每立方米砂浆的石灰膏用量，精确至 1 kg，石灰膏的稠度为（120±5）mm，如稠度不在规定范围可按表 8-3 进行换算。

Q_A——每立方米砂浆中水泥和石灰膏的总量，精确至 1 kg，可为 350 kg；

Q_C——每立方米砂浆中水泥用量，精确至 1 kg。

表 8-3　石灰膏不同稠度的换算系数

稠度（mm）	120	110	100	90	80	70	60	50	40	30
换算系数	1.00	0.99	0.97	0.95	0.93	0.92	0.90	0.88	0.87	0.86

（4）砂浆中的水、胶凝材料是用来填充砂子空隙的，因此，1 m^3 砂浆所用的干砂是 1 m^3。所以，每立方米砂浆中的砂子用量，应按干燥状态（含水率小于 0.5%）的堆积密度值作为计算值。

（5）每立方米砂浆中的用水量，根据砂浆稠度等要求可选用 210～310 kg，应注意以下几点要求。

① 混合砂浆中的用水量，不包括石灰膏中的水；

② 当采用细砂或粗砂时，用水量分别取上限或下限；

③ 稠度小于 70 mm 时，用水量可小于下限；

④ 施工现场气候炎热或干燥季节，可酌量增加用水量。

2．水泥砂浆配合比的选用

水泥砂浆的材料用量，可按表 8-4 选用。

表 8-4　每立方米水泥砂浆的材料用量（kg/m3）

强度等级	水泥	砂	用水量
M5	200～230	砂的堆积密度	270～330
M7.5	230～260		
M10	260～290		
M15	290～330		
M20	340～400		
M25	360～410		
M30	430～480		

注：①M15 级以下强度等级水泥砂浆，水泥强度等级为 32.5 级；否则水泥强度等级为 42.5 级；

②当采用细砂或粗砂时，用水量分别取上限或下限；

③稠度小于 70 mm 时，用水量可小于下限；

④施工现场气候炎热或干燥季节，可酌量增加用水量。

3. 水泥粉煤灰砂浆配合比的选用

水泥粉煤灰砂浆的材料用量，可按表 8-5 选用。

表 8-5　每立方米水泥粉煤灰砂浆的材料用量（kg/m^3）

强度等级	水泥	粉煤灰	砂	用水量
M5	210～240	粉煤灰掺量可占胶凝材料总量的 15%～25%	砂的堆积密度	270～330
M7.5	240～270			
M10	270～300			
M15	300～330			

注：①表中水泥强度等级为 32.5 级；
②当采用细砂或粗砂时，用水量分别取上限或下限；
③稠度小于 70 mm 时，用水量可小于下限；
④施工现场气候炎热或干燥季节，可酌量增加用水量。

4. 试配与调整

（1）按计算或查表所得配合比进行试拌时，应测定其拌合物的稠度和保水率，当不能满足时，应调整材料用量，直到符合要求为止，然后确定为试配时的砂浆基准配合比。

（2）试配时至少采用三个不同的配合比，其中一个作为基准配合比，其他两个配合比的水泥用量应按基准配合比分别增加和减少 10%。在保证稠度和保水率合格的条件下，可将用水量、石灰膏、保水增稠材料或粉煤灰等活性掺合料用量作相应调整。

（3）分别按规定成型试件，测定砂浆表观密度及强度，并选用符合试配强度及和易性要求且水泥用量最低的配合比作为砂浆配合比。

实例 8.1　要求设计用于砌墙的水泥混合砂浆配合比。设计强度等级为 M7.5，稠度 70～90 mm。

原材料参数：水泥，32.5 级矿渣硅酸盐水泥；中砂，堆积密度为 1450 kg/m^3，含水率 2%；石灰膏，稠度 120 mm；施工水平一般。

解：

（1）计算试配强度：

由已知条件得到：$f_2=7.5\ \text{MPa}，k=1.20$

则：$f_{mo}=k\cdot f_2=9.0\ \text{MPa}$

（2）计算水泥用量 Q_C：

已知：$f_{ce}=32.5\ \text{MPa}，\alpha=3.03，\beta=-15.09$

$$Q_C=\frac{1000\times(9.0+15.09)}{3.03\times32.5}\approx245\ \text{kg/m}^3$$

（3）计算石灰膏用量 Q_D：

$$Q_D=Q_A-Q_C=350-245=105\ \text{kg/m}^3$$

（4）计算砂子用量 Q_S：

$$Q_S=1450\times(1+2\%)=1479\ \text{kg/m}^3$$

（5）根据砂浆稠度要求，选择用水量为 Q_W=300 kg/m^3。

砂浆试配时各材料的用量比例为：

$$水泥:石灰膏:砂 = 1:0.43:6.04$$

实例 8.2　要求设计用于砌筑烧结多孔砖砌体的水泥砂浆配合比。设计强度等级为 M10，稠度 60～80 mm。

原材料参数：水泥，32.5 级矿渣硅酸盐水泥；中砂，堆积密度为 1380 kg/m^3；石灰膏，稠度 100 mm；施工水平一般。

解：

（1）计算试配强度：

由已知条件得到：　f_2=10 MPa，k=1.20

则：　$f_{mo}=k\cdot f_2$=12 MPa

（2）计算水泥用量 Q_C：

已知：　f_{ce}=32.5 MPa，α=3.03，β=−15.09

$$Q_C=\frac{1000\times(12+15.09)}{3.03\times 32.5}=275\ \text{kg/m}^3$$

（3）计算石灰膏用量 Q_D：

$$Q_D=0.97\times(Q_A-Q_C)=0.97\times(350-275)\approx 73\ \text{kg/m}^3$$

（4）计算砂子用量 Q_S：

$$Q_S=1380\ \text{kg/m}^3$$

（5）根据砂浆稠度要求，选择用水量为 Q_W=300 kg/m^3。

砂浆试配时各材料的用量比例为：

$$水泥:石灰膏:砂 = 1:0.27:5.02$$

8.1.4　砌筑砂浆的应用

水泥砂浆宜用于砌筑潮湿环境和比较高的砌体，如地下的砖石基础、多层房屋的墙、钢筋砖过梁等，一般砂浆的强度等级为 M5～M10；水泥石灰混合砂浆宜用于砌筑干燥环境中的砌体，如地面以上的承重或非承重的砖石砌体，砂浆的强度等级一般为 M5；石灰砂浆可用于干燥环境及强度要求不高的砌体，如平房或临时性建筑，砂浆的强度等级一般为 M2.5～M5。

8.2　抹灰砂浆

一般抹灰工程用砂浆称为抹灰砂浆，是指大面积涂抹于建筑物墙、顶棚、柱等表面的砂浆，包括水泥抹灰砂浆、水泥粉煤灰抹灰砂浆、水泥石灰抹灰砂浆、掺塑化剂水泥抹灰砂浆、聚合物水泥抹灰砂浆及石膏抹灰砂浆等。抹灰砂浆可以保护墙体不受风雨、潮气等侵蚀，提高墙体的耐久性；同时也使建筑表面平整、光滑、清洁、美观。

8.2.1　抹灰砂浆的组成材料

1. 胶凝材料

水泥强度等级应根据砂浆品种及强度等级的要求进行选择。M20 及以下强度等级的抹灰

砂浆宜选用32.5级的通用硅酸盐水泥或砌筑水泥；M20级以上强度等级的砌筑砂浆宜选用42.5级通用硅酸盐水泥。通用硅酸盐水泥宜选用散装的。

2．砂（细骨料）

抹灰砂浆宜选用中砂，并应符合现行行业标准《普通混凝土用砂、石质量及检验方法标准》（JGJ 52—2006）的规定，砂中不得含有有害杂质，砂的含泥量不应超过5%，且应全部通过4.75 mm的筛孔。

3．水

配制砂浆用水应符合现行行业标准《混凝土用水标准》（JGJ 63—2006）的规定。

4．掺合料和外加剂

采用通用硅酸盐水泥拌制抹灰砂浆时，可掺入适量的石灰膏、粉煤灰、粒化高炉矿渣粉、沸石粉等，不应掺入消石灰粉。用砌筑水泥拌制抹灰砂浆时，不得再掺加粉煤灰等矿物掺合料。

石灰膏应符合下列规定：

（1）石灰膏应在储灰池中熟化，熟化时间不应少于 15 d，且用于罩面抹灰砂浆时不少于30 d，并且应用孔径不大于3 mm×3 mm的网过滤。

（2）磨细生石灰粉的熟化时间不得小于3 d，并且应用孔径不大于3 mm×3 mm的网过滤。

（3）沉淀中贮存的石灰膏，应采取措施防止干燥、冻结和污染。

（4）严禁使用脱水硬化的石灰膏，未熟化的生石灰粉及消石灰粉不得直接使用。

粉煤灰、磨细生石灰粉均应符合相应现行行业标准。建筑石膏宜采用半水石膏，并应符合现行国家标准规定。纤维、聚合物、缓凝剂等应具有产品合格证书、产品性能检测报告。拌制抹灰砂浆，可根据需要掺入改善砂浆性能的外加剂。

8.2.2 抹灰砂浆的主要性质

1．预拌抹灰砂浆

一般抹灰工程用砂浆宜选用预拌抹灰砂浆。抹灰砂浆应采用机械搅拌。预拌抹灰砂浆性能应符合现行行业标准《预拌砂浆》（JG/T 230—2007）的规定，预拌抹灰砂浆的施工与质量验收，应符合现行行业标准《预拌砂浆应用技术规程》（JGJ/T 223—2010）的规定。

2．砂浆拌合物的和易性

聚合物水泥抹灰砂浆的施工稠度宜为 50～60 mm；石膏抹灰砂浆的施工稠度宜为 50～70 mm；其他抹灰砂浆的施工稠度按表8-6选取。

表8-6　抹灰砂浆的施工稠度

抹灰层	砂浆稠度（mm）
底层	90～110
中层	70～90
面层	70～80

为了提高抹灰砂浆的黏结力，且易于操作，其和易性要优于砌筑砂浆。因此要求分层度小于 20 mm，但也不能太小，分层度太小，抹后易于开裂，因此要求分层度大于 10 mm。对于预拌砂浆，可按其行业标准要求控制保水率。

3．抹灰砂浆的强度

水泥抹灰砂浆的强度等级应为 M15、M20、M25、M30；水泥粉煤灰抹灰砂浆强度等级应为 M5、M10、M15；水泥石灰抹灰砂浆强度等级应为 M2.5、M5、M7.5、M10；掺塑化剂水泥抹灰砂浆强度等级应为 M5、M10、M15；聚合物水泥抹灰砂浆强度等级应不小于 M5；石膏抹灰砂浆抗压强度应不小于 4.0 MPa。

抹灰砂浆的强度等级应满足设计要求。抹灰砂浆强度不宜比基体强度高出两个及以上强度等级，并应符合下列规定：

（1）对于无粘贴饰面砖的外墙，底层抹灰砂浆宜比基体材料高一个强度等级或等于基体材料强度。

（2）对于无粘贴饰面砖的内墙，底层抹灰砂浆宜比基体材料低一个强度等级。

（3）对于有粘贴饰面砖的内墙和外墙，中层抹灰砂浆宜比基体材料高一个强度等级且不宜低于 M15，并宜选用水泥抹灰砂浆。

（4）孔洞填补和窗台、阳台抹面等宜采用 M15 或 M20 水泥抹灰砂浆。

4．抹灰砂浆的配合比

为了加强抹灰工程质量管理，提高工程质量，抹灰砂浆在施工前需要进行配合比设计、试拌合调整。抹灰砂浆的配合比应符合以下规定：

（1）抹灰砂浆配合比的设计和计算与砌筑砂浆的过程相同，并且要符合《抹灰砂浆技术规程》（JGJ/T 220—2010）的规定，配合比采取质量计量。

（2）抹灰砂浆的分层度宜为 10～20 mm。

（3）抹灰砂浆中可加入纤维，掺量应经试验确定。

（4）用于外墙抹灰砂浆的抗冻性应满足设计要求。

（5）抹灰砂浆试配时，应考虑工程实际需求，搅拌应符合现行行业标准《砌筑砂浆配合比设计规程》（JGJ 98—2010）的规定。

（6）选定抹灰砂浆的配合比后，应先进行试拌，测定拌合物的稠度和分层度（或保水率），当不能满足要求时，应调整材料用量，直到满足为止。

（7）抹灰砂浆试配时，至少采用三个不同的配合比，其中一个作为基准配合比，其他两个配合比的水泥用量应按基准配合比分别增加和减少 10%。在保证稠度、分层（保水率）合格条件下，可将用水量、石灰膏、粉煤灰等矿物掺合料用量作相应调整。

（8）抹灰砂浆的试配稠度应满足施工要求，分别测定不同配合比砂浆的抗压强度、分层度（或保水率）及拉伸黏结强度。符合要求且水泥用量最低的作为抹灰砂浆的配合比。

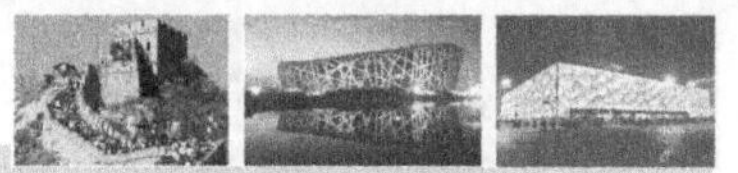

8.2.3 抹灰砂浆的工程应用

1. 抹灰砂浆的施工与养护

抹灰砂浆施工应在主体结构质量验收合格后进行。抹灰层的平均厚度宜符合下列规定：

（1）内墙：普通抹灰的平均厚度不宜大于 20 mm；高级抹灰的平均厚度不宜大于 25 mm。

（2）外墙：墙面抹灰的平均厚度不宜大于 20 mm；勒脚抹灰的平均厚度不宜大于 25 mm。

（3）顶棚：现浇混凝土抹灰的平均厚度不宜大于 5 mm；条板、预制混凝土抹灰的平均厚度不宜大于 10 mm。

（4）蒸压加气混凝土砌块基层抹灰平均厚度宜控制在 15 mm 以内；当采用聚合物水泥砂浆抹灰时，平均厚度宜控制在 5 mm 以内；采用石膏砂浆抹灰时，平均厚度宜控制在 10 mm 以内。

抹灰应分层进行，水泥抹灰砂浆每层厚度宜为 5～7 mm，水泥石灰抹灰砂浆每层厚度宜为 7～9 mm，并应待前一层达到六七成干后再涂抹后一层。

强度高的水泥抹灰砂浆不应涂抹在强度低的水泥抹灰砂浆基层上。当抹灰层厚度大于 35 mm 时，应采用与基体黏结的加强措施。不同材料的基体交接处应设加强网，加强网与各基体的搭接宽度不应小于 100 mm。

各层抹灰砂浆在凝结硬化前，应防止暴晒、淋雨、水冲、撞击、振动。水泥抹灰砂浆、水泥粉煤灰抹灰砂浆和掺塑化剂水泥抹灰砂浆宜在湿润的条件下养护。

2. 抹灰砂浆的选用

抹灰砂浆的品种宜根据使用部位或基体种类按表 8-7 选用。

表 8-7 抹灰砂浆的品种选用

使用部位或基体种类	抹灰砂浆品种
内墙	水泥抹灰砂浆、水泥石灰抹灰砂浆、水泥粉煤灰抹灰砂浆、掺塑化剂水泥抹灰砂浆、聚合物水泥抹灰砂浆、石膏抹灰砂浆
外墙、门窗洞口外侧壁	水泥抹灰砂浆、水泥粉煤灰抹灰砂浆
温（湿）度较高的车间和房屋、地下室、屋檐、勒脚等	水泥抹灰砂浆、水泥粉煤灰抹灰砂浆
混凝土板和墙	水泥抹灰砂浆、水泥石灰抹灰砂浆、聚合物水泥抹灰砂浆、石膏抹灰砂浆
混凝土顶棚、条板	聚合物水泥抹灰砂浆、石膏抹灰砂浆
加气混凝土砌块（板）	水泥石灰抹灰砂浆、水泥粉煤灰抹灰砂浆、掺塑化剂水泥抹灰砂浆、聚合物水泥抹灰砂浆、石膏抹灰砂浆

8.3 装饰砂浆

涂抹在建筑物内外墙表面，以增加建筑物美观效果的砂浆称为装饰砂浆。装饰砂浆与抹灰砂浆的主要区别在面层。装饰砂浆的面层应选用具有一定颜色的胶凝材料和集料，并采用特殊的施工操作方法，以使表面呈现出各种不同的色彩线条和花纹等装饰效果。

8.3.1　装饰砂浆的材料组成

装饰砂浆所采用的胶凝材料有普通水泥、矿渣水泥、火山灰水泥、白色水泥、彩色水泥、石灰、石膏等。集料常用大理石、花岗岩等带颜色的细石碴或玻璃、陶瓷碎粒等。

1．胶凝材料

装饰砂浆常用的胶凝材料有石膏、石灰、白色水泥、普通水泥，或在水泥中掺加白色大理石粉，使砂浆表面彩色更为明朗。

2．集料

装饰砂浆集料多为白色、浅色或彩色的天然砂、石屑（大理石、花岗岩等）、陶瓷碎粒或特制的色粒，有时为使表面产生闪光效果，可加入少量云母片、玻璃碎片或长石等。集料的粒径有 1.2 mm、2.5 mm、5.0 mm 或 10 mm 等，有时也可以用石屑代替砂石。

3．颜料

颜料选择要根据其价格、砂浆品种、建筑物所处的环境和设计要求而定。当建筑物处于受酸侵蚀的环境中时，要选用耐酸性好的颜料；对于受日光暴晒的部位，要选用耐光性好的颜料；对于碱度高的砂浆，要选用耐碱性好的颜料；设计要求鲜艳颜色时，可选用色彩鲜艳的有机颜料。在装饰砂浆中，通常采用耐碱性和耐光性好的矿物颜料。

8.3.2　装饰砂浆的做法

装饰砂浆获得装饰效果的具体做法可分为两类：一类是通过水泥砂浆的着色或水泥砂浆表面形态的艺术加工，获得一定的色彩、线条、纹理、质感，达到装饰目的，称为灰砂类饰面，其优点是材料来源广，施工方便，造价低廉；另一类是在水泥浆中掺入各种彩色石碴作骨料，制得水泥石碴浆抹于墙体基层表面，然后用水洗、斧剁、水磨等手段除去表面水泥浆皮，露出石碴颜色、质感的饰面做法，称为石碴类饰面。

石碴类饰面与灰浆类饰面的主要区别在于：

（1）石碴类饰面主要靠石碴的颜色、颗粒形状来达到装饰目的。

（2）灰浆类饰面则主要靠掺入颜料，以及砂浆本身所能形成的质感来达到装饰目的。

（3）与灰浆类饰面相比，石碴类饰面的色泽比较明亮，质感相对更为丰富，并且不易褪色。但石碴类饰面相对于砂浆而言，工效低而造价高。

8.3.3　装饰砂浆的工程应用

下面介绍几种常用的装饰砂浆的施工操作方法。

1．拉毛

先用水泥砂浆或水泥混合砂浆做底层，再用水泥石灰砂浆或水泥纸筋灰浆做面层，在面层灰浆尚未凝结之前用铁抹子或木楔将表面轻压后顺势轻轻拉起，形成凹凸感较强的饰面层。

要求表面拉毛花纹、斑点分布均匀，颜色一致，同一平面上不显接槎。

2．水刷石

水刷石是将水泥和粒径为 5 mm 左右的石碴按比例混合，配置成水泥石碴砂浆，涂抹成型，待水泥浆初凝后，以硬毛刷蘸水刷洗，或以清水冲洗，将表面水泥浆冲走，使石碴半露而不脱落。水刷石饰面具有石料饰面的质感效果，如再结合适当的艺术处理，可使饰面获得自然美观、明快庄重、秀丽淡雅的艺术效果。

3．干粘石

干粘石是在素水泥浆或聚合物水泥砂浆黏结层上，将粒径 5 mm 以下的彩色石碴直接粘在砂浆层上，再拍平压实的一种装饰抹灰做法，分为人工甩粘和机械喷粘两种。要求石子黏结牢固、不脱落、不露浆，石粒的 2/3 应压入砂浆中。装饰效果与水刷石相同，而且避免了湿作业，提高了施工效率，又节约材料，应用广泛。

4．水磨石

水磨石是用普通水泥、白水泥或彩色水泥和有色石碴或白色大理石碎粒做面层，硬化后用机械磨平抛光表面而成，分预制和现制两种。它不仅美观而且有较好的防水、耐磨性能，多用于室内地面和装饰等。

5．斩假石

斩假石又称剁斧石，是在水泥砂浆基层上涂抹水泥石粒浆，待硬化有一定强度时，用钝斧及各种凿子等工具，在表面剁斩出类似石材经雕琢的纹理效果。斩假石既具有真石的质感，又有精工细作的特点，给人以朴实、自然、素雅、庄重的感觉。

复习思考题 8

1．要求设计用于砌筑普通毛石砌体的水泥混合砂浆的配合比。设计强度等级为 M10，稠度为 60～70 mm。

原材料的主要参数：水泥为强度等级 32.5 的矿渣水泥；干砂堆积密度为 1400 kg/m^3；石灰膏稠度为 110 mm；施工水平一般。

2．砌筑砂浆的组成材料有哪些？对组成材料有何要求？

3．砌筑砂浆的主要性质包括哪些？

4．砌筑砂浆的和易性包括哪些方面？和易性对工程应用有哪些？

5．影响砌筑砂浆抗压强度的影响因素有哪些？

6．抹面砂浆的主要性能包括哪些？

7．常用的装饰砂浆有哪些？各有什么特性？

第9章 建筑装饰和保温材料

教学导航

知 识 目 标	专业能力目标	社会和方法能力目标
1．了解木材的分类与构造、防护与应用； 2．掌握木材的主要性质； 3．掌握建筑塑料的性能及其应用； 4．了解绝热、吸声、保温及装饰材料的品种、性质及应用	能掌握平衡含水率和纤维饱和点的概念及意义，会判断木材各强度之间的关系，能正确合理地选用各种功能材料	培养学生观察能力、锻炼科学思维、动手能力及团队协作能力，提升学生实际操作和语言表达能力
重难点：木材含水量，影响木材强度的主要因素，建筑塑料、绝热、吸声、保温及装饰材料的品种、性质及应用		

建筑装饰材料也称为建筑装修材料、饰面材料，是在建筑施工中结构与水电暖管道安装等工程基本完成，最后装修阶段所使用的各种具有装饰效果材料的统称。

建筑装饰材料是建筑装饰工程的物质基础。建筑装饰工程的总体效果、功能的实现，无不通过运用装饰材料及其配套产品的色彩、光泽、质感、质地、纹理、图案、形体、性能等体现出来。

装饰材料附在建筑物的表面，用以美化建筑物与环境、保护建筑物、延长建筑物使用寿命。现代装饰材料还兼有其他功能，如防火、防霉、保温隔热、隔声等。建筑部位不同，所选用装饰材料的功能也不尽相同。

9.1 木材

木材是最古老的建筑材料之一，现代建筑所用承重构件，早已被钢材或混凝土等取代，但在仿古建筑和一般建筑工程中仍然广泛地使用着，如门窗、室内外装饰装修或脚手架、模板等。

木材具有很多优点，如自重轻，强度高，弹性、韧性、吸收振动及冲击性能好，木纹自然悦目，表面易于着色和油漆，热工性能好，容易加工，结构构造简单等。木材的缺点主要是材质不均匀，各向异性，吸水性能强而且胀缩显著，容易变形，容易腐朽、虫蛀及燃烧，有天然疵病等，但经过一定加工处理，这些缺点可以减轻。

9.1.1 木材的分类与构造

1．木材的分类

木材是由树木加工而成的，树木分为针叶树和阔叶树两大类。

（1）针叶树。树叶细长呈针状，多为常绿树。树干高而直，纹理顺直，材质均匀且较软，易于加工，又称“软木材”。表观密度和胀缩变形小，耐腐蚀性好，强度高。建筑中多用于承重构件和门窗、地面和装饰工程，常用的有松木、杉树、柏树等。

（2）阔叶树。树叶宽大叶脉呈网状，多为落叶树。树干通直部分较短，材质较硬，又称“硬（杂）木”。表观密度大，易翘曲开裂。加工后木纹和颜色美观，适用于制作家具、室内装饰和制作胶合板等。常用的树种有榆树、水曲柳、柞木等。

2．木材的构造

木材的构造决定木材性质。由于树种的不同和树木生长环境的差异使其构造差别很大。木材的构造分为宏观构造和微观构造。

1）宏观结构

宏观构造是指用肉眼或放大镜就能观察到木材组织，其可从树干的三个不同切面进行观察。

（1）横切面——垂直于树轴的切面。

（2）径切面——通过树轴的纵切面。

（3）弦切面——和树轴平行与年轮相切的纵切面。

从三个断面上可以看出，树木是由树皮、木质部和髓心等部分构成。树皮是树木的外表组织，在工程中一般没有使用价值，只有黄菠萝和栓皮栎两种树的树皮是生产高级保温材料——软木的原料。髓心是树木最早生成的部分，材质松软，易腐朽，强度低。树皮和髓心之间的部分是木质部，它是木材最主要的使用部分。靠近髓心部分颜色较深，称作心材。靠近外围部分颜色较浅，称作边材，边材含水率高于心材，容易翘曲。

从横切面上看到的深浅相间的同心圆，称为年轮。年轮内侧浅色部分是春天生长的木质，材质较松软，称为春材（早材）。年轮外侧颜色较深部分是夏秋两季生长的，材质较密实，称作夏材（晚材）。树木的年轮越密实均匀，材质越好。夏材部分越多，木材强度越高。

从髓心呈放射状穿过年轮的组织，称为髓线。髓线与周围组织联结较软弱，木材干燥时易沿髓线开裂。年轮和髓线构成木材表面花纹。

2）微观构造

在显微镜下所看到的木材细胞组织，称为木材的微观构造。用显微镜可以观察到，木材是由无数管状细胞紧密结合而成，他们大部分纵向排列，而髓线是横向排列。每个细胞由细胞壁和细胞腔组成，细胞壁由细胞纤维组成，其纵向联结较横向牢固。细胞壁越厚，细胞腔越小，木材越密实，其表观密度和强度越高，胀缩变形也越大。木材的纵向强度高于横向强度。

针叶树和阔叶树的微观构造有较大差别。针叶树材微观构造简单而规则，主要由管胞、髓线和树脂道组成，其髓线较细而不明显。阔叶树材微观构造复杂，主要有木纤维、导管和髓线组成。它的最大特点是髓线发达，粗大而明显，这是区别于针叶树材的显著差别。

9.1.2 木材的主要性质

1. 含水率

木材的含水率是指木材中所含水分的质量占木材干燥质量的百分数。

木材中的水分主要有三种，即自由水、吸附水和结合水。自由水是存在于木材细胞腔和细胞间隙中的水分。吸附水是被吸附在细胞壁内细纤维之间的水分。自由水的变化只影响木材的表观密度，而吸附水的变化影响木材强度和胀缩变形。结合水是形成细胞的化合水，常温下对木材的性质无影响。

当木材中没有自由水，而细胞壁内充满吸附水，达到饱和状态时，此时的含水率称为纤维饱和点。木材的纤维饱和点随树种而异，一般介于 25%～35%，平均值为 30%。它是木材物理力学性质是否随含水率而发生变化的转折点。

木材的含水率与周围空气相对湿度达到平衡时，称为木材的平衡含水率。木材的平衡含水率随所在地区不同以及温度和湿度环境变化而不同，我国北方地区约为 12%，南方地区约为 18%，长江流域一般为 15%。

2. 木材的湿胀与干缩

木材具有显著的湿胀干缩性，这是由于细胞壁内吸附水含量变化引起的。当木材的含水率在纤维饱和点以下时，随着含水率的增大，木材细胞壁内的吸附水增多，体积膨胀；随含水率的减小，木材体积收缩；而当木材含水率在纤维饱和点以上，只是自由水增减变化时，木材的体积不发生变化（如图 9-1 所示）。

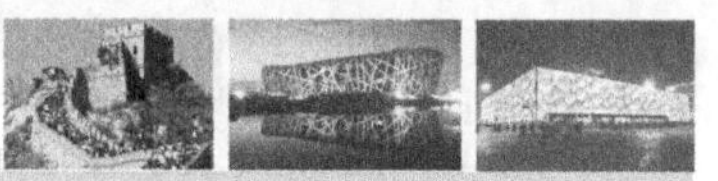

木材的湿胀干缩变形随树种的不同而异，一般情况下，表观密度大的、夏材含量多的木材，胀缩变形较大。木材各方向的收缩也不同，顺纤维方向收缩很小，径向较大，弦向最大（如图 9-1 所示）。

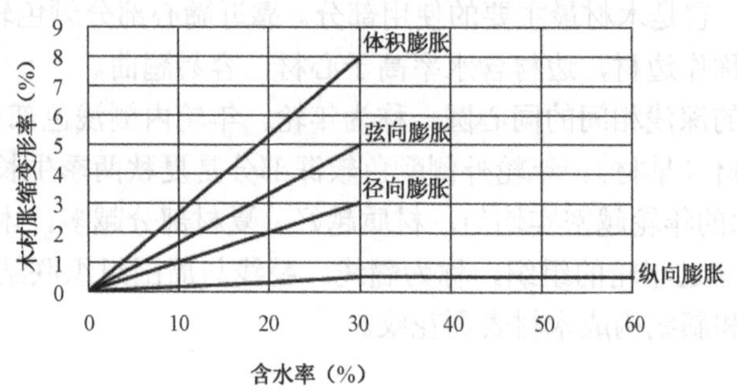

图 9-1 木材含水率与胀缩变形的关系

木材的湿胀干缩对其实际应用带来不利影响。干缩会造成木结构拼缝不严、卯榫松弛、翘曲开裂；湿胀又会使木材产生凸起变形，因此必须采取相应的防范措施。最根本的方法是在木材制作前将其进行干燥处理，使含水率与使用环境常年平均含水率相一致。

3. 木材的强度

木材强度按照受力状态分为抗拉、抗压、抗弯和抗剪四种，而抗拉、抗压、抗剪强度又有顺纹和横纹之分。顺纹（作用力方向与纤维方向平行）和横纹（作用力方向与纤维方向垂直）强度有很大差别。木材各种强度间的关系见表 9-1。

表 9-1 木材各种强度间的关系

抗压		抗拉		抗弯	抗剪	
顺纹	横纹	顺纹	横纹		顺纹	横纹
1	1/10～1/3	2～3	1/20～1/3	3/2～2	1/7～1/3	1/2～1

木材的顺纹抗拉强度最高，但在实际应用中木材很少用于受拉构件，这是因为木材天然疵病对顺纹抗拉强度影响较大，使实际强度值变低。另外，受拉构件在连接节点处受力较复杂，使其先于受拉构件而遭到破坏。

木材的强度除与自身的树种构造有关外，还与含水率、疵病、负荷时间、环境温度等外在因素有关。含水率在纤维饱和点以下时，木材强度随含水率的增加而降低；木材的天然疵病，如节子、构造缺陷、裂纹、腐朽、虫蛀等都会明显降低木材强度；木材在长期荷载作用下的强度会降低，只有极限强度的 50%～60%（称为持久强度）；木材使用环境温度超过 50℃或者受冻融作用后也会降低其强度。

9.1.3 木材的应用

1. 木材产品

木材按加工程度和用途的不同分为：原条、原木、锯材和枕木四类，如表 9-2 所示。

2. 人造板材

我国是木材资源贫乏的国家，为了保护和扩大现有森林面积，促进环保事业，必须合理地、综合地利用木材。充分利用木材加工后的边角废料以及废木料，加工制成各种人造板材是综合利用木材的主要途径。

表 9-2　木材分类

分类名称	说　明	主要用途
原条	系指除去皮、根、树梢的木料，但尚未按一定尺寸加工成规定直径和长度的材料	建筑工程的脚手架、建筑用材、家具等
原木	系指除去皮、根、树梢的木料，并已按一定尺寸加工成规定直径和长度的材料	1.直接使用的原木：用于建筑工程（屋架、檩、椽等）、桩木、电杆、坑木等； 2. 加工原木：用于胶合板、造船、车辆、机械模型及一般加工用材
锯材	系指已经加工锯解成材的木料。凡宽度为厚度 3 倍或 3 倍以上的，称为板材，不足 3 倍的称为方才	建筑工程、桥梁、造船、车辆、包装箱板等
枕木	系指按枕木断面和长度加工而成的成材	铁道工程

人造板材幅面宽、表面平整光滑、不翘曲不开裂，经加工处理后还具有防水、防火、防腐、耐酸等性能。常用的人造板材有胶合板、纤维板等。不少人造板材存在游离甲醛释放的问题，国家标准《室内装饰装修材料人造板及其制品中甲醛释放限量》（GB 18580—2017）对此作出了规定，以防止室内环境受到污染。

1）胶合板

胶合板是用原木旋切成薄片，按照奇数层并且相邻两层木纤维互相垂直重叠，经胶粘热压而成，一般常用的是三合板或五合板。

根据《普通胶合板》（GB/T 9846—2015）规定，胶合板分类见表 9-3。其中平面状普通胶合板的宽度有 915 mm、1220 mm 两种；长度在 915～2440 mm 的有五种规格；厚度有 2.7 mm、3 mm、3.5 mm、4 mm、5 mm、5.5 mm、6 mm 等（自 6 mm 起按 1 mm 递增）。

表 9-3　胶合板分类表（GB/T 9846.1—2015）

按使用环境分	干燥条件下使用
	潮湿条件下使用
	室外条件下使用
按表面加工状况分	未砂光板
	砂光板

细木工板指的是具有实木板芯的胶合板，板芯是由木条组成的拼板（实体板芯）或木格结构板（方格板芯）。细木工板按板芯结构分为实心细木工板和空心细木工板；按板芯拼接状况分为胶拼细木工板和不胶拼细木工板。细木工板的宽度有 915 mm 和 1220 mm 两种，长度范围为 915～2440 mm。

胶合板材质均匀、强度高、不翘曲不开裂、木纹美丽、色泽自然、幅面大、平整易加工、

使用方便、装饰性好，应用十分广泛。

2）纤维板

纤维板是将树皮、刨花、树枝等木材加工的下脚碎料经破碎浸泡、研磨成木浆，加入一定胶粘剂，经热压成型、干燥处理而成的人造板材。根据成型时的温度和压力的不同分为硬质、半硬质、软质三种。生产纤维板可使木材的利用率达到 90%以上。纤维板构造均匀，克服了木材各向异性和有天然疵病的缺陷，不易翘曲变形和开裂，表面适于粉刷各种涂料或粘贴装裱。

表观密度大于 800 kg/m^3 的硬质纤维板，强度高，可代替木板，用于室内壁板、门板、地板、家具等。半硬质纤维板表观密度为 400～800 kg/m^3，常制成带有一定图形的盲孔板，表面施以白色涂料，这种板兼具吸声和装饰作用，多用作会议室、报告厅等室内顶棚材料。软质纤维板表观密度小于 400 kg/m^3，适合用作保温隔热材料。

3）刨花板、木丝板和木屑板

刨花板、木丝板和木屑板是用木材加工时产生的刨花、木屑和短小废料刨制的木丝等碎渣，经干燥后拌入胶料，再经热压成型而制成的人造板材。所用胶结料既可用合成树脂胶，也可用水泥、菱苦土等无机胶结料。这类板材表观密度小，强度低，主要用作绝热和吸声材料。有的表层作了饰面处理，如粘贴塑料贴面后，可用作装饰或家具等材料。

9.1.4 木材的处理

木材的处理包括木材使用前的干燥、防腐、防火的常用方法。

1．木材的干燥

木材在使用前必须进行干燥处理，这样才能防止木材腐朽、弯曲变形及开裂，才能降低表观密度和提高强度，保持形状尺寸的稳定，以达到经久耐用的目的。

木材干燥处理的方法分为自然干燥和人工干燥两种。自然干燥法是将木材码垛在通风良好的敞篷中，不要受太阳直晒或雨淋，使木材的水分自然蒸发。此法不需要特殊设备，但干燥时间长，而且只能达到风干状态。人工干燥法是在专门的干燥室进行，可控制性强，能缩短干燥时间，但成本高。

2．木材的防腐

木材的腐朽是因真菌的寄生引起的。真菌在木材中生存和繁殖须具备三个条件：适当的水分、足够的空气和适宜的温度。当木材的含水率在 35%～50%，温度在 25～30℃，又有一定量的空气时，适宜真菌繁殖，此时木材最易腐朽。

木材防腐处理就是破坏真菌生存和繁殖的条件，有两种方法：一是将木材含水率干燥至20%以下，并使木结构处于通风干燥的状态，必要时采取防潮或表面涂刷油漆等措施；二是采用防腐剂法，使木材成为有毒物质，常用的方法有表面喷涂、浸渍或压力渗透等，防腐剂有水溶性的、油溶性的和乳剂性的等。

3. 木材的防火

木材防火处理是将防火涂料采用涂敷或浸渍的方法施以木材的表面。木材防火处理前应基本加工成型，以免处理后再进行大量锯、刨等加工，使防火涂料部分被去除。有些防火涂料兼有防腐和装饰效果。木材防火涂料的主要品种、特性及其应用见表 9-4。

表 9-4　木材防火涂料的主要品种、特性及其应用

品　种		防 火 特 性	应　用
溶剂型防火料	A60-1型改性氨基膨胀防火涂料	遇火生成均匀致密的海绵状泡沫隔热层，防止初期火灾和减缓火灾蔓延扩大	高层建筑、商店、影剧院、地下工程等可燃部位防火
	A60-501型膨胀防火涂料	涂层遇火体积迅速膨胀100倍以上，形成连续蜂窝状隔热层，释放出阻燃气体，具有优异的阻燃隔热效果	广泛用于木板、纤维板、胶合板等的防火保护
	A60-KG型快干氨基膨胀防火涂料	遇火膨胀生成均匀致密的泡沫状碳质隔热层，有极其良好的隔热阻燃效果	公共建筑、高层建筑、地下建筑等有防火要求的场所
	AE60-1膨胀型透明防火涂料	涂膜透明光亮，能显示基材原有纹理，遇火时涂膜膨胀发泡，形成防火隔热层。既有装饰性又有防火性	广泛用于各种建筑室内的木质、纤维板、胶合板等结构构件及家具的防火和装饰
水乳型防火料	B60-1膨胀型丙烯酸水性防火涂料	在火焰和感温作用下，涂层受热分解出大量灭火性气体，抑制燃烧。同时，涂层膨胀发泡，形成隔热覆盖层，阻止火势蔓延	公共建筑、高级宾馆、酒店、学校、医院、影剧院、商场等建筑物的木板、纤维板，胶合板结构构件及制品表面的防火
	B60-2木结构防火涂料	遇火时涂层发生理化反应，构成绝热的炭化泡膜	建筑物木墙、木屋架、木吊顶及纤维板、胶合板构件表面的防火阻燃处理
	B878膨胀型丙烯酸乳胶防火涂料	涂膜遇火立即生成均匀致密的蜂窝状隔热层，延缓火焰的蔓延，无毒无臭，不污染环境	学校、影剧院、宾馆、商场等公共建筑和民用住宅等内部可燃性基材的防火保护和装饰

9.2　建筑塑料

塑料以合成树脂为主要原料，加入填充剂、增塑剂、硬化剂、稳定剂、润滑剂、着色剂等添加剂，在一定的温度和压力下具有流动性，可塑造成各种制品，且在常温、常压下制品能保持其形状不变。用于建筑工程的塑料通常称为建筑塑料。塑料制品在建筑领域的应用已有 40 余年的历史，具有传统建筑材料不可比拟的优良性能，必将更多地取代部分传统的建筑材料。

9.2.1　塑料的组成与分类

1. 塑料的组成

塑料分为单组分和多组分两大类。单组分塑料仅含有合成树脂；为了改善性能、降低成本，多数塑料还含有填充料、增塑剂、硬化剂、稳定剂、着色剂以及其他添加剂，故大多数塑料是多组分的。

1）合成树脂

合成树脂是指塑料组成材料中的基本组分，简称树脂。树脂是有机高分子化合物，是由

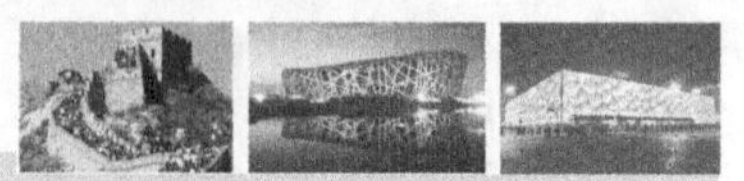

低分子量的有机化合物（单体）经聚合反应或缩聚反应生成。高分子化合物结构复杂、分子量大，一般都在数千以上，甚至高达上百万。树脂的分子结构一般分为线型结构（直线型、枝链型）和体型结构（网状结构）。树脂在塑料中主要起胶结作用，它不仅能自身胶结，还能将其他材料牢固地胶结在一起。树脂的种类、性质、用量不同，塑料的物理力学性能也不同，塑料的主要性质取决于所采用的树脂，塑料的名称也是按其所含树脂的名称来命名的。

（1）聚合反应（又称加聚反应）。聚合反应由许多相同或不同的不饱和（具有双键或三键的碳原子）化合物（单体）在加热或催化剂作用下，不饱和键断开，相互聚合形成链状高分子化合物。在反应过程中不产生副产物。合成物的化学组成和参与反应的单体的化学组成基本相同，如聚乙烯由乙烯结构单元重复连接而成：

$$nC_2H_4 \rightarrow (C_2H_4)_n$$

式中，n 表示聚合度，它是衡量高分子化合物分子量的一个指标，聚合度越高，树脂的粘滞性越大，聚合树脂可从粘稠的液体转变为玻璃状的固体物质。聚合树脂的结构大多为线型。

建筑塑料中常用的聚合树脂有：聚乙烯、聚氯乙烯、聚苯乙烯、聚丙烯、聚甲基丙烯酸甲酯、聚四氟乙烯等。

（2）缩聚反应（又称缩合反应）。缩聚反应是由两种或两种以上的单体在加热或催化剂的作用下相互结合形成的合成树脂，同时生成副产物（如水、酸、氨等）。由于温度和催化剂不同，缩聚反应生成的合成树脂的结构可分为线型或体型。建筑塑料中常用的缩聚树脂有：酚醛树脂、脲醛树脂、三聚氰胺甲醛树脂、环氧树脂、聚酯树脂等。在多组分塑料中，合成树脂含量约为30%～60%。

2）填充料

填充料是建筑塑料中的重要成分，按一定的配方在建筑塑料中加入填充料，可以增加制品体积，降低成本（填充料价格低于合成树脂），提高强度和硬度，增加化学稳定性，改善加工性能。常用的填充料有：木粉、滑石粉、石灰石粉、铝粉、石墨、云母、石棉、玻璃纤维等。多组分塑料中填充料的含量约为40%～70%。

3）增塑剂

增塑剂可以提高建筑塑料可塑性和流动性，使其在较低的温度和压力下成型；还可以使塑料在使用条件下保持一定的弹性、韧性，改善塑料的低温脆性。

同时，增塑剂必须与树脂均匀地混溶在一起（相溶性），在光、热和大气作用下不会使塑料产生脆性、褪色及气味（稳定性），浸入水中或其他液体中时，既不发胀，也不收缩。增塑剂一般是高沸点、不易挥发的液体或低熔点的固体有机化合物。常用的增塑剂有：邻苯二甲酸二丁酯、邻苯二甲酸二辛酯、石油磺酸苯酯、樟脑、二苯甲酮等。

4）硬化剂

硬化剂又称固化剂或熟化剂，主要作用是促进或调节合成树脂中的线型分子交联成体型分子，使树脂具有热固性，提高轻度、硬度。常用的固化剂有胺类和过氧化物等。

5）稳定剂

稳定剂在建筑塑料加工过程中起到减缓反应速度，防止光、热、氧化等引起的老化作用，在使用过程中，可以避免过早发生降解、交联等现象，提高制品质量、延长使用寿命。常用的稳定剂有抗氧剂、热稳定剂等，如硬脂酸盐、铅白、环氧化物等。

6）着色剂

加入着色剂可使塑料具有鲜艳的色彩和光泽，可分为有机和无机两大类。对着色剂的要求是：色泽鲜明、着色力强、遮盖力强、分散性好、与塑料结合牢靠、不起化学反应、不变色等。常用的着色剂有：钛白粉、钛青蓝、联苯胺黄、甲苯胺红、灰黑、氧化铁红、群青、铬酸铅等。

7）其他添加剂

为使塑料能够满足某些特殊要求，具有更好的性能，还需要加入各种其他添加剂，如抗氧剂、紫外线吸收剂、防火剂、阻燃剂、抗静电剂、发泡剂和发泡促进剂等。

2. 塑料的分类

塑料的品种很多，分类方法也很多，通常按树脂的合成方法可分为聚合物塑料和缩聚物塑料；按受热时所发生变化的不同，分为热塑性塑料和热固性塑料。热塑性塑料其分子结构主要是线型和支链型的，加热时分子活动能力增强，使塑料具有一定的流动性，可加工成各种形状，冷却后分子重新固结。只要树脂分子不发生降解、交联或解聚等变化，这一过程可以反复进行。热塑性塑料包括全部聚合树脂和部分缩聚树脂。热固性塑料在热和固化剂的作用下，会发生交联等化学反应，变成不溶体型结构的大分子，质地坚硬并失去可塑性。热固性塑料的成型过程是不可逆的，固化后的制品加热不再软化，高温下会发生降解而破坏，在溶剂中只溶胀而不溶解，不能反复加工。大部分缩聚树脂属于热固性塑料。

3. 塑料的特点

建筑塑料与传统建筑材料相比，具有以下优良性能。

1）表观密度小，比强度大

塑料表观密度一般为 0.9～2.2 g/cm^3，约为铝的 50%，混凝土的 30%，钢材的 25%，铸铁的 20%，与木材相近。其比强度高于钢材和混凝土，有利于减轻建筑物的自重，对高层建筑意义更大。

2）加工方便

塑料可塑性好，成型温度和压力容易控制，工序简单，设备利用率高，可以采用多种方法模塑成型，切削加工，生产成本低，适合大规模机械化生产，可制成各种薄膜、板材、管材、门窗及复杂的中空异形材等。

3）化学稳定性好

塑料对酸、碱、盐等化学品抗腐蚀能力要比金属和一些无机材料好，在空气中也不发生锈蚀，因此被大量应用于民用建筑的上下水管材和管件中，以及有酸碱等化学腐蚀的工业建筑中的门窗、地面和墙体上。

4）电绝缘性优良

一般塑料都是电的不良导体，在建筑行业中广泛用于电器线路、控制开关、电缆等方面。

5）导热性低

塑料的导热系数很小，约为金属的1/600～1/500，泡沫塑料的导热系数最小，是良好的隔热保温材料。

6）富有装饰性

塑料可以制成完全透明或半透明状，或掺入不同的着色剂制成各种色泽鲜明的塑料制品，表面还可以进行压花、印花处理。

7）功能的可设计性

通过改变组成和生产工艺，可在相当大的范围内制成具有各种特殊性能的工程材料，如轻质高强的碳纤维复合材料，具有承重、轻质、隔声、保温功能的复合板材，柔软而富有弹性的密封防水材料等。塑料还有减振吸声、耐磨、耐光等性能。

此外，塑料具有弹性模量小、刚度差、易老化、易燃、变形大和成本高等缺点，但是可以通过加入添加剂改变配方等方法进行改善。

9.2.2 常见建筑装饰塑料

1．热塑性塑料

1）聚乙烯塑料（PE）

聚乙烯是由乙烯单体聚合而成的。聚乙烯表观密度小，有良好的耐低温性（–70℃），优良的电绝缘性能和化学性能，同时，耐磨性、耐水性较好，但机械强度不高，质地较软。其易燃烧，并有严重的熔融滴落现象，会导致火焰蔓延。因此必须对建筑用聚乙烯进行阻燃改性。

聚乙烯塑料产量大，用途广。在建筑工程中，主要用于防水、防潮材料（管材、水箱、薄膜等）和绝缘材料及化工耐腐蚀材料等。

2）聚氯乙烯塑料（PVC）

聚氯乙烯主要是由乙炔和氯化氢乙烯单体经悬浮聚合而成的聚氯乙烯合成树脂。聚氯乙烯是无色、半透明、坚硬的脆性塑料，遇高温（100℃以上）会变质破坏，聚氯乙烯的含氯量高达56.8%，所以具有自熄性，这也是它作为主要建筑塑料使用的原因之一。在加入适当的增塑剂、添加剂及其他组分后，可制成各种鲜艳、半透明或不透明、性能优良的塑料。聚氯乙烯树脂加入不同数量的增塑剂，可制得硬质或软质制品。

硬质聚氯乙烯塑料机械强度高、抗腐蚀性强、耐风化性能好，在建筑工程中可用于百叶窗、天窗、屋面采光板、水管和排水管等，可制成泡沫塑料，也可作隔声、保温材料。

软质聚氯乙烯塑料材质较软，耐摩擦，具有一定弹性，易加工成型，可挤压成板、片型材作地面材料和装修材料等。

3）聚苯乙烯塑料（PS）

聚苯乙烯塑料是由聚苯乙烯单体聚合而成。聚苯乙烯塑料的透光性能好，透光度可达88%～92%，易于着色，化学稳定性高，电绝缘性好，耐水、耐光，成型加工方便，价格较低。但聚苯乙烯脆性大，敲击时有金属脆声，抗冲击韧性差，耐热性差，易燃，燃烧时会释放出黑烟，使其应用受到一定限制。

聚苯乙烯塑料在建筑中主要用来生产水箱、泡沫隔热材料、灯具、发光平顶板、各种零配件等。

4）聚丙烯塑料（PP）

聚丙烯塑料是由丙烯单体聚合而成。聚丙烯的密度在所有塑料中是最小的，约为 0.90 g/cm^3。聚丙烯易燃并容易产生熔融滴落现象，但它的耐热性能优于聚乙烯，在 100℃时仍能保持一定的抗拉强度；刚性、延性、抗水性和耐化学腐蚀性能好。聚丙烯的缺点是耐低温冲击性较差，通常要进行增韧改性；同时，其抗大气性差，故适用于室内。聚丙烯常用来生产管材、卫生洁具等建筑制品。

近年来，聚丙烯的生产发展较迅速，聚丙烯已与聚乙烯、聚氯乙烯等共同成为建筑塑料的主要品种。

5）聚甲基丙烯酸甲酯（PMMA）（有机玻璃）

聚甲基丙烯酸甲酯是由丙酮、氰化物和甲醇反应生成的聚甲基丙烯酸甲酯单体经聚合而成的，是透光性最好的一种塑料，能透过 92%以上的日光，并能透过 73.5%的紫外光，主要用来制造有机玻璃。它质轻、坚韧并具有弹性，在低温时仍具有较高的冲击强度，有优良的耐水性和耐热性，易加工成型，在建筑工程中可制作板材、管材、室内隔断等。

2．热固性塑料

1）酚醛塑料（PF）

酚醛树脂是由酚和醛在酸性或碱性催化剂作用下缩聚而成。酚醛树脂的黏结强度高，耐热、耐湿、耐光、耐水、耐化学腐蚀，电绝缘性好，但质地较脆。在酚醛树脂中掺加填料、固化剂等可制成酚醛塑料制品，这种制品表面光洁，坚固耐用，成本低，是最常用的塑料品种之一。在建筑上主要用来生产各种层压板、玻璃钢制品、涂料和胶粘剂等。

2）聚酯树脂

聚酯树脂是由二元或多元醇和二元或多元酸缩聚而成，通常分为不饱和聚酯树脂和饱和聚酯树脂（又称线型聚酯）两类。

不饱和聚酯树脂是一种热固性塑料，它的优点是加工方便，可以在室温下固化，可以不加压或在低压下成型；缺点是固化时收缩率大。常用于生产玻璃钢、涂料和聚酯装饰板。

线型聚酯是一种热塑性塑料，具有优良的机械性能，不易磨损，有较高的硬度和成型稳定性，吸水性低，抗蠕变性好，有一定刚性。常用来拉制成纤维或制作绝缘薄膜材料、音像制品基材以及机械设备元件和某些精密铸件等。

3）有机硅树脂（SI）

有机硅树脂是由一种或多种有机硅单体水解而成。有机硅树脂是一种憎水、透明的树脂，主要优点是耐高温、耐水，可用作防水剂防潮涂层，并在许多防水材料中作为憎水剂；具有良好的电绝缘性能，可用作绝缘涂层；具有优良的耐候性，可用作耐大气涂层。有机硅树脂机械性能不好，黏结力不强，常用玻璃纤维、石棉、云母或二氧化硅等增强。

4）玻璃纤维增强塑料（玻璃钢）

玻璃纤维增强塑料是由合成树脂胶结玻璃纤维制品（纤维或布等）而制成的一种轻质高

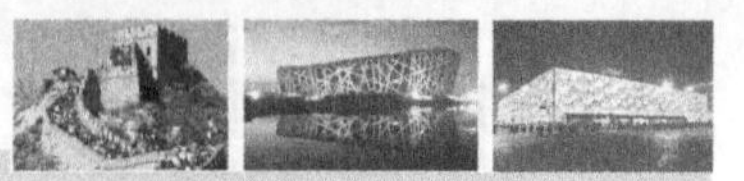

强塑料。玻璃钢中一般采用热固性树脂为胶结材料，常用的有酚醛、聚酯、有机硅树脂等，使用最多的是不饱和聚酯树脂。玻璃钢具有的优异性能有：成型性能好，可以制成各种结构形式和形状的构件，也可以现场制作；轻质高强，可以在满足设计要求的条件下，大大减轻建筑物的自重；具有良好的耐化学腐蚀性能；具有一定的透光性能，可以同时作为结构和采光材料使用。主要缺点是刚度不如金属，有较大的变形。玻璃钢属于各向异性材料，其加工方法主要有手糊法、模压法和缠绕法等。

3．常用建筑塑料制品

1）塑料门窗

随着建筑塑料工业的发展，全塑料门窗、喷塑钢门窗和钢塑门窗将逐步取代木门窗、金属门窗，得到越来越广泛的应用。与其他门窗相比，塑料门窗具有耐水，耐腐蚀，气密性、水密性、绝热性、隔声性、耐燃性、尺寸稳定性、装饰性好，而且不需要粉刷油漆，维修保养方便，节能效果显著，节约木材、钢材、铝材等优点。

2）塑料管材及管件

建筑塑料管材、管件制品应用极为广泛，正在逐步取代陶瓷管和金属管。塑料管材与金属管材相比，具有生产成本低，容易模制，质量轻，运输和施工方便，表面光滑，流体阻力小，不生锈，耐腐蚀，适应性强，韧性好，强度高，使用寿命长，能回收加工再利用等优点。

塑料管材按用途分为受压管和无压管；按主要原料可分为聚氯乙烯管、聚乙烯管、聚丙烯管、ABS 管、聚丁烯管、玻璃钢管等；还可分为软管和硬管。塑料管材的品种有建筑排水管、雨水管、给水管、波纹管、电线穿线管、天然气运输管等。

3）其他常用塑料制品

塑料壁纸是目前发展迅速、应用最广的壁纸，塑料壁纸可分为三类：普通壁纸、发泡壁纸和特种壁纸。

塑料地板与传统的地面材料相比，具有轻质、美观、耐磨、耐腐蚀、防潮、防火、吸声、绝热、有弹性、施工方便、易于清洗与保养等特点，近年来，已成为主要的地面装饰材料之一。

其他塑料制品，还有塑料饰面板、塑料薄膜等也广泛应用于建筑工程及装饰工程中。

9.3 建筑玻璃

随着现代建筑发展要求，玻璃正朝着多功能方向发展，除了用作一般采光材料外，经过深加工的玻璃制品还具有可控制光线、隔热、隔声、节能、安全和艺术装饰等功能。建筑中使用的玻璃制品种类很多，其中主要的有平板玻璃、安全玻璃、特种玻璃和其他玻璃等。

9.3.1 玻璃的组成与分类

1．玻璃的组成

玻璃是以石英砂、硅砂、钾长石、纯碱、芒硝等原料，按一定比例配制，经高温熔融，拉制或压制成型并经急冷而成的非结晶透明状无机固体材料。

2. 玻璃的分类

1）按功能分类

按照使用用途可将玻璃分为普通玻璃、镜面玻璃和深加工玻璃。其中，防潮镜面玻璃（银镜）是普通玻璃的一种特殊情况。常见的深加工玻璃有工艺玻璃、磨砂玻璃、夹层玻璃、喷花玻璃、夹丝玻璃（夹金属铝、铜、镀金、银、钛）、刻花玻璃、钢化玻璃、冰花玻璃、热熔玻璃等。

2）按加工方法分类

按照玻璃的加工工艺和方法可以分为平板玻璃、浮法玻璃、磨砂玻璃、花纹玻璃和彩色玻璃。平板玻璃内部一般有筋，表面有条纹，物像透过玻璃会有变形，加工工艺较简单，价格较低。浮法玻璃表面平滑，十分光洁，无波筋、波纹，加工工艺先进，价格比平板玻璃高。磨砂玻璃又称毛玻璃，采用机械喷砂、手工研磨等方法将平板玻璃表面处理成均匀毛面，表面粗糙后产生漫射光，只有透光性而不能透视。花纹玻璃是将玻璃依设计图案加以雕刻、印刻等无彩色处理，使表面有各式图案及不同质感，按加工方法又分为压花玻璃、喷花玻璃、刻花玻璃三种。彩色玻璃分透明和不透明两种；透明彩色玻璃是在原料中加入一定的金属氧化物，使玻璃带色，不透明彩色玻璃是在一定形状的平板玻璃的一面，喷以色釉，烘烤而成。

3）玻璃制品

（1）玻璃砖。玻璃砖有空心玻璃砖和实心玻璃砖两种。实心玻璃砖是采用机械压制方法制成的；空心玻璃砖是采用两个具有一定厚度的槽体玻璃加热熔接，中间充以干燥空气，经退火，最后涂刷侧面而成。

（2）玻璃马赛克。玻璃马赛克是一种小规格的与陶瓷锦砖相似的饰面玻璃，它是以石英砂、废玻璃为主要原料，用烧结工艺或者熔融工艺生产而成的。

9.3.2 玻璃的应用

1. 平板玻璃

平板玻璃是指未经再加工的，表面平整光滑且透明的板状玻璃，主要用于装配建筑物门窗，起采光、遮挡风雨、保温和隔声的作用。平板玻璃也可用作进一步深加工或具有特殊功能的基础材料。平板玻璃的生产方法通常分为两种，即传统的引拉法和浮法。用引拉法生产的平板玻璃称为普通平板玻璃。浮法是目前最先进的生产工艺，采用浮法生产平板玻璃，不仅产量大、工效高，而且表面平整、厚度均匀，光学性能都优于普通平板玻璃。

1）平板玻璃的分类与质量要求

（1）平板玻璃分类。根据《平板玻璃》（GB 11614—2009）规定，平板玻璃按颜色分为无色透明平板玻璃和本体着色平板玻璃；按外观质量分为优等品、一等品和合格品；按公称厚度分为 2 mm、3 mm、4 mm、5 mm、6 mm、8 mm、10 mm、12 mm、15 mm、19 mm、22 mm、25 mm 12 种。

（2）平板玻璃的质量要求。平板玻璃的质量要求包括尺寸偏差、对角线偏差、厚度偏差、厚薄差、外观质量、弯曲度、光学性能等，而且要符合《平板玻璃》（GB 11614—2009）的相

关规定。

平板玻璃应裁切成矩形，弯曲度和对角线差应不大于其平均长度的 0.2%。

2）平板玻璃的计量和保管

平板玻璃应采用木箱或者集装箱（架）包装。厚度为 2 mm 的平板玻璃，每 10 m^2 为一标准箱，一标准箱的质量为 50 kg 时称为一质量箱。对于其他厚度规格的玻璃计量时可按表 9-5 进行标准箱或质量箱的换算。

表 9-5　平板玻璃标准箱和质量箱换算系数

厚度（mm）	折合标准箱		折合质量箱	
	每10 m^2折合标准箱	每一标准箱折合m^2数	每10 m^2折合kg数	每10 m^2折合质量箱
2	1.0	10.00	50	1
3	1.65	6.06	75	1.5
5	3.5	2.85	125	2.5
6	4.5	2.22	150	3
8	6.5	1.54	200	4
10	8.5	1.17	250	5
12	10.5	0.95	300	6

平板玻璃属于易碎品，在运输和储存时，必须箱盖朝上，垂直立放，入库或入棚保管，注意防雨防潮。

2. 安全玻璃

玻璃是脆性材料，当外力超过一定数值时即碎裂成具有尖锐棱角的碎片，破坏时几乎没有塑性变形。为了减少玻璃的脆性，提高强度，改变玻璃碎裂时带尖锐棱角的碎片飞溅，容易伤人的现象，对普通平板玻璃进行增强处理，或者与其他材料复合，这类玻璃称为安全玻璃，常用的有以下几种：

1）钢化玻璃

常见的钢化玻璃是采用物理钢化法制得的，即将平板玻璃加热到接近软化温度（约 650℃），然后用冷空气喷吹使其迅速冷却，表面形成均匀的预加压应力，从而提高了玻璃的强度、抗冲击性和热稳定性。

钢化玻璃的抗弯强度比普通玻璃提高 3～5 倍，达 200 MPa 以上，韧性提高约 5 倍，热稳定性高，最大安全工作温度为 288℃，能承受 204℃的温度变化。钢化玻璃一旦受损破坏，便产生应力崩溃，破碎成无数带钝角的小块，不易伤人。

钢化玻璃可用作中高层建筑的门窗、幕墙、隔墙、屏蔽、桌面玻璃、炉门上的观察窗以及车船玻璃。钢化玻璃不能切割、磨削。使用时需要按现有尺寸规格选用或按设计要求制作，钢化玻璃搬运时须注意保护边角不受损伤。

2）夹丝玻璃

夹丝玻璃是在平板玻璃中嵌入了金属丝或金属网的玻璃。夹丝玻璃一般采用压延法生产，在玻璃液浸入压延辊的同时，将经过预热处理的金属丝或金属网嵌入玻璃板中而制成。夹丝玻璃的表面有压花的或光面的，颜色有无色透明的或彩色的，厚度一般都在 5 mm 以上。

夹丝玻璃的耐冲击性和耐热性好，在外力作用或温度剧变时，玻璃裂而不散粘连在金属丝网上，避免碎片飞出伤人。发生火灾时夹丝玻璃即使受热炸裂，仍能固定在金属丝网上，起到隔绝火势的作用。

夹丝玻璃适用于震动较大的工业厂房门窗、屋面、采光天窗，建筑物的防火门窗或仓库、图书馆门窗。

3）夹层玻璃

夹层玻璃是在两片或多片玻璃之间嵌入透明塑料膜片，经加热、加压黏合而成。生产夹层玻璃的原片可采用平板玻璃、钢化玻璃、热反射玻璃、吸热玻璃等。玻璃的厚度可为 2 mm、3 mm、5 mm、6 mm、8 mm。常用的塑料膜片为聚乙烯醇缩丁醛。夹层玻璃的层数最多可达 9 层，这种玻璃也称为防弹玻璃。

夹层玻璃按形状可分为平面和曲面两类。夹层玻璃的抗冲击性能比平板玻璃高出几倍，破碎时只产生裂纹而不分离成碎片，不致伤人。夹层玻璃适用于安全性要求高的门窗，如高层建筑或银行等建筑物的门窗、隔断、商品或展品陈列柜及橱窗等防撞部位，也可用于车、船驾驶室的风挡玻璃。

3. 节能玻璃

1）吸热玻璃

吸热玻璃是能吸收大量红外线辐射能，并保持较高可见光透过率的平板玻璃。吸热玻璃是有色的，其生产方式有两种：一是在玻璃原料中加入一定量的有吸热性能的着色剂，如氧化铁、氧化镍、氧化钴及硒等；另一种是在平板玻璃表面喷涂一层或多层金属氧化物镀膜而制成。吸热玻璃的颜色有灰色、茶色、蓝色、绿色、青铜色、粉红色和金黄色等，其厚度有 2 mm、3 mm、5 mm 和 6 mm 四种规格。

吸热玻璃能吸收 20%～80%的太阳辐射热，透光率为 40%～75%。吸热玻璃除了能吸收红外线之外，还可以防眩光和减少紫外线的射入，降低紫外线对人体和室内装饰及家具的损害。

吸热玻璃适用于既需要采光，又需要隔热之处，尤其是炎热地区需设置空调、避免眩光的大型公共建筑的门窗、幕墙、商品陈列窗、计算机房及车船玻璃，还可以制成夹层、夹丝或中空玻璃等制品。

2）热反射玻璃

热反射玻璃是具有较强的热反射能力而又保持良好透光性的玻璃。它采用热解法、真空镀法、阴极溅射等方法，在玻璃表面镀上一层或几层金、银、铜、镍、铬、铁及上述金属的合金或金属氧化物薄膜，或采用电浮法等离子交换法，以金属离子置换玻璃表面原有离子而形成热反射膜。热反射玻璃又称镀膜玻璃或镜面玻璃，有金色、茶色、灰色、紫色、褐色、青铜色和浅蓝等色。

热反射玻璃对阳光具有较高的热反射能力，一般热反射率在 30%以上，最高可达 60%。玻璃本身还能吸收一部分热量，使透过玻璃的总热量更少。热反射玻璃的可见光部分透过率一般在 20%～60%，透过热反射玻璃的光线变得较为柔和，能有效地避免眩光，从而改善室内环境，是有效防太阳辐射的玻璃。镀金属膜的热反射玻璃还具有单向透像的作用，即在玻璃的迎光面具有镜子的功能，在背光侧则又如普通玻璃可透视。所以在白天能从室内看到室外景物，

而从室外却看不到室内的景象，只能看见玻璃对周围景物的影像。

热反射玻璃主要用作公共或民用建筑的门窗、门厅或幕墙等装饰部位，不仅能降低能耗，还能增加建筑物的美感，起到装饰作用。

3）中空玻璃

中空玻璃是将两片或多片平板玻璃相互间隔 6～12 mm，四周用间隔框分开，并用密封胶或其他方法密封，使玻璃层间形成有干燥气体空间的产品。

中空玻璃可以根据要求选用各种不同性能和规格的玻璃原片，如浮法玻璃、钢化玻璃、夹层玻璃、夹丝玻璃、压花玻璃、彩色玻璃、热反射玻璃、吸热玻璃等。玻璃片厚度可分为 3 mm、4 mm、5 mm 和 6 mm，中空玻璃总厚度一般为 12～42 mm。

中空玻璃具有良好的保温隔热性能，如双层中空玻璃(3+12A+3)mm 的隔热效果与 100 mm 厚混凝土墙效果相当，而中空玻璃的重量只有 100 mm 厚混凝土墙的 1/16；3 层中空玻璃(3+12A+3+12S+3)mm 的隔热效果与 370 mm 烧结普通砖墙相当，而自重只有砖墙的 1/20。因此在隔热效果相同的条件下，用中空玻璃代替部分砖墙或混凝土墙，不仅可以增加采光面积、透明度和室内舒适感，而且可以减轻建筑物自重，简化建筑结构。中空玻璃有良好的隔声效果，可降低室外噪声 25～30 dB。另外，中空玻璃可降低表面结露温度。

中空玻璃主要用于需要采暖、空调、防止噪声、防结露及要求无直接阳光和特殊光的建筑物上，如住宅、写字楼、学校、医院、宾馆、饭店、商店、恒温恒湿的试验室等处的门窗、天窗或玻璃幕墙。

4．其他玻璃制品

1）磨砂玻璃

磨砂玻璃又叫毛玻璃，是采用机械喷砂、手工研磨或氢氟酸溶蚀等方法将普通平板玻璃表面处理成均匀的毛面。磨砂玻璃表面粗糙，使透过光产生漫反射而不透视，灯光透过后变得柔和而不刺目，所以这种玻璃还具有免眩光的特点。

磨砂玻璃可用于会议室、卫生间、浴室等处，安装时毛面应朝向室内或背向淋水的一侧。磨砂玻璃也可制成黑板或灯罩。

2）压花玻璃

压花玻璃是将熔融的玻璃液在急冷中通过带图案花纹的辊轴压延而成的制品。可以一面压花，也可以两面压花。若在原料中着色或在玻璃表面喷涂金属氧化物薄膜，可制成彩色压花玻璃。由于压花面凹凸不平，当光线通过时产生漫反射，所以通过它观察物体时会模糊不清，产生透光不透视的效果。压花玻璃表面有多种图案花纹或色彩，具有一定艺术装饰效果，多用于办公室、会议室、卫生间、浴室及公共场所分离室的门窗和隔断等处，安装时应将花纹朝向室内。

3）空心玻璃砖

空心玻璃砖是由两个半块玻璃砖组合而成，中间具有空腔而周边密封。空腔内有干燥空气并存在微负压。空心玻璃砖有单腔和双腔两种。形状多为正方形或长方形，外表面可制成光面或凹凸花纹面。

由于空心玻璃砖内部有密封的空腔，因此具有隔声、隔热、控光及防结露等性能。空心

玻璃砖可用于写字楼、宾馆、饭店、别墅等门厅、屏风、立柱的贴面、楼梯栏板、隔断墙和天窗等不承重的墙体或墙体装饰，或用于必须控制透光、眩光的场所及一些外墙装饰。

空心玻璃砖不能切割，可用水泥砂浆砌筑。施工时可用固定间隔框或用$\Phi 6$拉结筋结合固定框的方法进行固定。由于空心玻璃砖的热膨胀系数与烧结普通砖、混凝土和钢结构不相同，因此砌筑时在玻璃砖与烧结普通砖、混凝土或钢结构联结处应加弹性衬垫，起缓冲作用。若是大面积砌筑时在联结处应设置温度变形缝。

4）玻璃马赛克

玻璃马赛克是采用熔融法和烧结法生产的用于建筑物内外墙面装饰的玻璃制品。它的规格尺寸与陶瓷马赛克相似，多为正方形或长方形，一般尺寸为 20 mm×20 mm～30 mm×60 mm，厚 4～6 mm，背面有槽纹利于与基层黏结，为便于施工，出厂前将玻璃马赛克按设计图案贴在尼龙网格布或反贴在牛皮纸上，尺寸一般为 305.5 mm×305.5 mm，称为一联。

玻璃马赛克质地坚硬、性能稳定、颜色丰富、雨天能自涤，经久常新，是一种较好的墙面装饰材料。

9.4 建筑陶瓷

建筑陶瓷是指用于覆盖建筑物墙面、地面的薄板状陶瓷砖和用作卫生洁具的陶瓷制品，以及用于图标或仿古建筑的烧土制品，属精陶或粗陶类。其主要品种有外墙面砖、内墙面砖、地砖、陶瓷锦砖、陶瓷壁画等，是现代装修工程中广泛使用的一类装饰材料。

9.4.1 陶瓷的分类

根据陶瓷的原料杂质的含量、烧结温度高低和结构紧密程度，把陶瓷制品分为陶质制品、瓷质制品和炻质制品三大类。

1．陶质制品

陶质制品是一种多孔结构，吸水率大，表面粗糙。根据施釉状况又可分粗陶、细陶、无釉和有釉等。粗陶常用于烧结黏土砖、瓦；细陶主要用于内墙砖和釉面砖。

2．瓷质制品

瓷质制品熔烧温度较高、结构紧密，基本上不吸水，其表面均施有釉层。瓷质制品多用在日用制品、美术用品等。

3．炻质制品

炻质制品性质介于陶和瓷质制品之间，结构较陶质制品紧密，吸水率较小。常见的炻质制品有建筑饰面的外墙面砖、地砖和陶瓷锦砖（马赛克）等。

9.4.2 陶瓷的原料及生产工艺

1．陶瓷的原料

从制造陶瓷制品的来源分，陶瓷的原料分为天然矿物原料和通过化学方法加工处理的化

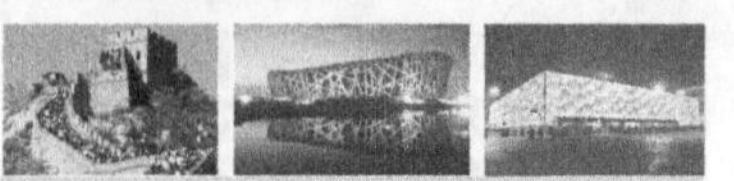

工原料。天然矿物原料通常可分为塑性原料、瘠性物料、助熔物料和有机物料四类。可塑性原料主要是黏土，黏土主要是由铝硅酸盐岩石长期风化而成。

2. 陶瓷的生产工艺流程

陶瓷的生产工艺流程为：原料→配料→粗、中、细、碎→造粒→压制成型→素烧→施釉→烧成→检选→包装。

3. 陶质和瓷质制品的性能比较

由于瓷质制品是在较高的温度下烧成，其结晶程度高、结构致密，因此其孔隙率低、吸水率小、水密气密性好、强度高、耐久性好，且光泽性、透明性好，色清白、音质清脆。而陶质制品是在低温下烧制成，其结晶程度低、结构疏松，因此孔隙率高、吸水率大、可透气透水、强度低、耐久性差，其光泽性、透明性不如瓷质制品，且声音低哑。陶质制品与瓷质制品都属于脆性材料，具有电绝缘性和较好的耐化学腐蚀性。

9.4.3 常用建筑陶瓷制品

1. 陶瓷砖

陶瓷砖质地均匀密实，有较高的强度和硬度，耐水、耐磨、耐化学腐蚀，不燃烧、不褪色、经久耐用，容易清洗保洁。品种花色繁多，可用于墙面、地面等处。

陶瓷砖是由黏土和其他无机非金属原料，采用挤压、干压或者其他方法加工成型，经干燥、焙烧制成，表面可以施釉或不施釉。由于原料和成型工艺不同，陶瓷砖分为三类：

Ⅰ类：是以较纯的高岭土（瓷土）为原料，坯体致密呈半透明状，色白，耐酸碱腐蚀，耐急冷急热，坚硬耐磨，其中吸水率 $W\leqslant 0.5\%$为瓷质，吸水率 W 为 0.5%～3%为炻瓷质。

Ⅱ类：炻质是介于瓷和陶之间的产品，断面较密实，颜色从白色、浅黄至深红黄色。其中按吸水率分为细炻砖（$3\%\leqslant W\leqslant 6\%$）、炻质砖（$6\%\leqslant W\leqslant 10\%$），大部分墙地砖属于炻质。

Ⅲ类：为陶质砖（$W>10\%$），断面粗糙无光，不透明，敲击声音粗哑，坯体呈白色或浅黄色，如釉面内墙砖。

常用的陶瓷砖有釉面内外墙砖、墙地砖、劈离砖和彩胎砖等。

1）墙砖

墙砖是粘贴在墙面、柱面或其他构件表面的片状陶瓷制品。

（1）外墙砖。外墙砖是采用耐火程度较高的黏土制成，吸水率小，抗折强度、抗冻性要符合要求。外墙砖施工要求较严，若材料不合格，施工质量不好，则经风吹雨淋、日晒、温度交替后，会出现脱落现象，既影响立面装饰性，又会存在坠落伤人的危险。

（2）内墙砖。内墙砖简称釉面砖，又称瓷砖或瓷片。采用内墙砖装饰的建筑物室内空间，可具有洁净、卫生、易擦洗、耐湿气等技术效果，同时具有典雅大方、高雅气派等装饰效果。主要用作厨房、浴室、卫生间、盥洗间、试验室、精密仪器车间和医院等室内墙面、台面等处的饰面材料，既清洁卫生又美观耐用。

釉面砖按釉面色彩分为单色（如白色）、套色和图案砖三种；按形状分为正方形、长方形和异形配件砖，主要尺寸有 108 mm×108 mm～300 mm×600 mm、厚度为 5～10 mm 等多种规格。釉面砖背面有凹槽以便增强与砂浆的黏结力，凹槽深度应不小于 0.2 mm。釉面砖由过去白色小面积的单一品种，向各种花色和图案发展，其装饰效果更佳。

釉面砖不宜用于室外，因其吸水率较大，吸水后坯体产生膨胀，而表面釉层的湿胀很小，若用于经常受到大气温、湿度变化影响的室外，会导致釉层产生裂纹或剥落，尤其是在寒冷地区，会大大降低其耐久性。

釉面砖铺贴前须浸水 2 h 以上，然后取出阴干至表面无明水，才可进行粘贴施工。否则将严重影响粘贴质量。在粘贴用的砂浆中掺入一定量的合成胶水，不仅可以改善灰浆的和易性，延长水泥凝结时间，以保证铺贴时有足够的时间对所贴砖进行拔缝调整，也有利于提高黏结强度、提高质量。

2）墙地砖

墙地砖包括建筑物室内外墙面、柱面和地面装饰铺贴用砖，由于这类砖可以墙地两用，故称为墙地砖。墙地砖的强度高、硬度大、耐磨性好、抗冲击、不起尘，主要品种有彩釉墙地砖、无釉墙地砖、劈离砖和彩胎砖。

（1）彩釉墙地砖。彩釉墙地砖坯体多为陶质或炻质，面层施以彩釉，简称彩釉砖。彩釉砖色彩图案多样，表面平滑光亮，有的布有凸起的花纹或小麻点用以防滑。彩釉墙地砖吸水率≤10%，坚固耐磨、易清洗，主要用于建筑物的外墙面及地面装饰或一些公共建筑的室内墙裙，一般铺地用砖质地较厚些。

（2）无釉墙地砖。无釉墙地砖简称无釉砖，是表面没有施釉的，吸水率<6%的较密实的陶瓷面砖。按其表面状况分为无光和有光两种，后者为前者经磨光或抛光而制成。无釉砖颜色及品种多样，表面可制成平面或带有沟条及图案等形式。无釉砖坚固、耐磨、抗冻、耐腐蚀、易清洗，适用于地面或外墙面等处。

（3）劈离砖。劈离砖是坯体成型时双砖背联，待烧成后再霹离成两块，故称劈离砖。劈离砖品种规格多样，花色丰富、柔和、自然，有上釉的也有不上釉的，表面质感有细腻的和粗糙的。

劈离砖坯体密实，强度较高，其抗折强度大于 30 MPa，吸水率<6%，表面硬度较高，耐磨防滑、抗冻、耐腐蚀、耐急冷急热。背面有明显的凹槽纹与黏结砂浆形成楔形结合，黏结牢固。劈离砖适用于各类建筑物的外墙装饰，也适用于各类公共建筑室内地面或室外停车场、人行道等人流或活动场所地面铺贴。

（4）彩胎砖。彩胎砖是瓷质表面无釉本色的饰面砖，彩胎砖配料讲究，坯体经一次烧成后即呈多彩细花纹的表面，具有花岗岩的纹理，颜色有红、绿、黄、蓝、灰、棕等基色，多为浅色调，纹理细腻、色调柔和莹润、质朴高雅。

彩胎砖表面有平面型和浮雕型两种，又有无光、磨光、抛光之分，吸水率<1%，抗折强度大于 27 MPa，耐磨性和耐久性好。适用于商场、剧院等公共场所或住宅厅堂等地面铺贴。

2. 陶瓷马赛克

陶瓷马赛克，又称陶瓷锦砖，是用优质瓷土烧制而成，表面一般不上釉，规格较小，具有多种色彩和不同形状的小块转。它具有美观耐磨、不吸水、可清洗等特点。边长一般为 95 mm，面积≤55 cm^2。陶瓷锦砖的计量单位是联，它是正方形、长方形、六边形等薄片状小块瓷砖，

按设计图案反贴在牛皮纸上拼贴组成，称为一联。砖联有正方形、长方形或根据特殊要求定制的形式。按表面性质分为有釉、无釉两种；按砖联分为单色、混色和拼色三种。

1）陶瓷马赛克的基本形状

陶瓷马赛克的几种基本拼花图案如图 9-2 所示。

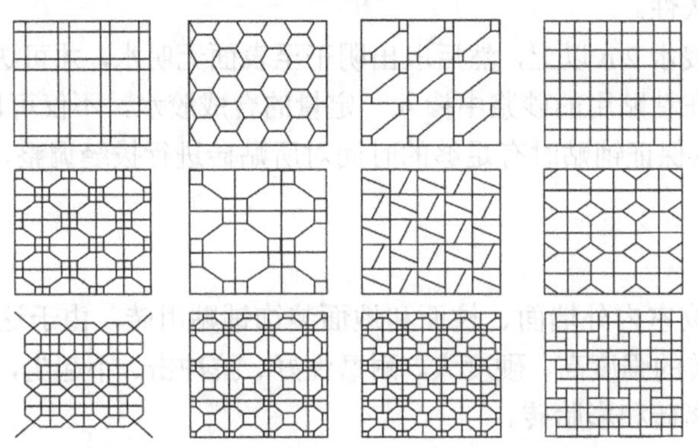

图 9-2　陶瓷马赛克的基本印花图案

2）陶瓷马赛克的质量等级和技术要求

根据陶瓷马赛克的行业标准《陶瓷马赛克》（JC/T 456—2015）规定，陶瓷马赛克按尺寸允许偏差和外观质量分为优等品和合格品两个等级。其尺寸允许偏差和主要技术要求见表 9-6 和表 9-7。

表 9-6　陶瓷马赛克尺寸允许偏差

项　目		允许偏差	
		优等品	合格品
单块马赛克	长度和宽度/mm	±0.5	±1.0
	厚度/%	±5	±5
每联马赛克	线路/mm	±0.6	±1.0
	联长/mm	±1.5	±2.0

注：① 线路是指一联砖内行间的空隙；
② 特殊要求的尺寸偏差可由供需双方协商。

表 9-7　陶瓷马赛克的主要技术要求

品种	吸水率	经抗热震性试验	脱纸时间	脱纸时间
无釉马赛克	≤1.0%	不出现破损或裂纹	≤20 min	≥3 级
有釉马赛克				报告级别

3）陶瓷马赛克的特点和应用

陶瓷马赛克色彩多样，色泽牢固，图案美观，质地坚实，抗压强度高，耐磨，耐腐蚀，不易污染，不吸水，不滑，易清洁，耐用，造价较低，表面无釉不太光滑，故不易破粹，可作为地面及外墙的装饰材料，也可用于洁净车间、化验室、门厅、走廊、餐厅、厨房、盥洗室、浴室等处的地面或墙面。

通常生产厂家把陶瓷锦砖按设计图案铺贴在纸上制成规格制品，施工时将其纸面朝外粘贴在水泥砂浆面上，经铺平压实，待砂浆硬化后，用水把纸冲洗刷掉即可成为有彩色图案的整片墙面或地面。

3. 陶瓷壁画

陶瓷壁画是陶瓷马赛克的一种特殊表现，主要有两种形式：一种是绘陶壁画，运用绘画艺术与陶瓷技术相结合的方法将原绘画作品经过放大、制版、刻画、配釉、施釉烧成等一系列工序，而生产出形神兼备、巧夺天工的艺术作品；另一种陶瓷壁画是碎陶壁画，采用各种色彩的陶瓷碎片，作为画面上的像素点，将瓷片直接贴于墙面上而进行的陶瓷壁画的艺术创作。

4. 卫生陶瓷

卫生陶瓷指用于浴室、盥洗室、厕所等处的卫生洁具，如脸盆、洗面器、马桶、浴盆、水槽、便池等。卫生陶瓷多用耐火黏土或难熔黏土经配料制浆、灌浆成型、上釉焙烧而成。卫生陶瓷形式多样，颜色分为白色和彩色，表面光洁易于清洗，属于精陶制品。

5. 琉璃瓦及其制品

琉璃瓦是我国民族特色的屋面装饰及防水材料。旧时用于皇家建筑或宗教建筑。现多用于民族色彩的宫殿式大屋顶建筑、园林建筑，国外多用于唐人街。

琉璃制品使用难熔黏土经制坯、干燥、素烧、施釉、釉烧而成。建筑琉璃制品质地致密，表面光滑，不易污染，经久耐用，色彩绚丽，造型古朴，是具有我国民族传统色彩的建筑材料，常用色彩有金黄、翠绿、宝蓝等色。主要制品有琉璃瓦、琉璃砖、琉璃兽以及琉璃花窗、栏杆等各种装饰制件，还有陈设用的建筑工艺品，如琉璃桌、绣墩、鱼缸、花盆、花瓶等。琉璃制品主要用于仿古建筑、园林建筑和纪念性建筑。

9.4.4 瓷的选购与质量鉴别

1. 陶瓷地砖的选购注意事项

（1）应仔细看包装箱上所标的尺寸和颜色。

（2）任选一块砖看表面是否平整完好、釉面是否均匀，仔细看釉面的光亮度，有无缺釉等现象。

（3）任何两块砖，拼合对齐时缝隙由砖四周边缘规整度决定，缝隙越小越好。

（4）把一箱砖全部取出平摆在一平面上，于稍远处看这些砖的整体效果，色泽是否一致。

（5）用一块砖敲击另一块砖，或用其他硬物去敲，如果声音异常，说明砖内有重皮或裂纹。重皮是因为成型时料面空气未排出，造成料与料之间结合不好。

2. 内墙砖的质量鉴别

（1）从外观质量检查，不合格情况有：釉面边沿有条状剥落，釉面上落有脏物而突起，釉面突起呈现破口或不破口的气泡，釉面下有未除尽的泥屑和残渣；釉面上呈现出厚釉条痕或圆滴釉痕；釉面上呈现橘皮状且光泽较差；釉面不平，呈现出鳞状；砖表面局部没有釉面而露出胚体；釉面出现有小孔洞；釉面表面有裂纹或斑点，釉面砖的图案缺陷。

（2）以声音判断产品缺陷。通过敲击内墙砖，所发出声音的不同可以辨别釉面砖有无生烧、裂纹和夹层。一般声音清晰者即认为没有缺陷；反之，声音浑浊、谙哑、往往是生烧；如声音粗糙、刺耳，则是釉面砖开裂或有夹层。

3．瓷砖的质量鉴别

（1）听声音。用一只手拿瓷砖，另一只手轻敲砖面，听其响声，声音“咚咚”，有坚实感，是优质砖；声音“笃笃”，不实者，是劣质砖。

（2）浸水试验。取清水一盆，将瓷砖浸入水中，砖面没有发生任何现象者是优质砖；砖面冒起小气泡，并发出“哧哧”响声是次品。冒出气泡越多，甚至冒出成串气泡线，冒泡处有头发丝样的小纹路，以至周围变黑者为劣质砖。

（3）检查几何尺寸。可以用卷尺量一量砖面的对角线和四边的尺寸以及厚度，看其是否均匀。

（4）比较色差。可以随机开箱抽查几匹，放在一起逐一比较。

9.4.5 瓷砖污染的清洁方法

瓷砖污染的清洁方法如表 9-8 所示。

表 9-8 瓷砖污染清洁方法

污垢类型	清洁剂
日常清洁	清洁剂、肥皂水
茶水、咖啡、冰淇淋、油脂、啤酒	纯碱溶液
沉淀物、铁锈、灰浆	硫酸或盐酸溶液
油漆、绘图笔	松节油、丙酮
酱油、醋、碳末	酸式碱溶液
墨水	草酸
泥水	亚麻子油

9.5 建筑铝合金

金属是建筑装饰装修中不可缺少的重要材料之一，尤其是铝及其合金。铝具有良好的延展性、良好的塑性、易加工成板、管、线等。铝的强度很低，为提高其实用价值，常在铝中加入适量的铜、锰、硅、锌、镁等元素组成铝合金。

9.5.1 铝合金的特性和应用

铝合金的弹性模量为钢的 1/3，即在相同的截面下，加以相同的载荷，铝合金的弹性变形为钢的 3 倍，承受力不强，但抗震性能好。铝合金的线膨胀系数为钢的几倍，表明铝具有良好的延展性、良好的塑性。

目前铝合金广泛应用于建筑工程结构和建筑装饰中，如屋架、屋面板、幕墙、门窗框、活动式隔墙、顶棚、暖气片、阳台和楼梯扶手以及其他室内装修及建筑五金等。

9.5.2　建筑装饰铝合金制品

1. 铝合金门窗

铝合金门窗是经表面处理的铝合金门窗框料，经下料、钻孔、铣槽、攻丝、配制等一系列工艺装配而成。

铝合金门窗造价较高，但因其长期维修费用低，并且在造型、色彩、玻璃镶嵌、密封和耐久性方面均比钢、木门窗有着明显的优势，所以在高层建筑和公共建筑中应用特别广泛，目前随着我国人民生活水平的提高，也越来越多地应用于家庭装修方面。

1）铝合金门窗的特点

（1）重量轻。铝合金门窗断面多是空腹薄壁组合断面，用料省，重量轻。每平方米门窗耗材为 8～12 kg，而钢门窗耗材达 17～20 kg。

（2）密封性好。由于加工精度高、型材断面尺寸精确、配件精度高及采用较好的弹性防水密封材料封缝等，所以铝合金门窗的水密性、气密性、隔声性、隔热性均优于其他类型的门窗。

（3）装饰性好。铝合金门窗框有银白色、古铜色、暗灰色、黑色等多种颜色，且有金属光泽，玻璃的颜色也可以选配，使得建筑物表面光洁、简洁明亮，富有层次感。

（4）耐久性好。铝合金门窗不锈蚀、不褪色、不需油漆，维修费用低、整体强度高、刚度好、经久耐用、使用维修方便。

（5）便于工业化生产。有利于实行设计标准化、生产工厂化、产品商品化。

2）铝合金门窗的构造及性能

铝合金门窗按其结构与开闭方式可分为推拉式、平开式、回转式、固定窗、悬挂窗、百叶窗、钞窗等。铝合金门窗使用前需检测强度、气密性、水密性、开闭力、隔声性、隔热性等指标，以上几项均合格才能安装使用。铝合金门窗根据风压强度、气密性、水密性三项性能指标，分为 A、B、C 三类，每类又分为优等品、一等品和合格品。

2. 铝合金装饰板材

铝合金装饰板材具有价格便宜、加工方便、色彩丰富、质量轻、刚度好、耐大气腐蚀、经久耐用等特点，适用于宾馆、商场、体育馆、办公楼等建筑的墙面和屋面装饰，建筑中常用的铝合金装饰板材品种如下。

1）铝合金花纹板

铝合金花纹板是采用防锈铝合金坯料，用具有一定花纹辊轧制而成，花纹美观大方，筋高适中，不易磨损、防滑性好、防腐蚀性强，便于冲洗，通过表面处理可以获得各种美丽的色彩。铝合金花纹板板材平整，裁剪尺寸精确，便于安装，广泛用于墙面装饰和楼梯踏板等。

铝合金浅花纹板花纹精巧别致，色泽美观大方，除具有普通铝合金板的优点外，其刚度提高 20%，抗污垢、抗划伤、抗擦伤能力均有提高。铝合金浅花纹板对白光反射率达 75%～90%，热反射率达 85%～95%，对酸的耐腐蚀性良好，通过表面处理可得到不同色彩和立体图案的浅花纹板。

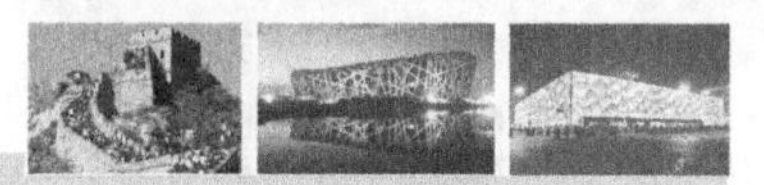

2）铝合金波纹板

铝合金波纹板有多种颜色，自重轻，有很强的反光能力，防火、防潮、防腐，在大气中可使用 20 年以上。主要用于墙面装修，也可用于屋面。

3）铝合金压型板

铝合金压型板质量轻、外形美、耐腐蚀、经久耐用，经表面处理可得到各种优美的色彩，主要用作墙面和屋面。

4）铝合金冲孔平板

铝合金冲孔平板是采用各种铝合金夹板经机械穿孔而成。孔形根据需要有圆孔、方孔、长圆孔、长方孔、三角孔、大小组合孔等，是一种能降低噪声并兼有装饰作用的新产品。铝合金穿孔板材质轻、耐高温、耐高压、耐腐蚀、防火、防潮、防震、化学稳定性好、造型美观、色泽优雅、立体感强、装饰效果好，且组装简便。可用于大、中型公共建筑及中、高级民用建筑中，也可作为各类车间厂房等降噪措施，还可用于宾馆、饭店、影院、播音室等。

5）吊顶龙骨

铝合金吊顶龙骨具有不锈、质轻、美观、防火、防震、安装方便等特点，适用于室内吊顶装饰。吊顶龙骨可与板材组成 450 mm×450 mm、500 mm×500 mm、600 mm×600 mm 的方格，不需要大幅面的吊顶板材。

6）铝塑复合板

铝塑复合板是以塑料为芯层、外贴铝板的三层复合材料，它具有重量轻、耐抗冲击、寿命期长、减振安全、绝缘性佳、耐候性好、隔热、隔声、防火、防潮、抗振施工简单、适应变形能力强、色彩丰富和耐污性强等特点，便于加工，使用安全。

3. 铝板天花板

铝板天花板常用于商场、写字楼、计算机房、银行、车站等公共场所的顶棚装饰，在家装中，常用于卫生间、厨房等的顶棚装饰。

4. 铝质格栅天花板

铝质格栅天花板是主龙骨、次龙骨纵横分布，把天花装饰面分割成若干小格，使原天花板的视觉改变，起掩饰作用的一种顶棚装饰材料。

9.6 建筑保温材料

绝热材料是用于减少结构物与环境热交换的一种功能材料，是保温材料和隔热材料的总称。在建筑工程中，绝热材料主要用于墙体、屋顶的保温隔热，以及热工设备、热力管道的保温，有时也用于冬季施工的保温。一般在空调房间、冷藏室、冷库等的围护结构上也大量使用。

建筑工程中使用的绝热材料，一般要求其导热系数不宜大于 0.17 W/(m·K)，表观密度不大于 600 kg/m^3，抗压强度不小于 0.3 MPa。在具体选用时，还要根据工程的特点，考虑材料的耐久性、耐火性、耐侵蚀性等是否满足要求。

9.6.1　影响材料绝热性能的因素

热量传递的三种方式分别是传导、对流和辐射。传导是指热量由高温物体向低温物体或者由物体的高温部分流向低温部分；对流是指液体或气体通过循环流动传递热量的方式；辐射是指靠电磁波传递热量的方式。在传热过程中，往往同时存在两种或三种传热方式，但因绝热材料通常都是多孔的，孔壁之间的热辐射和孔隙中空气的对流作用与热传导相比，所占比例很小，所以在建筑热工设计时通常主要考虑热传导。材料的导热能力用导热系数来表示。导热系数是指单位厚度的材料，当两相对侧面温度差为 1K 时，在单位时间内通过单位面积的热量。导热系数越小，保温隔热性能越好。导热系数受材料的组成、孔隙率及孔隙特征、所处环境的湿度、温度及热流方向等的影响。

1．材料的组成

材料的导热系数受自身物质的化学组成和分子结构影响。化学组成和分子结构简单的物质比结构复杂的物质导热系数大。一般金属导热系数较大，非金属次之，液体较小，气体更小。

2．孔隙率及孔隙构造

固体材料的导热系数比空气的导热系数大得多，一般来说，材料的孔隙率越大，导热系数越小。材料的导热系数不仅与孔隙率有关，而且还与孔隙的大小、分布、形状及连通情况有关。

3．湿度

材料受潮吸湿后，其导热系数会增大，若受冻结冰后，则导热系数会增大更多。这是由于水的导热系数［λ=0.58 W/（m • K）］比密闭空气的导热系数［λ=0.023 W/（m • K）］大 20 多倍，而冰的导热系数［λ=2.20 W/（m • K）］约为密闭空气的导热系数的 100 倍，故绝热材料在使用时特别要注意防潮、防冻。

4．温度

材料的导热系数随温度的升高而增大，因为温度升高，材料固体分子的热运动增强，同时材料孔隙中空气的导热和孔壁间的辐射作用也有所增加。

5．热流方向

对于各向异性材料，如木材等纤维质材料，当热流平行于纤维方向时，热流受到的阻力小；而热流垂直于纤维方向时，热流受到的阻力大。

9.6.2　常用绝热保温材料及其性能

绝热材料根据化学成分可以分为无机材料和有机材料两大类，根据结构形式又可分为纤维状材料、散粒状材料和多孔类材料。

1. 无机纤维状绝热材料

1）石棉及其制品

石棉是一种天然矿物纤维材料，主要成分是含水硅酸镁、硅酸铁，是由天然蛇纹石或角闪石经松解而成，具有耐火、耐热、耐酸碱、绝热、防腐、隔声及绝缘等性能。除用作填充材料外，还可与水泥、碳酸镁等结合制成石棉制品绝热材料，主要用于建筑工程的高效保温及防火覆盖等。

2）矿棉及其制品

岩棉和矿渣棉统称为矿棉。矿渣棉的原料主要是工业废料矿渣；岩棉的主要原料是天眼岩石经熔融后用喷吹法或离心法制成。矿棉具有轻质、不燃、绝热和电绝缘等性能，且原料来源丰富，成本较低。可制成矿棉板、矿棉毡及套管等，可用于建筑物的墙壁、屋顶、天花板等处的保温材料及热力管道的保温材料。

3）玻璃棉及其制品

玻璃棉使用玻璃原料或碎玻璃经熔融后制成的一种纤维状材料，包括短棉和超细棉两种。短棉可制成沥青玻璃棉毡、板等制品；超细棉可制成普通超细棉毡、板，也可制作无碱超细玻璃棉毡等，用于房屋建筑中的保温及管道保温。

4）陶瓷纤维

陶瓷纤维以氧化硅、氧化铝为原料，经高温熔融、喷吹制成。可制成毡、毯、纸、绳等制品，最高使用温度可达 1100～1300℃，适用于高温绝热材料。

2. 无机散粒状绝热材料

1）膨胀蛭石及其制品

膨胀蛭石是将天然蛭石经破碎、煅烧膨胀后制得的松散颗粒状材料，最高使用温度为 1000～1300℃，λ=0.046～0.070 W/(m·K)，主要用于填充墙壁、楼板及平屋顶保温等，使用时应注意防潮。

膨胀蛭石除用作填充材料外，也可与水泥、水玻璃等胶凝材料配合制成砖、板、管件等用于围护结构及管道保温。

2）膨胀珍珠岩及其制品

膨胀珍珠岩是由天然珍珠岩经破碎、烧至膨胀后制得，呈蜂窝泡沫状的白色或灰白色颗粒材料。其导热系数λ=0.047～0.070 W/(m·K)，最高使用温度可达 800℃，最低使用温度为 -200℃，质轻、吸湿性好、化学稳定性好、不燃烧、耐腐蚀、施工方便，可广泛用于建筑工程的围护结构、低温和超低温制冷设备、热工设备等的绝热保温。

膨胀珍珠岩制品是用膨胀珍珠岩配以适量胶凝材料（水泥、水玻璃等），经拌合、成型、养护而成的板、砖、管件等制品。

3. 无机多孔类绝热材料

1）硅藻土

硅藻土是一种被称为硅藻的水生植物的残骸。硅藻土是由微小的硅藻壳构成，硅藻壳内

又包含大量极细小的微孔，导热系数$\lambda = 0.060$ W/(m・K)，最高使用温度为 900℃，硅藻土常用作填充料或制作硅藻土砖等。

2）微孔硅酸钙制品

微孔硅酸钙制品是用硅藻土、石灰、石英砂、纤维增强材料及水等经拌合、成型、蒸压处理和干燥等工序制成。其导热系数$\lambda = 0.047$～0.056 W/(m・K)，最高使用温度为 650～1000℃，用于建筑物的围护结构和管道保温，效果比水泥膨胀珍珠岩和水泥膨胀蛭石好。

3）泡沫玻璃

泡沫玻璃是用碎玻璃加入一定量的发泡剂，经粉磨、混合、装模，在 800℃下焙烧生成具有大量封闭气泡的多孔材料。泡沫玻璃具有导热系数小、抗压强度高、抗冻性好、耐久性好等特点，并且可锯切、钻孔、黏接，是一种高级绝热材料。可用来砌筑墙体，也可用于冷藏设备的保温，或用作漂浮过滤材料。

4．有机绝热材料

1）泡沫塑料

泡沫塑料是以合成树脂为基料，加入一定量的发泡剂、催化剂、稳定剂等辅助材料经过加热发泡而制成的新型轻质、保温、防震材料，目前我国生产的有聚苯乙烯泡沫塑料、聚氯乙烯泡沫塑料、聚氨酯泡沫塑料及脲醛泡沫塑料等。它可用于屋面、墙面保温、冷库绝热和制成夹心复合板。

2）植物纤维类绝热板

以植物纤维为主要成分的板材，常用作绝热材料，包括各种软质纤维板。

（1）软木板。软木板使用栓树、栎树或黄菠萝树皮为原料，经破碎后与皮胶溶液拌合，加压成型，在 80℃的干燥室中干燥一昼夜而制成的。其具有表观密度小，导热系数小，抗渗和防腐性能好的特点。

（2）蜂窝板。蜂窝板是由两块较薄的面板牢固地黏结在一层较厚的蜂窝状芯材两面制成的板材，也称作蜂窝夹层结构。蜂窝芯材通常是用浸渍过合成树脂（酚醛、聚酯等）的牛皮纸、玻璃布或铝片经过加工黏合成六角形空腹的整块芯材，芯材的厚度可根据使用要求确定。常用的面板为浸渍过树脂的牛皮纸、玻璃布或不经浸渍的胶合板、纤维板、石膏板等。面板和蜂窝芯材必须采用合适的胶粘剂牢固地黏合在一起。蜂窝板的特点是强度大、导热系数小、抗震性好，可以制成轻质高强的结构用板材，也可以制成绝热性能良好的非结构用板材和隔声材料。

9.7　建筑吸声材料

吸声材料是指能在一定程度上吸收空气传递的声波能量的材料，广泛用在音乐厅、影剧院、大会堂、语音室等内部的墙面、地面、天棚灯部位。适当采用吸声材料，能改善声波在室内传播的质量，获得良好的音响效果。

1．材料的吸声原理

声音源于物体的振动，它迫使临近的空气跟着振动而形成声波，并在空气介质中向四周

传播。声音在室外空旷处传播过程中，一部分声能因传播距离增加而衰减；一部分声能因空气分子的吸收而减弱。但在室内体积不大的房间，声能的衰减不是靠空气，而主要是靠墙壁、顶棚、地板等材料表面对声能的吸收。

当声波遇到材料表面时，一部分被反射，一部分穿透材料，其余部分则被材料吸收。这些被吸收的能量（包括穿透部分的声能）与入射声能之比，称为吸声系数α，即：

$$\alpha = \frac{E_1 + E_2}{E_0}$$

式中　α——材料的吸声系数；

E_1——材料吸收的声能；

E_2——穿透材料的声能；

E_0——入射的全部声能。

材料的吸声性能除与材料本身性质、厚度及材料的表面特征有关外，还与声音的频率及声音的入射方向有关。为了全面反映材料的吸声性能，通常采用 125 Hz、250 Hz、500 Hz、1000 Hz、2000 Hz、4000 Hz 六个频率的吸声系数表示材料吸声的频率特征。任何材料均能不同程度地吸收声音，通常把六个频率的平均吸声系数大于 0.2 的材料，称为吸声材料。

2．影响材料吸声性能的主要因素

1）材料的表观密度

对同一种多孔材料来说，当其表观密度增大（即孔隙率减小）时，对低频的吸声效果有所提高，而对高频的吸声效果则有所降低。

2）材料的厚度

增加材料厚度，可以提高低频的吸声效果，而对高频吸声没有多大影响。

3）材料的孔隙特征

孔隙越多、越细小，吸声效果越好。如果孔隙太大，则吸声效果较差。互相连通的开放孔隙越多，材料吸声效果越好。当多孔材料表面涂刷油漆或材料吸湿时，由于材料的孔隙大多被水分或涂料堵塞，吸声效果将大大降低。

4）吸声材料设置的位置

悬吊在空中的吸声材料，可以控制室内的混响时间和降低噪声。多孔材料或装饰悬吊在空中其吸声效果比布置在墙面或顶棚上要好，而且使用和安置也较为便利。

3．建筑上常用的吸声材料

建筑常用的吸声材料如表 9-9 所示。

4．隔声材料

隔声是指材料阻止声波透过的能力。隔声性能的好坏用材料的入射声能与透过声能相差的分贝数表示，差值越大，隔声性能越好。

表 9-9　建筑常用吸声材料

名　称		厚度（cm）	各种频率下的吸声系数（Hz）						装置情况
			125	250	500	1000	2000	4000	
无机材料	石膏板（有花纹）	—	0.03	0.05	0.06	0.09	0.04	0.06	
	水泥蛭石板	4.0	—	0.14	0.46	0.78	0.50	0.60	贴实
	石膏砂浆（掺水泥玻璃纤维）	2.2	0.24	0.12	0.09	0.30	0.32	0.83	墙面粉刷
	水泥膨胀珍珠岩板	5.0	0.16	0.46	0.64	0.48	0.56	0.56	贴实
	水泥砂浆	1.7	0.21	0.16	0.25	0.40	0.42	0.48	墙面粉刷
	砖（清水墙面）		0.02	0.03	0.04	0.04	0.05	0.05	
有机材料	软木板	2.5	0.05	0.11	0.25	0.63	0.70	0.70	贴实钉在木龙骨上，后面留 10 cm 和 5 cm 空间两种
	木丝板	3.0	0.10	0.36	0.62	0.53	0.71	0.90	
	三合板	0.3	0.21	0.73	0.21	0.19	0.08	0.12	
	穿孔五合板	0.5	0.01	0.25	0.55	0.30	0.16	0.19	
	刨花板	0.8	0.03	0.02	0.03	0.03	0.04	—	
	木质纤维板	1.0	0.06	0.15	0.28	0.30	0.33	0.31	
多孔材料	泡沫玻璃	4.0	0.11	0.32	0.52	0.44	0.52	0.33	贴实
	脲醛泡沫塑料	5.0	0.22	0.29	0.40	0.68	0.95	0.94	贴实
	泡沫水泥（外粉刷）	2.0	0.18	0.05	0.22	0.48	0.22	0.32	紧靠粉刷
	吸声蜂窝板	—	0.27	0.12	0.42	0.86	0.48	0.30	
	泡沫塑料	1.0	0.03	0.06	0.12	0.41	0.85	0.67	紧贴墙
纤维材料	矿棉板	3.13	0.10	0.21	0.60	0.95	0.85	0.72	贴实
	玻璃棉	5.0	0.06	0.08	0.18	0.44	0.72	0.82	贴实
	酚醛玻璃纤维板	8.0	0.25	0.55	0.80	0.92	0.98	0.95	紧靠粉刷
	工业毛毡	3.0	0.10	0.28	0.55	0.60	0.60	0.56	紧贴墙

通常要隔绝的声音按照传播途径可分为空气声（由于空气的振动）和固体声（由于固体的撞击或振动）两种。对于隔绝空气声，根据声学中的“质量定律”，墙或板传声的大小主要取决于其单位面积的质量，质量越大，越不易振动，隔声效果越好，故应选择密实、沉重的材料（如烧结普通砖、钢筋混凝土、钢板等）作为隔声材料。对于隔绝固体声最有效的措施是采用不连续的结构处理，即在墙壁和承重梁之间、房屋的框架和墙板之间加弹性衬砌，如毛毡、软木、橡皮等材料或在楼板上加弹性地毯。

复习思考题 9

1. 木材按树种分为几类？各有何特点和用途？
2. 木材含水率的变化对木材性能有何影响？
3. 木材腐朽的原因有哪些？木材防腐的措施又有哪些？
4. 与传统的建筑材料相比，建筑塑料有哪些优点？
5. 热塑性塑料和热固性塑料主要有什么区别？
6. 热塑性塑料和热固性塑料主要有哪些品种？在建筑工程中有哪些用途？
7. 平板玻璃从生产工艺分有几种？如何计量？
8. 节能玻璃有哪些种类？各适用何处？

9．建筑陶瓷饰面砖有哪几种？各有哪些性能、特点和用途？

10．铝合金门窗有何特点？按结构和开闭方式分有哪些种类？

11．什么是绝热材料？影响材料绝热性能的主要因素有哪些？

12．为什么使用绝热材料时要特别注意防水、防潮？

13．常用的绝热材料有几类？说明每种的特点？

参考文献

[1] 吕志英，徐英，宋晓辉.建筑材料[M]武汉：武汉理工大学出版社，2011.
[2] 邓荣榜，徐国强.建筑材料[M]广州：华南理工大学出版社，2014.
[3] 常婧莹，尚宇.建筑材料[M]北京：中国建材工业出版社，2012.
[4] 汪绯. 建筑材料[M]北京：高等教育出版社，2012.
[5] 江政俊，刘翔，陈波. 建筑材料[M]武汉：武汉大学出版社，2015.
[6] 湖南大学等.土木工程材料[M]北京：中国建筑工业出版社，2002.
[7] 王立久.建筑材料学[M]北京：中国水利水电出版社，2013.

反侵权盗版声明

举报电话：（010）88254396；（010）88258888

传　　真：（010）88254397

E-mail：　　dbqq@phei.com.cn

通信地址：北京市万寿路 173 信箱

　　　　　电子工业出版社总编办公室

邮　　编：100036